H. BARTHELEMY
Docteur ès Sciences

Contribution à l'étude de l'Hibernation et de la Maturation des œufs de la Grenouille Rousse

(Rana Fusca)

Les Editions Universitaires de Strasbourg
1a, Place de l'Université – Quai du Maire Dietrich, 1
STRASBOURG
R. C. Strasbourg 3627

1930

A mon cher Maître,

Monsieur le professeur E. BATAILLON,

Correspondant de l'Institut.

En souvenir du bienveillant intérêt qu'il m'a toujours témoigné.

Hommage de ma profonde et affectueuse reconnaissance.

Contribution à l'étude de l'Hibernation et de la Maturation des œufs de la grenouille rousse.
(Rana fusca)

I. INTRODUCTION.

A l'approche de la mauvaise saison, les Grenouilles rousses qui auparavant avaient une existence terrestre très active et s'alimentaient abondamment émigrent vers les mares. Elles s'enfoncent dans la vase ou dans les cavités remplies d'eau et prennent leurs quartiers d'hiver.

Dans nos régions, le moment du retour à la vie aquatique de ces Batraciens varie peu d'une année à l'autre. Il a lieu fin Octobre ou au début de Novembre. Pourtant l'observateur attentif peut constater une relation très étroite entre les variations climatériques de l'arrière-saison et l'émigration dans les mares. Avec les froids précoces de l'automne provoquant la disparition des petites proies vivantes et la diminution de la nourriture, le départ à l'eau est avancé. Doit-on voir dans cette coïncidence l'influence de facteurs externes (froid et manque d'alimentation) qui agissent sur l'animal et lui font rechercher une température plus uniforme, moins pénible à supporter et diminuant les dépenses?

En tout cas, dans la nature, pendant l'hiver, la Grenouille rousse ne s'alimente plus, elle reste immobile et vit en état de torpeur. Elle *hiberne,* en réservant à ce mot son sens d'engourdissement de l'individu et de ralentissement des phénomènes vitaux. Souvent, durant cette époque, on rencontre dans la même cavité aquatique, dix ou quinze Grenouilles entassées les unes contre les autres. Cette particularité d'agglomération n'est pas spéciale aux Batraciens. Le même fait est fréquent chez les Mammifères hibernants (BREHM, signalé par R. DUBOIS, (101). La comparaison des hibernants de ces deux classes de Vertébrés est encore suggestive à d'autres points de vue. Chez les Mammifères, pendant l'hibernation, les variations de poids sont notables, comme l'ont démontré les remarquables recherches de R. DUBOIS (101) sur la Marmotte. Pour ce Rongeur, «la perte de poids est continue pendant toute l'hibernation........ la perte totale est égale au quart du poids de l'animal.»

Y-a-t-il chez la Grenouille rousse engourdie pendant l'hiver, des pertes de poids aussi considérables que chez les Mammifères en léthargie? Cette question sera à résoudre dans la première partie de ce travail. Sans anticiper sur les conclusions, signalons dès à présent que pendant l'assoupissement hibernal la Grenouille varie peu de poids, elle semble même augmenter. Nous concevons difficilement qu'un être qui ne prend aucune nourriture ne perde pas de substance pour l'entretien de sa vie même ralentie. Dans la deuxième partie de ce mémoire, il y aura donc lieu d'étudier de plus près, d'une part le métabolisme des constituants de l'organisme, d'autre part le rôle et les modifications des différents organes de l'animal.

Dans nos régions, durant l'hiver, la surface des mares est fréquemment recouverte de glace; mais les Grenouilles ont leur refuge au-dessous de cette couche solide et demeurent presque toujours immergées dans l'eau liquide qui a nécessairement une température supérieure à 0°. Fait curieux, signalé déjà chez les Marmottes, l'accouplement des Grenouilles rousses commence quelques jours après la fin de l'hibernation. La reprise de la vie active comme la reproduction ne s'effectuent qu'après la disparition de la glace recouvrant les cours d'eau et pas avant le retour des beaux jours. C'est ainsi qu'en 1924 par exemple, les gelées ayant persisté, le début de la ponte n'eut lieu que vers le 20 Mars alors que d'autres années elle commence fin Février. Avec le relèvement de la température, les Grenouilles rousses sortent de leur état de torpeur, reviennent en surface, s'animent, manifestent, ne tardent pas à s'accoupler et à pondre. Elles ne prennent aucune nourriture; c'est seulement lorsque la reproduction est terminée qu'elles émigrent vers les prairies et les forêts pour s'y sustenter.

Ce qui précède permet de comprendre pourquoi la latitude et l'altitude par leur répercussion sur le climat font varier la durée de l'hibernation et la date du début de la reproduction. Pour la même année, dans la région montagneuse des Vosges par exemple, la ponte de la

Grenouille rousse est retardée d'au moins quinze jours sur la région dijonnaise.

Est-ce à dire qu'il faut voir dans une élévation de température la cause de la reprise de la vie active et le déterminisme de la ponte? S'il en était ainsi, il suffirait à un moment quelconque de l'hiver de placer les Grenouilles à une douce température pour provoquer la reproduction; ce qui expérimentalement ne donne pas toujours les résultats espérés. Il est incontestable que la chaleur sort la Grenouille de sa torpeur hibernale et la rappelle à l'activité. Cette influence externe n'est d'ailleurs pas la seule capable de provoquer le réveil des animaux hibernants; la lumière et même le renouvellement de l'air peuvent l'amener, comme FISCHER (122) l'a démontré pour l'Escargot. Mais aucun de ces facteurs physiques n'est suffisant à lui seul pour déclencher la ponte, qui dans la nature, chez la Grenouille rousse semble étroitement liée à la fin de l'hibernation. Pour que ce phénomène physiologique si important de la reproduction se produise, certains remaniements internes dans les constituants de l'animal et surtout des œufs semblent indispensables. L'examen de cette importante question fera l'objet de la troisième partie de ce travail. Enfin, les conclusions générales qui se dégagent de l'ensemble termineront l'exposé.

En résumé: Rechercher les variations pondérales de la Grenouille rousse femelle durant l'hibernation; étudier le métabolisme de ses principaux constituants pendant la même période; suivre la maturation surtout chimique de l'œuf en rapport avec l'animal total, tel est l'objet des présentes recherches.

Dès à présent, soulignons et retenons que dans la nature, l'hibernation et la reproduction qui lui fait immédiatement suite se passent sans alimentation. Pendant cette longue période d'inanition s'effectuant dans des conditions spéciales, on aperçoit deux temps nettement tranchés: le premier, le plus étendu, durant au moins quatre mois est *l'hibernation* proprement dite, période de torpeur et de vie ralentie; le second relativement court, variable suivant la température, d'une durée de huit à quinze jours au maximum et pendant lequel la Grenouille s'agite, s'accouple et pond. Ces deux temps se faisant suite, nettement tranchés pour le Physiologiste le sont tout autant sinon plus pour l'Embryologiste s'occupant de l'ovogénèse. Alors que pendant toute la saison froide, les œufs groupés dans les deux ovaires ont une taille et une structure cytologique sensiblement pareille, l'allure, la forme, les réactions de la vésicule germinative et du reste de la cellule changeant peu; quelque temps après la reprise de la vie active dans la nature, les œufs déhiscent c'est à dire se détachent de l'ovaire, tombent dans la cavité générale, puis passent dans les oviductes. Là, ils s'entourent de gangue muqueuse et finalement ils aboutissent dans les utérus pour y séjourner jusqu'à l'expulsion. En même temps que s'effectuent ce travail et ce cheminement internes qui durent à peine deux jours chez la Grenouille rousse, l'œuf a subi des modifications physico-chimiques et cytologiques intéressantes. En particulier sa perméabilité et ses réactions ont varié, la vésicule germinative s'est «évanouie» et la première émission polaire s'est faite. C'est donc pendant cette courte période finale que l'observation macroscopique et microscopique rapide dévoile des changements très importants et des plus nets dans l'évolutoin de l'œuf. Pour éviter les circonlocutions et désigner en un mot les œufs d'après leur âge, O. SCHULTZE (279) appelait *œuf maturant* l'oocyte qui va subir ces modifications «jusqu'au moment où il se détache de l'ovaire comme œuf mûr» par opposition aux *œufs non mûrs* des stades antérieurs. Si l'on s'en tient à la définition de l'œuf vierge et *mûr*, c'est à dire parvenu au stade où s'opère normalement la fécondation comme BRACHET (58) et DALCQ (81) l'entendent, la distinction faite par O. SCHUTZE est incomplète et néglige une étape des plus importantes de l'oogénèse, car l'œuf déhiscent et même déhiscé dans la cavité générale ou circulant dans les conduits est inapte à la fécondation normale. Il est par conséquent *immature*.

Par *œuf mûr*, j'entends, comme BRACHET (58) l'oocyte apte à la fécondation, c'est à dire prêt à recevoir le spermatozoïde. «Cela ne signifie pas qu'il soit complètement *mûr*, en ce sens qu'il peut n'avoir pas expulsé ses deux globules polaires.» C'est le cas de la Grenouille qui élimine son deuxième globule polaire après la fécondation.

Avant d'arriver à *maturité*, c'est à dire avant de pouvoir remplir sa fonction reproductrice, la cellule sexuelle femelle subit une longue série de transformations que l'on désigne sous le nom de *maturation*.

Que d'étapes et de modifications lentes ou brusques depuis la petite oogonie de l'ovaire jusqu'à l'œuf mûr de grande taille contenu dans l'utérus!

C'est d'abord une «*période d'accroissement*» (BRACHET 58) ou «*de croissance*» (FAURE-FREMIET 110), de protoplasmogénèse et surtout de deutoplasmogénèse très active qui «s'achève quand l'œuf a acquis ses dimensions définitives» (BRACHET 58) ou qui va «jusqu'à une certaine limite que nous désignerons sous le nom *d'équilibre de maturité* représentant l'état des gamètes prêts à se fusionner pour former l'œuf fécondé» (FAURE-FREMIET110). Somme toute, période bien difficile à délimiter. En effet, pendant l'hiver, l'oocyte de premier ordre semble ne pas varier de taille; le métabolisme dirigeant sa croissance paraît s'arrêter. Admettrons-nous alors que l'accroissement cesse au début de la mauvaise saison? Pourtant, «la vésicule germinative étant un *état fonctionnel* du noyau de l'œuf, caractéristique de la période pendant laquelle se fait l'élaboration des matériaux cytoplasmiques» (BRACHET 58) persiste pendant l'hibernation !

Pour HOVASSE (153) qui se place au point de vue cytologique, la maturation de l'œuf de Rana fusca comporte deux phases successives: l'une *préparatoire* comprend la croissance de l'oogonie, l'autre *réductrice* au moment des émissions polaires. Il semblerait donc d'après cet auteur que la croissance est continue, mais cesse au moment de l'émission polaire, c'est à dire avant que l'oocyte ne soit fécondable et par conséquent avant qu'il n'acquière l'équilibre de maturité de FAURE-FREMIET. En présence de ces divergences, il est nécessaire de s'entendre et de préciser nettement les différentes étapes du développement de l'œuf.

Pour le Physiologiste, l'œuf effectuant toute son évolution aux dépens de l'organisme, il paraît logique de rapprocher l'histoire et la vie de l'un de celle de l'autre. Comme nous le verrons par la suite, les vicissitudes de l'hôte ont leur répercussion sur le métabolisme de cette cellule spéciale, parasite, qu'est l'oocyte. Sans préjuger des variations physico-chimiques que la Grenouille et ses organes et en particulier ses éléments génitaux peuvent subir, nous diviserons le cycle annuel en trois grandes périodes naturelles, nettement tranchées et se définissant d'elles-mêmes: 1° *l'hibernation* que nous avons caractérisée antérieurement. 2° *l'estivation ou préhibernation* qui la précède et pendant laquelle l'animal s'alimente abondamment. 3° *la posthibernation* qui comprend cette courte période spéciale d'inanition s'étendant du réveil hibernal à la reproduction incluse. Comme conséquence de l'étroite solidarité entre l'individu et ses parties, dans l'évolution de l'œuf nous retrouverons les mêmes phases. En premier lieu une *maturation préhibernale* ou *estivale* pendant laquelle se fait l'accroissement très net et indiscutable de l'oogonie. Durant la *maturation hibernale* qui suit la précédente, les variations de taille de l'oocyte peu appréciables macroscopiquement, n'excluent pas des modifications physico-chimiques. Enfin la *maturation posthibernale* nous amène à l'ovule prêt à être fécondé. Cette dernière période comprend donc la déhiscence des œufs et leur cheminement dans les conduits. C'est elle que l'on appelle communément la *maturation proprement dite* ou simplement la *maturation*, comme le font par exemple LEBRUN (172), E. BATAILLON (41—32), R. PERRIER (246). Et c'est ainsi que nous entendrons aussi le mot maturation non accompagné d'un autre qualificatif.

Cette relation étroite entre le développement de l'oocyte et de l'animal total est prouvée nettement par l'exemple suivant: Comme pour la Marmotte et les Mammifères hibernants on peut maintenir pendant l'hiver à la température de nos laboratoires des Grenouilles qui manifestent une activité comparable à celle de leurs semblables durant l'estivation. Mais ces Batraciens ayant passé tout l'hiver à température élevée se sont fortement inanitiés; ils ne pondent généralement pas au printemps, bien que leurs ovaires paraissent comparables à ceux des femelles hibernantes. Il y a donc durant les longs mois de l'hibernation une maturation physico-chimique interne, c'est à dire des remaniements, des modifications des constituants de l'organisme et de l'œuf; changements s'effectuant lentement et qui sont indispensables pour que la déhiscence et la ponte aient lieu. Lorsque cette maturation interne est réalisée ou sur le point de se terminer, alors seulement on peut faire intervenir les facteurs externes, la chaleur par exemple pour faire cesser l'hibernation, déterminer la déhiscence et la précipiter.

L'observation précédente nous permet donc de parler de la *maturation de la Grenouille*, étant sous-entendu qu'il s'agit de toutes ces modifications physiologiques de l'animal, indispensables pour que l'ovule devienne naturellement apte à la fécondation. De même, nous dirons qu'une femelle est *surmature* lorsque par un procédé artificiel quelconque nous l'empêcherons de pondre normalement ses œufs utérins qui alors entrent en *surmaturation*.

Signalons au passage que certains Biologistes emploient fréquemment mais avec un sens différent le terme de *maturité génitale de l'organisme* et entendent par là «simplement le développement, aux dépens d'ébauches mésenchymateuses d'organes differentiés nettement reconnaissables comme mâles ou comme femelles; l'élaboration aux dépens des cellules gonadiales primitives, d'éléments sexuels nettement reconnaissables pour des ovules ou des spermatozoïdes, et le développement simultané de tous les organes annexes de la génération.» (CH. PEREZ 244).

Pratiquement, dans les laboratoires, on devance de quelques jours le moment de la reproduction en immergeant dans des bacs à 15° — 18° des Grenouilles récoltées fin Février. Inversement on retarde la ponte, en maintenant les animaux à la glacière. D'ailleurs dans la nature, lorsque par suite de froids intenses la glace persiste en Mars, l'accouplement des Grenouilles s'effectue tardivement; mais dès le retour des belles journées tièdes, la ponte est terminée en quelques jours.

Quelques remarques s'imposent. Pour simplifier, j'emploierai fréquemment l'expression «GRENOUILLE». Il est convenu qu'il s'agit uniquement de la Grenouille rousse (*Rana fusca*), les autres espèces de Grenouilles, en particulier la Grenouille verte (*Rana esculenta*) ayant des mœurs, une vie et une époque de ponte bien différentes (1). Il demeure bien entendu que tous les Batraciens soumis aux expériences ont été capturés dans la nature quelques jours auparavant et immergés ensuite dans l'eau. Sauf indication contraire, les animaux en observation n'ont reçu aucune alimentation; ils ont vécu sur leurs réserves.

Les données numériques qui suivent se rapportent à plusieurs années d'expérimentation. J'ai cherché autant que possible à me rapprocher des conditions naturelles de l'hibernation. Si parfois j'ai varié le protocole expérimental c'est pour permettre de saisir plus nettement l'influence de quelques facteurs externes et d'en tirer des conclusions. Par exemple, le rapprochement d'animaux hibernants et de Grenouilles soumises à l'inanition précise mieux l'importance et la signification de la vie ralentie pendant l'hibernation. De même, l'étude comparative de la maturation et de la surmaturation de l'œuf pourra peut-être nous donner quelques indications sur le métabolisme de l'œuf pendant la dernière phase de l'oogénèse normale.

Je n'ai pas la prétention de résoudre tous les nombreux problèmes soulevés par l'hibernation et par la maturation de l'œuf dont la bibliographie est si vaste et que je n'ai fait qu'ébaucher. Cette modeste contribution permettra de poser quelques jalons nouveaux dans ces énigmatiques questions. Dans le domaine cytologique auquel je n'ai pas touché comme dans l'expérimental, il reste encore beaucoup à faire. Ce sera l'œuvre des prochaines années.

Pour terminer cette introduction il me reste à remplir l'agréable devoir de remercier les personnes et les Institutions qui, à des titres divers m'ont aidé à la réalisation de ce travail.

Avant tout, ma reconnaissance va à mon cher Maître, Monsieur le Professeur BATAILLON qui m'initia aux études biologiques et me

(1) *De même, durant cet exposé, l'expression «Grenouille expérimentée» figure fréquemment. Il s'agit évidemment de «Grenouille en expérience».*

les fit aimer. Il me plait à rappeler les bonnes années d'avant-Guerre passées dans son Laboratoire de la Faculté des Sciences de Dijon, où comme préparateur je l'assistais enthousiasmé dans ses belles recherches de parthénogénèse et d'embryogénie. Qu'il me soit permis de lui exprimer ici mon affectueuse et profonde gratitude pour la bienveillante sympathie qu'il m'a constamment manifestée.

Je dois beaucoup à Monsieur le Professeur TERROINE. En m'offrant la plus aimable hospitalité dans son Institut de Physiologie générale, non seulement il me guidait de ses conseils éclairés, mais il me facilitait grandement le travail que comportaient ces recherches. Je lui adresse mes plus vifs remerciements.

Je n'oublierai pas Monsieur le Professeur TOPSENT qui m'a témoigné sans cesse ses encouragements amicaux et à l'époque où il était Directeur de l'Institut de Zoologie m'a procuré l'outillage spécial indispensable pour mener à bien la tâche que j'avais entreprise. Je lui en exprime ma reconnaissance.

Je suis heureux d'apporter ici le témoignage de ma très vive affection à ma femme pour son aide dans la traduction de nombreuses publications étrangères.

Monsieur le Professeur PORTIER m'a fait le très grand honneur d'accepter la présidence de cette thèse. Je le prie d'agréer l'hommage de ma profonde et respectueuse gratitude.

Enfin je dois mes remerciements à la Société des Amis de l'Université de Strasbourg et à la Caisse des Recherches Scientifiques : la publication de ce travail étant dûe en partie aux subventions que ces Institutions ont bien voulu m'accorder.

PREMIERE PARTIE.

Etudes Biométriques et expérimentales sur l'Hibernation, la maturation et la surmaturation de la Grenouille rousse.

(Rana fusca)

CHAPITRE I.

HIBERNATION EN CAPTIVITÉ.

Y a t-il chez la Grenouille rousse engourdie pendant l'hiver des pertes de poids aussi considérables que chez les Mammifères en léthargie, et peut-on comparer l'hibernation des Pœcilothermes à celle des Homéothermes ?

Ces questions ne peuvent être solutionnées qu'au laboratoire et en plaçant les animaux dans des conditions expérimentales aussi rapprochées que possible de celles de la nature. A ce sujet, rappelons que pendant la mauvaise saison, la Grenouille rousse hiberne sans nourriture au fond des mares souvent gelées et que la ponte suit de près le retour à l'activité printanière.

Afin de réaliser approximativement les conditions naturelles de l'hibernation, dans l'expérience 10 du 24 Novembre 1923, les Grenouilles sont immergées à demeure et en liberté dans un bac en verre rempli d'eau, à l'obscurité dans une glacière à + 2° ou + 3°.

Le tableau suivant indique les variations successives de poids.

Tableau I. (Expérience 10 au 24 Novembre 1923).

Dates	Nombre de jours	Nombre de Grenouilles	Poids totaux en grammes	Variations totales	Variations pour %	Observations
24/11		20 ♀	918			
		14 ♂	489			
25/12	31	20 ♀	973	+ 55	+ 5,9	
		13 ♂	475	+	+	1 ♂ mort
13/1	19	L 10 ♀	475			L = Grenouilles reportées au Laboratorie (14°, — 18°) et immergées dans un grand cristallisoir en verre exposé à la lumière. G = Grenouilles restées dans la glacière.
		G 10 ♀	482			
			957	— 16	— 1,64	
		L 6 ♂	233			
		G 7 ♂	232			
			465	— 10	—2,10	
15/2	33	G 10 ♀	474,5	— 7,5	— 1,55	
		G 7 ♂	234	+ 2	+ 0,85	
		L 10 ♀	427	— 48	— 10,10	
		L 6 ♂	206	— 27	— 11,59	
31/3	45	G 10 ♀	464,8	— 10	— 2,10	Toutes les ♀ accouplées et utérines.
		G 7 ♂	231	— 3	— 1,30	
9/5	39	L 10 ♀				6 ♀ sont encore ovariennes, les autres ont pondu vers le 10 avril.
		L 6 ♂	156,5	— 49,5	— 24,02	

L'expérience précédente suggère plusieurs remarques. La plus frappante est que, au début de l'hibernation, les Grenouilles augmentent de poids d'une façon sensible, presque 6% pour les femelles. En second lieu, par la suite, il se produit une baisse de poids mais relativement minime pour cette longue période de plusieurs mois. Enfin chez les mâles, sur la fin de l'hiver apparaît une hausse de poids suivie d'une nouvelle baisse. En tous cas, pour les Grenouilles hibernant en glacière, mûrissant et qui se sont trouvées sensiblement dans les conditions naturelles, nous sommes très loin des pertes de poids subies par les Marmottes pendant la même période. Par calcul approximatif, durant les 128 jours d'expérience, les 10 femelles restées constamment en glacière auraient varié de 457 grammes environ à 464 grammes. Elles auraient par conséquent augmenté de poids.

Cette observation n'est pas unique, ce n'est pas un «accident» ou une anomalie. Nous retrouvons des résultats semblables et plus significatifs encore dans les expériences qui suivent. L'année d'après, une opération pareille fut de nouveau réalisée à la glacière dans les mêmes conditions. Les variations de poids figurent dans le tableau II.

Tableau II (Expérience 7 du 17 Novembre 1924)

Dates	Nombre de jours	Nombre de Grenouilles	Poids totaux en gr.	Variations de poids	Variations pour %	Variations pour % du poids initial		Observations
						totales	pour 30 jours	
17/11		10 ♀	592					
13/2	88	10 ♀	599	+ 7	+ 1,19	+ 1,19	+ 0,40	
21/2	8	10 ♀	600,5	+ 1,5	+ 0,25	+ 0.25	+ 0,93	
6/3	14	10 ♀	604	+ 3.5	+ 0.58	+ 0,59	+ 1,26	un certain nombre paraissent utérines.
27/3	21	10 ♀	584	— 20	— 3,31	— 3,37	— 4,81	Sont toutes utérines. Depuis quand?
10/4	14	10 ♀	588	— 26	— 4,45	— 4,39	— 9,40	
25/4	15	10 ♀	551	— 7	— 1.25	— 1,18	— 2,36	Aucune n'a pondu. — 4 ♀ utilisées pour exp. de surmaturation.
1/5	6	6 ♀						Ont commencé à pondre.

Ici encore, pendant 110 jours d'hibernation et jusqu'au début de la maturation posthibernale (6 mars) nous constatons une augmentation de poids de 12 grammes soit de 2%. Puis vient une baisse de poids continue et assez élevée que j'attribue à la surmaturation et qu'il faudra interpréter.

Dans les deux expériences précédentes les Grenouilles pouvaient se déplacer librement dans le récipient rempli d'eau. En réalité, à basse température et à l'obscurité, ces animaux font peu de mouvement. Dans l'opération suivante, deux lots de chacun 5 femelles sont emprisonnés dans un panier treillissé et immergés dans l'eau de la même glacière.

Tableau III (Expérience 8 du 8 Décembre 1924)

Dates	Nombre de jours	Nombre de Grenouilles	Poids totaux en gr.	Variations totales	Variations pour %	Variations pour % du poids initial		Observations
						totales	pour 30 jours	
8/12		5 ♀ 5 ♀	280 276 556					
13/2	67	5 ♀ 5 ♀	286,5 277,5 564,0	+ 6,5 + 1,5 + 8,0	+ 2,32 + 0,54 + 1,43	+ 1,43	+ 0,64	
21/2	8	5 ♀ 5 ♀	284 277 561	— 2,5 — 0,5 — 3,0	— 0,87 — 0,18 — 0,53	— 0,53	— 1,98	
6/3	14	5 ♀ 5 ♀	288 278 566	+ 4 + 1 + 5	+ 1,38 + 0,36 + 0,89	+ 0,89	+ 1,97	Sont toutes utérines. Depuis quand? Sont remises en liberté dans un bac renfermant peu d'eau dans la glacière.
27/3	21	5 ♀ 5 ♀	289	+ 1	+ 0,34	+ 0,35	+ 0,50	
10/4	14	5 ♀	272	— 17	— 5,88	— 6,07	— 13	Le 2° panier a les décès. Sont toutes utérines. Sont en surmaturation. Ont servi pour expér. qui ont prouvé qu'elles sont tout à fait au début de la surmaturation.

Pendant la période du 8 Décembre au 6 Mars, soit en 89 jours, les Grenouilles ont «mûri» et augmenté de poids : dans un lot, 9 grammes sur 280 grammes soit près de 3%, dans l'autre seulement 2 grammes, soit un peu moins de 1%. Il faut encore remarquer qu'après une hausse, nous avons une baisse de poids suivie d'une nouvelle augmentation à la maturation, puis finalement une diminution continue et très marquée.

Je citerai encore quelques expériences. Toujours, nous retrouvons ces mêmes variations de poids pendant l'hibernation et une augmentation très nette au moment de la maturation posthibernale.

Dans les expériences précédentes, la température variait de + 1° à + 4 degrés. Pour les trois expériences qui suivent (*Tableaux IV-V*) la température était un peu plus basse, voisine de 0°, par introduction quotidienne de glace dans les bacs. Toutes ces recherches à la glacière sont faites à l'obscurité.

Dans l'expérience 9 du 24 Novembre 1923, comparable à celle du Tableau V, 20 femelles et 10 mâles sortis de la glacière le 24 Décembre sont immergés dans l'eau d'un bac en verre à la lumière du laboratoire. 14 femelles seulement ont pondu du 22 Mars au 9 Mai; des 6 autres, 3 sont mortes et 3 restaient ovariennes.

Sans entrer dans l'analyse détaillée de ces expériences, nous pouvons à présent faire les constatations suivantes:

1°) *Pendant l'hiver, à basse température* (0° *à plus* 3°), *les Grenouilles immergées dans l'eau, à l'obscurité peuvent hiberner et mûrir comme dans la nature.*

2°)*Pendant cette hibernation expérimentale, il y a augmentation globale de poids de l'animal, fait signalé aussi en* 1924 *par* OTT (237) *chez la Grenouille Léopard commune* (*Rana pipiens*). *En somme, le résultat est bien différent du cas des Mammifères hibernants.*

3°) *Les deux expériences du* 24 *Novembre indiquent nettement que des Grenouilles n'ayant que peu hiberné et rapportées au laboratoire de* + 14° *à* + 18° *mûrissent mal, ne pondent pas ou tardivement. En tous cas, elles baissent sans cesse et considérablement de poids. Elles se comportent comme des animaux soumis à l'inanition.*

Dès lors, l'hibernation de ces Batraciens, caractérisée surtout par la maturation des produits génitaux soulève des problèmes analogues à ceux de l'étude des Mammifères hibernants. Quelles sont les conditions nécessaires pour l'hibernation? Y a-t-il en particulier des limites de température au-delà desquelles l'hibernation accompagnant la maturation sexuelle n'est plus possible? Cette deuxième question fait l'objet du chapitre suivant.

Tableau IV. (Expérience 6 du 24 Janvier 1923).

Dates	Nombre de jours	Nombre de Grenouilles	Poids total en grammes	Variations de poids	Variations pour %	Observations
24/1		10 ♀	404			
		7 ♂	251			
15/2	22	10 ♀	415	+ 11	+ 2,72	
		7 ♂	258	+ 7	+ 2,78	
2/3	15	9 ♀	377			1 ♀ morte. — 2 couples et 3 ♀ paraissent utérines.
		7 ♂	257	— 1	— 0,38	
10/3	8	8 ♀	348			1 ♀ morte; 6 couples — aucune ponte — 1 seule ♀ ovarienne.
		7 ♂	259	+ 2	+ 0,77	
4/4	25	8 ♀	332	— 16	— 4,59	7 couples et toutes les ♀ nettement utérines, mais depuis quand ?Nous sommes tout à fait en fin de saison dans la nature.
		7 ♂	253	— 6	—2,31	
11/4	7	8 ♀	334	+ 2	+ 0,60	N'ont pas encore pondu. Utilisées pour étude exp. de surmaturation, qui indique début de surmaturation.
		7 ♂	245	— 8	— 3,16	

Tableau V. (Expérience 8 du 24 Novembre 1923).

Dates	Nombre de jours	Nombre de Grenouilles	Poids totaux en grammes	Variations totales	Variations pour %	Observations
24/11		25 ♀	1230			
		20 ♂	722			
25/12	31	25 ♀	1293	+ 63	+ 5,1	
		20 ♂	773	+ 51	+ 7,0	
13/1	19	G 15 ♀	750			Les lots G sont conservés en glacière; les lots L sont immergés dans l'eau d'un bac en verre à la lumière du Laboratire (+ 14° à + 18°)
		L 10 ♀	526			
		25 ♀	1276	— 17	— 1,31	
		G 10 ♂	362,5			
		L 10 ♂	408,5			
		20 ♂	771	— 2	— 0,25	
23/1	10	L 10 ♀	481,5	— 44,5	— 8,45	
		L 10 ♂	357	— 51,5	— 12,60	
15/2	33	G 15 ♀	748	— 2	— 0,26	
		G 10 ♂	375	+ 12,5	+ 3,50	
	23	L 10 ♀	469	— 12,5	— 2,59	
		L 10 ♂	344,5	— 12,5	— 3,50	
7/4	20	G 15 ♀	732	— 16	— 2,14	Accouplées et utérines, mais depuis quand? aucune ponte.
		G 10 ♂	353,5	— 21,5	— 6,25	
15/4	8	G 15 ♀				N'ont pas pondu. Utilisées pour étude de surmaturation. Ne sont pas encore nettement surmaturées.
		G 10 ♂				
9/5	83	L 10 ♀				7 ♀ ovariennes. 3 ♀ ont pondu les 27 mars et 5 avril.
		L 10 ♂	254,5	— 90	— 26,12	

CHAPITRE II.

INFLUENCE DE LA TEMPERATURE SUR L'HIBERNATION.

R. DUBOIS (101) a signalé que les températures les plus favorables pour provoquer la torpeur hivernale des Mammifères hibernants sont comprises entre + 5° et + 10°. Au-dessous de 0° comme au-delà de + 10°, la Marmotte par exemple se réveille spontanément; tandis que les animaux hivernants non Mammifères se maintiennent en léthargie d'autant plus profonde que le froid devient plus vif. Pour la Grenouille quelques précisions sont nécessaires.

Dans une première série de recherches, la température utilisée est toujours supérieure à + 5° et inférieure à + 10°. Puis dans les expériences qui suivront, les animaux sont placés au laboratoire de + 14° à + 18°. Enfin, nous examinerons les résultats obtenus expérimentalement lorsque les Grenouilles sont soumises à des températures anormales (plus élevées que + 20° ou inférieures à 0°).

Tableau VI (Expérience 3 du 20 Novembre 1923)

Grenouilles en liberté dans une grande caisse en bois percée de trous et immergée à l'obscurité dans un grand bassin dans l'eau à une température de + 5° à + 6° (+ 3° pendant quelques jours en janvier).

Dates	Nombre de jours	Nombre de Grenouilles	Poids totaux en grammes	Variations totales	Variations pour °/o	Observations
20/11		20 ♀	752			
		20 ♂	555			
28/12	38	20 ♀	783	+ 31	— 4,12	
		19 ♂	555	+	+	1 ♂ mort.
14/1	17	L 10 ♀	435,5			L = lots reportés
		S 10 ♀	344,5			et laissés en
		20 ♀	780,0	— 3	— 0,38	permanence dans
		L 9 ♂	259,5			un bac en verre
		S 10 ♂	296,0			rempli d'eau à la
		19 ♂	555,5	+ 0,5	+	lumière du laboratoire (+ 14° à
14/2	31	S 10 ♀	340	— 4,5	— 1,30	+ 18°)
		S 10 ♂	291	— 5,0	— 1,68	
15/2	32	L 10 ♀	383,5	— 52	— 11,94	S = lots restés
		L 9 ♂	219	— 40,5	— 15,60	dans la caisse en bois à basse température.
27/3	42	S 10 ♀	322	— 18	— 5,29	Sont toutes utérines — 6 couples
		S 10 ♂	279	— 12	— 4,12	Mais depuis quand?
9/5	84	L 10 ♀				
		L 9 ♂	160	— 59	— 26,94	8 ♀ ovariennes — 2 ♀ ont pondu les 1 er et 5 avril.

Donc pour les femelles laissées en permanence à + 5° ou + 6° et qui ont mûri il y a une légère baisse de poids pendant l'hiver.

Tableau VII (Expérience 5 du 17 Novembre 1924)

Même dispositif expérimental que pour le tableau VI, mais température un peu plus élevée (+ 7° à + 8°).

Dates	Nombre de jours	Nombre de Grenouilles	Poids total en grammes	Variations totales	Variations pour °/₀	Observations
17/11		10 ♀	629			
14/2	89	9 ♀	531	—	—	1 ♀ morte, ne pesait sûrement pas 98 gr. d'où perte de poids des 9 ♀ restant.
6/3	21	9 ♀	559	+ 28	+ 5,27	7 ♀ nettement utérines. — 2 ♀ ovariennes.

Tableau VIII. (Expérience 12 du 10 Janvier 1925).

Grenouilles en liberté à la lumière diffuse dans l'eau courante à + 8°.

Dates	Nombre de jours	Nombre de Grenouilles	Poids total en grammes	Variations totales	Variations pour °/₀	Observations
10/1		10 ♀	530			
		10 ♂	427			
14/2	35	9 ♀	486			1 ♀ morte
		10 ♂	429	+ 2	+ 0,46	
21/2	7	9 ♀	480	— 6	— 1,23	
		10 ♂	435	+ 6	+ 1,39	
8/3	15	9 ♀	480	0	0	2 ♀ paraissent utérines.
		10 ♂	444	+ 9	+ 2,06	

Dans les trois expériences précédentes, la maturation a eu lieu; mais il faut remarquer que pendant la période expérimentale, dans l'ensemble, les animaux ont plutôt baissé légèrement de poids.

Les tableaux qui suivent se rapportent à des températures plus élevées (+ 14° à + 18°). Les Grenouilles sont laissées en permanence au laboratoire et à la lumière, soit immergées dans l'eau, soit dans des récipients renfermant seulement une couche de liquide de 1cm à 1cm,5 de hauteur.

Tableau IX. (Expérience 4 du 20 Novembre 1923).

Grenouilles en liberté dans un vaste aquarium en verre rempli d'eau à la température du laboratoire (+ 14° à + 18°).

Dates	Nombre de jours	Nombre de Grenouilles	Poids total en grammes	Variations de poids	Variations pour °/o	Observations
20/11		20 ♀ 20 ♂	785 600			
27/12	37	17 ♀ 18 ♂	610 482			3 ♀ et 2 ♂ morts.
15/1	19	17 ♀ 18 ♂	605 474	— 5 — 8	— 0,80 — 1,60	
15/2	31	17 ♀ 18 ♂	586,5 450	— 18,5 — 24	— 3,05 — 5,06	
1/4	45					3 pontes. Les autres ♀ n'avaient pas pondu le 5 septembre 1924.

Tableau X. (Expérience 3 du 17 Novembre 1924).

Grenouilles en liberté dans un bac en verre rempli d'eau au laboratoire (+ 14° à + 18°).

Dates	Nombre de jours	Nombre de Grenouilles	Poids totaux en gr.	Variations totales	Variations pour °/o	Variations pour °/o du poids initial		Observations
						totales	pour 30 jours	
17/11		10 ♀	480					
13/2	88	10 ♀	429	— 51	— 10,62		— 3,62	
12/3	27	10 ♀	411	— 18	— 6,52	— 3,75	— 4,16	
10/4	29	10 ♀	378	— 33	— 8,02	— 6,87	— 7,10	
23/5	43							2 ♀ mortes, aucune n'a pondu. Les 8 ♀ restant sont ovariennes.
3/7	41	7 ♀	235					1 ♀ morte. — Les autres sont ovariennes.

Les tableaux sont suffisamment suggestifs; les Grenouilles ont sans cesse baissé de poids, et à part quelques rares exceptions, non seulement la ponte ne s'est pas faite, mais les femelles sont restées ovariennes. Il n'y a pas eu hibernation, mais inanition prolongée pendant tout l'hiver.

Est-ce que des Grenouilles ayant déjà hiberné plusieurs mois dans la nature ou à la glacière et rapportées au laboratoire pourraient mûrir? les expériences suivantes vont nous renseigner.

Tableau XI. (Expérience 5 du 24 Janvier 1923).

Grenouilles immergées et isolées dans un bac en verre à casiers rempli d'eau à la température du laboratoire (+ 14° à + 18°).

Dates	Nombre de jours	Nombre de Grenouilles	Poids total en grammes	Variations de poids	Variations pour %	Observations
24/1		9♀	366,15			Les Grenouilles sont pesées isolément au trébuchet. Pour ne pas alourdir le tableau nous donnerons seulement les poids globaux. Les pesées isolées permettent en outre de continuer et de contrôler l'expérience malgré les décès.
		10♂	346,55			
15/2	22	9♀	345,75	— 20,40	— 5,74	
		10♂	325,10	— 21,45	— 6,64	
1/3	14	9♀	337,85	— 7,90	— 2,28	
		10♂	313,30	— 11,80	— 3,63	
10/3	10	9♀	324,10	— 13,75	— 4,06	
		10♂	298,80	— 14,50	— 4,63	
5/4	26	9♀	294,30	— 29,80	— 9,19	2 ♀ paraissent utérines, les autres nettement ovariennes, mais aucune n'avait pondu le 6 juin.
		10♂	290,05	— 8,75	— 2,92	
		8♀	266,40			1 ♀ morte entre le 5 avril et le 6 juin. Nous pouvons néanmoins indiquer les variations des 8♀ restant en expérience.
6/6	62	8♀	245,01	— 21,39	— 8,04	

Comme annexe de cette expérience, j'ajouterai que des Grenouilles provenant de la même capture ont été laissées en liberté dans un vaste aquarium rempli d'eau à la température du laboratoire. Les pontes furent excessivement rares et eûrent lieu beaucoup plus tardivement que dans la nature.

Dans l'expérience qui suit, les Grenouilles en liberté, à la lumière sont placées dans un vaste bac ou l'eau chauffée à + 15°, + 16° par un dispositif spécial circule abondamment.

Tableau XII. (Expérience 10 du 10 Janvier 1925).

Dates	Nombre de jours	Nombre de Grenouilles	Poids total en grammes	Variations de poids	Variations pour %	Observations
10/1		10 ♀	597			
		10 ♂	429			
14/2	35	10 ♀	559	— 38	— 6,36	
		10 ♂	381	— 48	— 11,18	
21/2	7	10 ♀	530	— 29	— 5,19	Reportées au laboratorie à la lumière dans un bac en verre rempli d'eau.
		10 ♂	365	— 16	— 4,20	
2/3	9	10 ♀	534	+ 4	+ 0,75	Quelques couples. Peut-être 2 ♀ utérines?
		10 ♂	361	— 4	— 1,09	
10/4	39					1 ♀ morte. — 2 couples. — La plupart des ♀ paraissent ovariennes. — Peut-être 2 ♀ utérines. - Aucune ponte.

D'après les chiffres des tableaux IX — X — XI — XII et des tableaux I — V — VI, il apparaît nettement *que les Grenouilles immergées dans l'eau, à la température du laboratoire* (+ 15° à + 18°), *au début ou dans le courant de l'hiver, perdent sans cesse du poids et que, sauf de rares exceptions, elles ne mûrissent pas.*

Passons à l'étude des températures anormales, c'est à dire supérieures à + 20° ou inférieures à 0°.

Il y a un siècle, W. F. EDWARDS (108) a déjà fait une étude intéressante sur la durée de la vie des Grenouilles immergées *en été* dans l'eau aux différentes températures. Malheureusement l'auteur ne précise pas l'espèce qui est très probablement *Rana fusca*. En tous cas, à 32°, ses animaux ne vécurent que de 32 à 12 minutes; à 22°, de 70 à 35 minutes; à 42°, la mort survient immédiatement. En hiver, dans l'eau au même degré la survie devient double de celle de l'été.

Par la suite, MAUREL et LAGRIFFE (205) rappellent que CL. BERNARD a montré la possibilité d'anesthésier les Batraciens en élevant la température. Ces deux chercheurs opèrent encore en été sur des Grenouilles dont ils ne précisent ni l'état général, ni le sexe, ni l'espèce et qui paraissent être d'après les chiffres de leur note des *Rana esculenta*. Leurs expériences de courte durée visant «la détermination et l'action des hautes températures compatibles avec la vie de la Grenouille» soulignent les manifestations de l'animal (agitation, malaise, délire, coma, convulsions, mort apparente, mort) pour des températures de + 26° à + 41°.

Au moins pendant l'hiver, car je n'ai fait aucun essai en été (période pendant laquelle ces Batraciens sont dans des conditions physiologiques bien différentes), les Grenouilles rousses supportent mal l'immersion dans l'eau pour les températures supérieures à + 20°. Le séjour dans l'eau à 28° les tue très rapidement; à 25° même, elles périssent relativement vite. Enfin dans l'eau chauffée à 22° et renouvelée constamment, que les Grenouilles rousses mâles ou femelles soient en liberté ou immobilisées dans des paniers treillissés, elles subissent des variations de poids fantastiques et incompréhensibles. Tantôt elles baissent de poids tout en étant ballonnées, d'autres fois leur poids augmente brusquement sans raison apparente. Les animaux immobilisés ne tardent pas à périr. De toutes façons, les femelles ne mûrissent pas. Si l'on se reporte aux recherches de PRZYLECKI (255) et de ses collaborateurs, on peut supposer que l'absorption cutanée de l'eau joue un grand rôle dans les variations brusques de poids des Batraciens soumis à la chaleur. Soulignons également la résistance beaucoup moins grande en été qu'en hiver des Grenouilles immergées dans l'eau à la même température.

Avant d'aborder l'étude de l'action du froid, je rappellerai qu'il est d'usage dans les cours de faire l'expérience classique de la «Grenouille congelée», expérience qui consiste à plonger quelques instants une Grenouille dans un mélange réfrigérant. L'animal refroidi, rigide et sans mouvement revient, dit-on, à la vie si on élève de nouveau lentement et progressivement la température du vase. Ceci laisse croire que l'on peut impunément congeler un Batracien sans que la vie disparaisse. Outre la question température. il y a le facteur temps que l'on néglige de préciser. Ces facteurs ont cependant la plus grande importance comme nous allons le voir. On prétend même que les Batraciens supportent — 28° sans périr. Si l'on en croit de nombreux auteurs, il semblerait résulter de leurs dires ou de leurs expériences qu'on puisse impunément congeler le corps des animaux à sang froid. La question temps ne figure pas dans leurs observations et les circonstances expérimentales sont mal précisées. D'ailleurs, un certain nombre de savants s'inscrivent en faux contre cette affirmation: soit qu'une mince couche d'eau persiste autour des animaux prisonniers dans la glace, soit que les liquides organiques demeurent à l'état de surfusion, ou soit que les animaux étaient plongés dans l'air sec. Au dire de PREYER, les Grenouilles peuvent revivre tant que la température intérieure de leurs corps n'est pas tombée à moins de — 2°, 5.

L'hiver 1923—1924, très rigoureux dans nos régions facilita l'étude de l'influence des basses températures. Plusieurs lots de Grenouilles rousses furent ainsi exposés au froid de moins 1° à moins 10° et plus dans le jardin de l'Institut de Zoologie. Le tableau XIII résume une première expérience.

Tableau XIII. (Expérience 11 du 24 Novembre 1923).

Grenouilles en liberté dans un bac en terre avec couvercle opaque peu hermétique, un demi centimètre d'eau dans le bac. Température — 2° à — 6° du 24 Novembre au 28 Novembre, puis température de quelques degrés au dessus de zéro du 28/11 au 5/12.

Dates	Nombre de jours	Nombre de Grenouilles	Poids total en grammes	Variations de poids	Variations pour %	Observations
24/11		19 ♀ 10 ♂	680 242			
5/12	11	19 ♀ 10 ♂	682 238	+ 2 — 4	+ 0,29 — 1,65	Sont reportées au laboratoire dans le même bac et très peu d'eau 1 ♀ morte.
24/12	19	18 ♀ 10 ♂	640 232	— 6	— 2,52	
15/1	22	18 ♀ 10 ♂	602 218,5	— 38 — 13,5	— 5,93 — 5,81	
16/2	32	18 ♀ 10 ♂	573 202	— 29 — 16,5	— 4,80 — 7,56	
25/3	38	18 ♀ 10 ♂				1 ponte; quelques ♀ paraissent utérines et pondent du 1er au 5 avril.
9/5		10 ♀	145	— 57	— 28,21	9 ♀ nettement ovariennes.

Le fait saillant de cette expérience est que les Grenouilles ont supporté pendant plusieurs jours des températures allant jusqu'à moins 6°; mais il ne faut pas oublier qu'il y avait très peu de liquide dans le récipient et que les animaux émergeaient.

Dans l'expérience N° 12 du 26 Novembre 1923 à 11 heures du matin, 4 mâles et 4 femelles sont immergés dans un bocal rempli de glace fondante et abandonnés à l'extérieur à une température de — 2° à — 4°. Le lendemain à 14 heures, les Grenouilles sont immobiles et figées dans un bloc de glace rapporté au laboratoire où il est mis à fondre très lentement. Les animaux reviennent à la vie; mais les mâles paraissent atteints et quelques jours après deux d'entre eux périssent.

Dans une autre expérience, N° 14, du 24 Décembre 1923 au 7 Janvier, 20 femelles et 20 mâles sont abandonnés sans liquide dans une cage grillagée placée dans le jardin de l'Institut de Zoologie. Pendant toute cette période il a gelé sans discontinuer et parfois le thermomètre a marqué —13°. Le 7 Janvier, au moment de la fin de l'expérience la température était encore de —4°. Les Grenouilles rapportées au laboratoire et dégelées insensiblement ne sont pas revenues à la vie.

L'expérience 15, du 27 Décembre au 15 Janvier, effectuée dans des conditions à peu près pareilles, sauf que les Grenouilles pouvaient s'enfouir dans la terre meuble et sèche a donné les mêmes résultats.

L'expérience 17 du 31 Décembre 1923 est plus significative encore. A 16 heures, alors que le thermomètre indique —10°, cinq femelles et cinq mâles sont abandonnés à cette température dans un bocal ouvert et ne renfermant aucun liquide. Le 2 Janvier à 10 heures du matin, la température n'étant plus que de —5°, ces Grenouilles inertes sont rapportées au laboratiore et dégelées insensiblement. Aucune ne revient à la vie. Donc, ce séjour de 42 heures au froid et à sec a suffi pour les faires mourir. Soulignons qu'à un moment donné le thermomètre est descendu à —13°.

Antérieurement, P. REGNARD (257) qui étudiait l'action des basses températures sur les animaux aquatiques constate que la Tanche après une certaine période de torpeur succombe à —4°; mais il ne nous dit pas la durée de l'expérience !

MAUREL et LAGRIFFE (206) opérant sur la «fin de 1899» observent que les Grenouilles (quelle espèce?) congelées et rigides, prises dans la glace de 0° à —4° et reportées à + 15° reviennent à la vie; mais l'expérience a duré peu de temps. Par contre, soumises à un froid de —5° à —10°, il est rare de pouvoir les ranimer. D'ailleurs, un siècle auparavant, JEAN SENEBIER (281 — 282) traduisant les œuvres de SPALLANZANI signale que les Grenouilles «gelant complètement ne peuvent plus être ranimées. L'on a vu souvent les Grenouilles périr presque toutes dans les grands froids». (Le même fait s'est reproduit durant l'hiver si rigoureux de 1928/1929). Plus loin il ajoute : «Je fis dégeler une Grenouille qui avait passé une nuit à la température de — 2°, elle fut complètement morte.». D'après les descriptions des animaux observés, on peut supposer qu'il s'agissait de *Rana Esculenta* beaucoup plus fragile que *Rana fusca*.

Si j'ai quelque peu insisté sur ces expériences de congélation c'est pour combattre cette idée courante trop facilement admise que les

Grenouilles comme d'autres animaux poïkilothermes peuvent être congelés longuement et que le retour à la vie active s'obtient par un dégel progressif et lent. Dans l'expérience classique on ne saurait trop insister sur les deux facteurs : durée et température. Que l'on me pardonne également la multiplicité des tableaux et des chiffres. J'ai dû en reproduire un assez grand nombre pour combler les «trous» inévitables résultant des décès ou de toute autre cause et pour rechercher si d'autres facteurs externes n'ont pas une influence sur l'hibernation.

Voilà un ensemble de faits expérimentaux desquels on peut déjà tirer quelques conclusions. La comparaison de ces résultats suffisamment nets permet de souligner différents points saillants qui sont :

1°) *A des températures permanentes inférieures à 0°, à l'inverse des Mammifères hibernants qui se réveillent, non seulement les Grenouilles rousses s'enfoncent de plus en plus dans leur torpeur, mais elles ne tardent pas à périr, même abandonnées à l'air libre.*

2°) *L'animal immergé ou pouvant venir respirer en surface, supporte mal pendant l'hiver le séjour dans l'eau chauffée au delà de + 25°. Il ne tarde pas à périr : en tous cas, la maturation sexuelle ne se fait pas.*

3°) *L'hibernation peut s'effectuer dans l'eau jusqu'au voisinage de + 10°. A cette température, la maturation a encore eu lieu, mais avec une légère baisse de poids de l'animal pour l'ensemble de la période.*

4°) *Immergée dans l'eau, à la lumière et à la température du laboratoire (plus 14° à plus 18°), la Grenouille rousse n'hiberne pas ; elle se comporte comme un animal soumis à l'inanition subissant des pertes de poids continues et relativement élevées. Chez le plus grand nombre des individus, la maturation sexuelle n'a généralement pas lieu. Parfois cependant on obtient quelques pontes tardives lorsque les animaux expérimentés avaient déjà hiberné auparavant dans la nature ou dans la glacière.*

5°) *Pour les mêmes températures, les variations de poids ne sont pas toujours parallèles pendant les mêmes périodes suivant que les animaux expérimentés sont ou libres ou immobilisés plus ou moins et d'après l'exposition à la lumière ou à l'obscurité.*

Ces dernières remarques nous conduisent nécessairement à l'examen de l'influence du mouvement et de la lumière sur le métabolisme pendant l'hiver. Ce sont ces deux facteurs que nous allons étudier dans les chapitres suivants.

CHAPITRE III.

INFLUENCE DE L'ACTIVITÉ DES GRENOUILLES SUR LE MÉTABOLISME PENDANT L'HIVER ET SUR LA MATURATION.

Au début de cette étude, j'ai signalé que pendant l'hibernation dans la nature, les Grenouilles rousses font peu de mouvements. Elles restent souvent entassées les unes contre les autres dans les cavités inondées, les mares ou les eaux stagnantes. De même durant la période hivernale, ces Batraciens immergés à l'obscurité à basse température (quelques degrés au dessus de zéro) vivent rassemblés et à peu près immobiles. Ils sont engourdis et dans un état de torpeur comparable à celui des Mammifères hibernants. Chez ces derniers pendant cette période, comme les recherches de EDWARDS W. F. (108) et surtout de R. DUBOIS (101) l'ont démontré, les échanges respiratoires sont ralentis ainsi que l'activité de la circulation sanguine, (30 à 40 fois moins qu'à l'état de veille). Pour la Grenouille rousse en hibernation nous retrouvons des phénomènes physiologiques semblables, peut-être encore plus accusés. Chacun sait que chez la Grenouille la respiration pulmonaire qui ne représente sans aucun doute qu'une partie de la respiration totale de l'individu se fait par déglutition. (P. BERT 50 — E. COUVREUR 72 - 73).

On conçoit que l'animal en léthargie et surtout immergé exécute beaucoup moins de mouvements respiratoires qu'en période de veille. Cette affirmation est confirmée par des observations déjà anciennes. Je ne saurais mieux faire que de citer en entier le passage suivant emprunté à H. MILNE EDWARDS (226). «Une Grenouille par exemple qui en été se montre alerte et vorace, mais qui durant l'hiver n'a que des mouvements lents et ne digère même pas les aliments qu'elle peut avoir dans l'estomac consomme deux fois autant d'air dans les jours caniculaires qu'aux approches de l'hiver, et quand le froid devient un peu vif, la respiration de ces animaux devient si faible, qu'il leur suffit du contact de l'eau aérée sur la peau pour vivre parfaitement bien. Ainsi dans l'expérience de W. EDWARDS, nous voyons qu'en juin pour une température de 27 degrés, six Grenouilles exhalèrent en vingt quatre heures entre 6 cc et 4 cc, 4 d'acide carbonique, ou, en terme moyen 5 cc, 2 chacune et absorbaient terme moyen 2 cc, 2 d'oxygène; tandis qu'en Octobre la température atmosphérique étant de 14 degrés, l'absorption d'oxygène ne fut, terme moyen, que de 1 cc, 5 et l'exhalation de l'acide carbonique de 2 cc, 5. DELAROCHE avait constaté précédemment des faits du même ordre : dans des expériences sur des Grenouilles, il avait vu l'absorption d'oxygène devenir, à la température de 27 degrés, tantôt quatre fois, tantôt six fois plus considérable qu'elle ne l'était à la température de 4 degrés. Une expérience très curieuse dont j'ai été souvent témoin lorsque j'assistais mon frère dans ses travaux de recherches, montre mieux que ne le saurait faire aucun énoncé de chiffres combien la différence est grande. En été, les Grenouilles se noient pour peu qu'on les retienne une heure ou deux sous l'eau sans leur permettre de venir respirer l'air atmosphérique à la surface du liquide ; mais W. EDWARDS a constaté qu'en hiver, lorsque l'activité vitale de ces animaux a été assoupie par quelques semaines de froid et que la température de l'eau est à zéro, ils peuvent rester submergés pendant des mois entiers sans être ni engourdis ni privés de l'usage de leurs sens, pourvu que l'eau aérée qui les entoure et baigne la surface de leur peau se renouvelle régulièrement. La Grenouille devient alors un véritable Amphibie dans toute la force du mot, et n'a besoin, pour l'entretien du travail respiratoire que de petites quantités d'oxygène que l'eau des rivières tient en dissolution.

SPALLANZANI avait remarqué que les Grenouilles submergées dans l'eau y vivent plus longtemps en hiver qu'en été, et quelques naturalistes avaient pensé qu'elles y séjournent pendant toute la saison froide.

Aussi BOSC raconte que souvent il en avait pêché dans cette saison ; mais avant les expériences de W. EDWARDS, on ne savait rien de positif sur la durée possible de cette vie aquatique et SPALLANZANI pensait que ces animaux passent l'hiver dans des trous pratiqués à terre dans la fange ou le sable humide. »

Il est fort regrettable que dans les observations précédentes signalées par MILNE EDWARDS, les auteurs n'aient pas précisé l'espèce de Grenouille. S'agit-il de la Grenouille rousse (Rana fusca) ou de la Grenouille verte (Rana esculenta) ? Les deux espèces sont bien différentes comme mode de vie, habitat, mœurs, alimentation, période de ponte, résistance aux facteurs externes etc. . . . Quelques exemples vont le prouver. Alors que les embryons de Grenouille rousse ne peuvent se développer au-delà de 23° à 24° (O. HERTWIG 147), ceux de la Grenouille verte évoluent très bien et rapidement vers 30° et plus. AMERLING (6) rappelle que Rana fusca est plus sensible envers le manque d'oxygène et à la paralysie par la chaleur que Rana esculenta. Pour cette dernière, les limites de température compatibles avec la vie sont décalées vers le haut. Tandis que la Grenouille rousse pond en mars et passe l'été dans les prairies, les champs et les forêts, la Grenouille verte essentiellement aquatique même en été, plus vorace et carnassière, s'accouple seulement fin mai et vit continuellement dans le voisinage des eaux. Ces quelques remarques pour montrer combien dans le domaine expérimental on ne saurait jamais être trop précis. Sans pousser à l'extrême l'étude des classifications, il est cependant nécessaire et indispensable d'indiquer aussi nettement que possible le mode et les conditions opératoires ainsi que l'espèce zoologique.

Plus récemment, de nombreux savants, en particulier ATHANASIU (15) et COUVREUR (72 - 73) ont étudié les échanges respiratoires des Grenouilles pendant les différentes époques de l'année. En hiver, la respiration cutanée est suffisante et les combustions de ces animaux sont réduites au minimum. D'autre part, les travaux de REGNAULT et REISET, de MARCHAND et MOLESCHOTT, de PFLUGER, de SCHULZ et de VERNON ont prouvé que les Poïkilothermes contrairement aux Homéothermes dépensent d'autant plus que la température ambiante est plus élevée. Cette loi se confirme même pendant le sommeil hibernal (E. MAUREL 207). Un autre fait bien connu des Physiologistes est qu'à la suite d'activité, de mouvement, de travail quel qu'il soit, les animaux consomment et dépensent plus que pendant le repos. Les considérations qui précèdent nous expliquent pourquoi les Grenouilles immergées en liberté et en hiver dans l'eau des aquariums en verre de nos laboratoires perdent sans cesse du poids. N'étant pas engourdies, elles s'agitent, se meuvent; mais pourquoi ne mûrissent-elles pas? En les immobilisant plus ou moins, d'abord on fera diminuer les pertes de substances et de ce fait n'obtiendra t-on pas la maturation? L'immersion dans des bacs à casiers n'est pas suffisante, les Grenouilles se meuvent encore dans leur prison même réduite. Nous pouvons le constater en comparant les tableaux XI et X dans lesquels les pertes de poids pendant une même période du 15 Février au 10 Mars par exemple, sont peu différentes dans les deux cas et le résultat au point de vue maturation restant négatif.

L'expérience suivante, (Tableau XIV) comporte deux lots de chacun 5 femelles entassées et immobilisées partiellement dans deux paniers en fil de fer. Ces deux paniers sont presque complètement immergés dans un bac en verre rempli d'eau à la température du laboratoire. Comme le fait est déjà signalé par les auteurs et comme j'ai pu le vérifier, l'immersion complète à cette température amènerait rapidement la mort par asphyxie. Les paniers sont disposés de façon que leur partie supérieure émerge un peu. Les animaux ayant des mouvements réduits peuvent néanmoins venir respirer l'air atmosphérique.

Tableau XIV. (Expérience 4 du 8 Décembre 1924).

Dates	Nombre de jours	Nombre de Grenouilles	Poids totaux en gr.	Variations de poids	Variations pour °/o	Variations pour °/o du poids initial		Observations
						totales	pour 30 jours	
8/11		5 ♀	328					
		5 ♀	298					
			626					
13/2	67	5 ♀	307	— 21	— 6,40		— 2,86	
		5 ♀	283,5	— 14,5	— 4,86		— 2,17	
			590,5	— 35,5	— 5,67		— 2,54	
12/3	27	5 ♀	302	— 5	— 1,62			
		5 ♀	275	— 13,5	— 4,76			
			577	— 18,5	— 3,31	— 2,95	— 3,27	
10/4	29	5 ♀	281	— 21	— 6,95			aucune ♀ ne parait utérine.
		5 ♀	255	— 20	— 7,27			
			536	— 41	— 7,10	— 6,54	— 6,76	
2/7	83	5 ♀	246,5	— 34,5	— 12,27	— 10,51	— 5,48	Dans l'autre panier une ♀ est morte. Les 9 ♀ sont ovariennes.

Il est intéressant de comparer cette expérience avec le tableau X. Les deux bacs en verre remplis d'eau et contenant les animaux voisinaient au laboratoire. Pour les périodes correspondantes on voit nettement, et ceci ne doit pas surprendre, que les animaux circulant librement dans l'eau ont baissé beaucoup plus de poids que les captifs. Consommation ou dépense plus grande par suite de mouvements plus intenses, disent les Physiologistes.

Une autre remarque s'impose. L'examen pour chaque période de 30 jours des pertes de poids pour cent calculées sur le poids initial au début de l'expérience montre que les pertes vont aussi en augmentant. Faudrait-il en conclure que contrairement à ce qui se passe chez les Homéothermes (TERROINE 300) la consommation par Kilogr. d'animal ne se maintiendrait pas constante pendant toute la durée du jeûne? Cette conclusion serait injustifiée et prématurée pour les raisons suivantes:

1°) En supposant que les animaux même libres ne fassent que les mouvements indispensables et nécessaires pour venir respirer en surface (ce qui n'est pas exact), nous analysons des expériences de très longue durée. Or, même chez les Homéothermes la consommation augmente légèrement lors du jeûne prolongé (TERROINE 300). Il est fort possible qu'il en soit de même chez les Poïkilothermes.

2° Les Grenouilles sont mises en expérience à une époque où elles ont leur maximum de réserves, grasses en particulier, tant dans le corps que dans les ovaires, ce qui vient troubler par conséquent le rapport des matières consommées au poids total.

3°) Pendant les six ou sept mois de la période expérimentale, la température moyenne s'est légèrement élevée au laboratoire, surtout au printemps, ce qui provoque, comme on le sait, une consommation plus grande chez les Poïkilothermes.

4°) On a peut-être tort, même chez les Homéothermes de rapporter les pertes de poids au poids total brut de l'animal. Dans le cas particulier, comme nous le verrons par la suite, durant l'inanition prolongée, la teneur en eau de la Grenouille augmente, ce qui par conséquent vient troubler le rapport perte de poids sur poids total.

Je n'ai fait qu'amorcer ces questions sur lesquelles il faudra revenir en les basant sur des données chimiques et analytiques précises.

Toutes les constatations précédentes se rapportent à des Grenouilles ayant déjà commencé l'hibernation dans la nature, à une époque où elles ont leur maximum de réserves. L'expérience qui suit est faite avec des Grenouilles recueillies un mois environ avant l'hibernation naturelle. Elles sont immergées dans l'eau à la lumière du laboratoire dans un bac en verre à casiers.

Tableau XV. (Expérience du 12 Octobre 1921).

Dates	Nombre de jours	Nombre de Grenouilles	Poids totaux en gr.	Variations de poids	Variations pour °/o	Variations pour °/o du poids initial		Observations
						totales	pour 30 jours	
12/10		13 ♀	383,15					
11/11	30	13 ♀	359,15	– 24	— 6,26	— 6,26	— 6,26	
8/12	27	13 ♀	343,55	– 15,60	— 4,34	— 4,07	— 4,52	
7/1	30	13 ♀	324,85	– 18,70	— 5,45	— 4,88	— 4,88	
3/2	27	13 ♀	315,45	— 9,40	— 2,89	— 2,45	— 2,72	
Résumé et Moyennes	114			– 67,70		– 17,66	— 4,65	

Les différences des variations de poids des tableaux XV, X et XIV ne peuvent guère s'expliquer que par les températures moyennes légèrement différentes d'un mois à l'autre dans le même laboratoire et par les mouvements des animaux. Si nous nous reportons aux tableaux II et III, expériences comparables aux précédentes, mais effectuées à la glacière et à l'obscurité, nous constatons que les variations de poids sont minimes. (Influence de la température et des mouvements à peu près nuls à basse température.)

Qu'arrivera-t-il si on abandonne des Grenouilles pendant tout l'hiver au laboratoire, à la lumière et en liberté dans un vaste aquarium en verre contenant du sable et 1 cm d'eau? Il semble que dans ce cas, les animaux n'ont plus à faire de mouvements pour venir respirer l'air libre. D'après le tableau suivant les pertes de poids sont énormes.

Tableau XVI. (Expérience 1 du 19 Novembre 1923).

Dates	Nombre de jours	Nombre de Grenouilles	Poids total en grammes	Variations de poids	Variations pour %	Observations
19/11		38 ♀ 39 ♂	1485 1217			
25/12	36	31 ♀ 36 ♂	1160 1055			7♀ et 3♂ morts.
15/1	21	31 ♀ 36 ♂	1133 1028,5	— 27 — 26,5	— 2,3 — 2,5	
15/2	31	30 ♀ 36 ♂	1077 978	 — 50,5	 — 4,91	1 ♀ morte.
5/5	79	30 ♀ 36 ♂	898 767	— 179 — 211	— 16,62 — 21,57	Aucune ponte. Toutes les ♀ sont ovariennes.

La comparaison de cette expérience avec le tableau IX fournit des chiffres parfois bien contradictoires. Dans le tableau XVI, du 25 Décembre au 15 Janvier soit durant 21 jours, les femelles ont perdu 2,3% de leur poids et les mâles 2,5%; alors que du 27 Décembre au 15 Janvier, dans le même laboratoire et pendant presque le même temps, dans deux aquariums voisins, les femelles du tableau IX n'ont perdu que 0,8% et les mâles 1,6% ! Du 15 Janvier au 15 Février (31 jours), les femelles du tableau IX ont perdu 3,05%, les mâles 5,06%; dans le même temps, les mâles du tableau XVI n'ont perdu que 4,91% soit un peu moins. Ces différences dans deux bacs voisins, l'un rempli d'eau l'autre renfermant seulement une couche de liquide de 1 cm de hauteur ne peuvent être attribuées qu'aux mouvements des animaux.

Par l'observation courante on se rend compte que le moindre bruit, les variations d'intensité de lumière, etc. . . peuvent provoquer des mouvements chez les animaux expérimentés. Par ailleurs, qui n'a vu des Grenouilles vertes ou rousses restant pendant des temps très longs complètement immobiles à la surface des eaux?

Les deux expériences qui suivent, faites le même jour au laboratoire (+ 14° à + 18°) vont encore nous montrer des variations semblables dûes aux facteurs externes agissant indirectement sur les mouvements des Grenouilles.

Tableau XVII.

Dates	Nombre de jours	(Expérience 2 du 24 Janvier 1923) Petit bac en verre avec quelques centimètres d'eau à la lumière				(Expérience 7 du 24 Janvier 1923) Vaste aquarium avec du sable et 1 cm d'eau dans un endroit moins éclairé				Observations
		Nombre de Grenouilles	Poids total en gr.	Variations de poids	Variations pour %	Nombre de Grenouilles	Poids total en gr.	Variations de poids	Variations pour %	
24/1		9 ♀ 6 ♂	362 165			10 ♀ 5 ♂	490 158			
16/2	23	9 ♀ 6 ♂	353 154	— 9 — 11	— 2,48 — 6,60	10 ♀ 5 ♂	485 150	— 5 — 8	— 1,30 — 5,33	
2/3	14	9 ♀ 6 ♂	338 149	— 15 — 5	— 4,24 — 3,24	10 ♀ 5 ♂	474 140	— 11 — 10	— 2,27 — 6,66	
10/3	8	9 ♀ 6 ♂	330 142	— 8 — 7	— 2,36 — 4,69	10 ♀ 5 ♂	462 137	— 12 — 3	— 2,53 — 2,14	Toutes les ♀ sont ovariennes.

Dans ces deux expériences, à la même température, nous obtenons cependant des résultats bien différents. On ne peut les attribuer qu'à l'influence de la lumière sur laquelle nous insisterons dans le chapitre suivant. Il est également intéressant de rapprocher ces chiffres de ceux de l'expérience 5 du 24 Janvier 1923 (tableau XI); les Grenouilles étant immergées dans un bac à casiers ont dû nécessairement faire des mouvements pour venir respirer en surface:

Malgré tous ces chiffres paraissant disparates, on peut néanmoins tirer quelques conclusions:

1°) *A basse température* (+ 2° à + 3°), *que les Grenouilles soient en liberté ou immobilisées, leurs mouvements étant insignifiants dans l'un et l'autre cas, leurs variations de poids sont comparables et peu considérables. Pendant plusieurs mois elles peuvent rester immergées dans l'eau et elles mûrissent.*

2°) *A la température du laboratoire (+ 14° à + 18°), il y a perte de poids continue et importante, d'autant plus élevée que l'animal fait plus de mouvements. L'immersion prolongée dans l'eau fait périr les Grenouilles en expérience. De toutes façons, il n'y a pas de maturité sexuelle.*

CHAPITRE IV.

INFLUENCE DE LA LUMIÈRE SUR LE MÉTABOLISME PENDANT L'HIVER ET SUR LA MATURATION.

C'est un fait acquis depuis longtemps que la lumière agit sur le métabolisme des animaux. MOLESCHOTT (230) l'a déjà signalé. Mais doit-on voir seulement dans l'influence de la lumière une action directe comme le croit l'auteur ou un effet indirect agissant sur les centres sensitifs, amenant une réaction de mouvement et par suite une plus grande consommation? MILNE EDWARDS (226) parlant des travaux de MOLESCHOTT nous dit: «Il paraîtrait que dans certaines circonstances au moins, l'action de cet agent (la lumière), en excitant l'organisme peut augmenter les dégagements de l'acide carbonique.» Plus loin, il ajoute: «Des expériences dans lesquelles il (MOLESCHOTT) a évalué le degré de l'intensité de la lumière à l'aide de papiers photographiques, l'ont conduit à admettre que cette production d'acide carbonique s'accroît en raison directe de l'intensité de la lumière à laquelle les Grenouilles sont exposées et que cette action excitante s'exerce en partie sur la peau et en partie par l'intermédiaire des organes de la vue.»

MILNE EDWARDS (226) commentant les travaux de BIDDER et SCHMIDT ajoute: «En effet, dans les expériences de BIDDER et SCHMIDT, la perte de poids dûe à l'hexalation de gaz carbonique et à la transpiration chez les animaux à l'état d'inanition s'égalerait entre le jour et la nuit lorsqu'on les avait rendus aveugles, tandis que la différence était très considérable lorsqu'ils conservaient le sens de la vue.»

Quel que soit le mode d'action de la lumière, recherchons néanmoins si elle a pu avoir une influence sur le métabolisme des animaux en expérience et sur la maturation sexuelle. Toutes les opérations à basse température (0° à + 4°) ont été faites à l'obscurité de la glacière. Très vraisemblablement, bien que l'expérience n'ait pas été tentée, les Grenouilles étant en léthargie n'auraient pas réagi à la lumière seule, ou tout au moins à la lumière naturelle. Pour les températures plus élevées du laboratoire (expériences 2 et 7 du 24 Janvier 1923, tableau XVII) nous avons vu que le lot plus exposé à la lumière avait perdu plus de poids que l'autre, et nulle part la maturation sexuelle ne s'est produite.

Peut-être, l'expérience 6 du 21 Novembre 1923 nous fournira-t-elle quelques précisions nouvelles? les Grenouilles sont placées au laboratoire dans une caisse en bois, fermée, contenant de la terre suffisamment tassée. C'est donc l'obscurité. Le fond de la boîte, percé de trous est placé dans un plateau contenant de l'eau. De cette façon, par capillarité, l'intérieur de la caisse est toujours humide.

Tableau XVIII. (Expérience 6 du 21 Novembre 1923).

Dates	Nombre de jours	Nombre de Grenouilles	Poids total en grammes	Variations de poids	Variations pour %	Observations
21/11		10 ♀ 10 ♂	322 295			
27/12	36	9 ♀ 10 ♂	272 281	— 14	— 4,74	1 ♀ morte.
15/1	19	9 ♀ 10 ♂	260 270,5	— 12 — 10,5	— 4,40 — 3,80	
16/2	32	9 ♀ 10 ♂	249,5 254	— 10,5 — 16,5	— 4,04 — 6,11	
27/3						2 couples
1/5						7 ♀ ont pondu, les 2 autres sont utérines.

Chaque fois, à l'ouverture de la caisse, on pouvait constater que les animaux avaient tendance à se terrer ou tout au moins à s'entasser. Cependant, leurs pertes de poids ont été plus grandes que pour les Grenouilles du tableau XVI (individus de la même capture mis dans un vaste aquarium renfermant du sable et 1 cm d'eau, à la lumière, dans le même laboratoire et qui n'ont pas mûri).

Une critique sérieuse apparaît: bien qu'étant sur la terre humide, les Grenouilles de la caisse, malgré le peu de mouvements exécutés ont probablement perdu de l'eau par évaporation cutanée. Nous serons amenés par la suite à étudier l'influence d'un séjour prolongé dans l'air humide. En tous cas, retenons que dans l'expérience 6 (tableau XVIII) *toutes* les Grenouilles ont mûri, tardivement c'est entendu, alors que dans l'expérience 5 (tableau XI), deux sur trente seulement étaient utérines.

Malgré quelques lacunes, je rappellerai deux expériences effectuées à la même température de + 5° à + 8°, dans l'eau courante d'un même local froid et signalées précédemment : un lot à l'obscurité (expérience 5 du 17 Novembre 1924 — tableau VII), l'autre à la lumière diffuse (expérience 12 du 10 Janvier 1925, tableau VIII). Dans les deux cas les Grenouilles sont immergées et libres dans leurs mouvements. De l'examen de ces deux tableaux, il ressort nettement que pour la même période du 14 Février au 6 ou 8 Mars, dans le cas de la lumière, la perte de poids a été de moins 1,23 pour cent avec deux femelles utérines seulement ; alors que pour l'obscurité il y a eu augmentation de 5,27 pour cent et sept femelles sur neuf nettement utérines.

L'observation attentive au cours de ces expériences m'a montré qu'à la lumière, les animaux circulent beaucoup plus que les animaux à l'obscurité, où on les trouve généralement entassés dans le fond quand on ouvre la caisse. Il est donc permis de maintenir l'affirmation que la lumière agit en excitant et en favorisant les mouvements des Grenouilles. D'ailleurs, dès 1908, G. WEISS (315) opérant sur des Grenouilles curarisées avait constaté que la lumière n'exerce aucune influence directe sur les échanges gazeux. Plus récemment, MALES B. (196), fait remarquer que si la Grenouille dépense en général plus d'oxygène à la lumière qu'à l'obscurité, ceci provient de ce que cet agent physique exerce son action indirectement en influençant la mobilité de l'animal. Pour CROFTS E. et LAURENS H. (74), la lumière blanche comme la lumière colorée produisent ainsi que les autres formes d'excitation une accélération du rythme respiratoire chez les Batraciens probablement dûe à la propagation à travers le système nerveux de l'impulsion nerveuse déclanchée par le stimulant.

L'expérience 6 du 21 Novembre 1923 (tableau XVIII) nous amène à poser la question de l'influence de l'eau extérieure.

CHAPITRE V.

HIBERNATION ET INANITION EN L'ABSENCE DE L'EAU LIQUIDE.

Pour mémoire, je rappellerai les faits bien connus cités par de nombreux auteurs et en particulier par MILNE EDWARDS (226) qui discutant les travaux de LEHMANN (174) écrit ce qui suit: «Des expériences dans lesquelles la perte de poids total que les Grenouilles subissent tant par évaporation que par la respiration aurait été beaucoup plus grande dans l'air humide que dans l'air sec; mais ce résultat est si contraire à ceux observés dans les nombreuses expériences de W. EDWARDS sur la marche de la transpiration, etc. . . . que je suis porté à les attribuer à ces oscillations qui se rencontrent toujours dans les phénomènes de ce genre, et à penser qu'ils changeraient si l'on multipliait les pesées à des intervalles égaux, de façon à pouvoir bien juger de la tendance générale des choses. Quoi qu'il en soit, voici les nombres donnés par M. LEHMANN, en supposant les pertes de poids éprouvées pendant les vingt quatre heures par les Grenouilles rapportées à 1.000 grammes de poids du corps:

	1er expérience	2° expérience
air sec :	1,820	0,681
air humide :	4,376	5,340

Pour W. E. EDWARDS, «la transpiration dans l'air sec a été de cinq à dix fois plus grande que dans l'humidité extrême, suivant le degré de la sècheresse et la durée de l'expérience.» Je ne discuterai pas ici ces résultats, je me contente de les signaler.

Les expériences qui suivent se rapportent à des animaux soumis pendant l'hiver à différentes températures dans une atmosphère humide.

Dans l'expérience 16 du 27 Décembre 1923, les Grenouilles sont placées en liberté, sans liquide, à l'obscurité de la glacière dans un cristallisoir en verre entouré de glace fondante renouvelée fréquemment.

Tableau XIX. (Expérience 16 du 27 Décembre 1923).

Dates	Nombre de jours	Nombre de Grenouilles	Poids total en grammes	Variations de poids	Variations pour °/₀	Observations
27/12		10 ♀ 10 ♂	402 271			
14/1	18	L 5 ♀ G 5♀	216 188,5 404,5	+ 2,5	+ 0,5	Les lots marqués L sont immergés au laboratoire dans l'eau d'un grand bac à la lumière et y restent jusqu'à la fin de l'expérience. Les lots G sont restés à la glacière.
		L 5♂ G 5 ♂	127,5 146,5 274	+ 3	+ 1,09	
23/1	9	L 5 ♀ L 5♂	213 121	— 3 — 6,5	— 1,38 — 5,10	
15/2	32	G 5 ♀ G 5♂	188,5 143,5	0 — 3	0 — 2,05	
fin-mars	23	L 5 ♀ L 5♂	208 114,5	— 5 — 6,5	— 2,35 — 5,37	Les ♀ de la glacière sont mortes ainsi que 1 ♀ du laboratoire.
9/5	85	L 5♀	171	— 37	— 17,78	
23/6	45	L 5♀	150	— 21	— 12,28	
27/7	34	L 5♀	128	— 22	— 14,66	Aucune ♀ n'a été utérine, même le 21 août, date où elles furent utilisées pour des études chimiques.

N'oublions pas que ces animaux avaient déjà commencé l'hibernation dans la nature et subi par conséquent l'augmentation de poids signalée antérieurement en pareil cas au début de l'hiver. D'ailleurs, la même expérience renouvelée le 15 Novembre 1925 a fourni des résultats analogues.

Il est intéressant de comparer pendant la période du 27 Décembre au 15 Février les Grenouilles de l'expérience précédente et celles immergées dans l'eau de la même glacière à 0° (Expérience 8 du 24 Novembre 1923 — tableau V) ou à + 2° à + 3° (Expérience 10 du 24 Novembre 1923 — tableau I). Dans le tableau V, le plus comparable comme température, pendant cette période, les femelles ont perdu comme poids — 1,31 pour cent jusqu'au 13 Janvier, puis, — 0,26 pour cent jusqu'au 15 Février. Pendant le même temps, pour les Grenouilles du tableau I, les pertes ont été de — 1,64 pour cent et — 1,55, alors que pour celles du tableau XIX les variations sont de + 0,5 et 0.

Comme ces dernières étaient complètement immobiles et en léthargie on ne peut interpréter ces résultats que de la façon suivante : ou les combustions internes étaient nulles et insignifiantes, ou les animaux ont absorbé de l'eau contenue dans l'air, ou dans les oxydations internes l'oxygène atmosphérique était fixé et retenu avec ou sans formation de CO^2, d'eau et d'autres résidus.

En est-il de même pour des températures un peu plus élevées ? Les deux expériences qui suivent sont réalisées à l'obscurité du sous-sol à une température oscillant de + 3° à + 7° (+ 7° en Novembre, + 3° en Janvier). Les Grenouilles sont en liberté : dans le lot 2, elles sont placées dans une caisse en bois renfermant de la terre humide et dans le lot 5 elles vivent emprisonnées dans une autre caisse en bois placée à côté de la précédente dans le même lieu humide.

Tableau XX.

Dates	Nombre de jours	Expérience 2 du 20 novembre 1923				Expérience 5 du 20 novembre 1923				Observations
		Nombre de Grenouilles	Poids total en gr.	Variations totales	Variations pour °/₀	Nombre de Grenouilles	Poids total en gr.	Variations totales	Variations pour °/₀	
20/11		20 ♀ 20 ♂	824 611			20 ♀ 20 ♂	648 598			
28/12	38	20 ♀ 20 ♂	819 597	— 5 — 14	— 0,6 — 2,29	20 ♀ 20 ♂	639 555	— 9 — 44	— 1,38 — 7,35	
14/1	17	L 10 ♀	423,5			L 10 ♀	318,5			S = laissées au sous-sol
		S 10 ♀	385 808,5	— 10,5	— 1,3	S 10 ♀	305,5 623	— 16	— 2,5	L = mises au laboratoire à la lumière dans un bac en verre rempli d'eau.
		L 10 ♂ S 10 ♂	292,5 290 582,5	— 14,5	— 2,4	L 10 ♂ S 10 ♂	295 240 535	— 20	— 3,6	
23/1	9	L 10 ♀ L 10 ♂	408,5 284,5	— 15 — 8	— 3,5 — 2,73	L 10 ♀ L 10 ♂	319 301	+ 0,5 + 6	+ + 2	
15/2	32	S 10 ♀ S 10 ♂	372 280	— 13 — 10	— 3,39 — 3,37	S 10 ♀ S 10 ♂	297 237	— 8,5 — 3	— 2,78 — 1,25	
	23	L 10 ♀ L 10 ♂	402 274	— 6,5 — 10,5	— 1,58 — 3,68	L 10 ♀ L 10 ♂	315 295	— 4 — 6	— 1,25 — 2,0	(* A) 1 ponte dans les ♀ du laboratoire. Le 9 mai les autres ♀ du labo. n'ont pas pondu. Le 1er mai le lot du sous-sol est mort. Il y a eu des pontes, mais aussi des ♀ qui n'ont pas pondu.
Moyennes	32	L 10 ♀ L 10 ♂		— 21,5 — 18,5	— 5,07 — 6,32	L 10 ♀ L 10 ♂		- 3,5 0	— 1,10 0	
10/4						* A				
1/5		* B								*) B Les 20 ♀ du sous-sol sont toujours vivantes; les ♀ ont pondu. Depuis quand? Les ♀ du laboratoire encore ovariennes le 31 août sont utilisées pour recherches sur l'inanition.
9/5	84	L 10 ♀ L 10 ♂	324,5 198	— 77,5 — 76	-- 19,27 -- 27,73					
23/6	45	L 10 ♀ L 10 ♂	286 158	— 38,5 — 40	-- 11,86 -- 20,20					

Dans les deux expériences précédentes il y a eu perte continue de poids, mais la plupart des animaux restés dans le sous-sol ont mûri. Il est intéressant de rapprocher ces résultats de l'expérience 3 du 20 Novembre 1923 (tableau VI) pour laquelle, les Grenouilles provenant de la même capture sont immergées dans l'eau à + 5°, + 6°, à l'obscurité dans une caisse en bois. De Novembre à fin Décembre, les Grenouilles dans l'eau ont augmenté de poids; celles placées dans la terre ou l'air plus ou moins humide ont diminué, et cette baisse continue pendant les mois suivants. Sans doute, une diminution de poids se manifeste aussi par la suite chez les animaux immergés, mais pour une température sensiblement pareille (tous les lots étant dans le même local), les pertes diffèrent d'une façon appréciable.

Laissant de côté les combustions internes pour l'entretien de la vie et les mouvements des animaux qui ne paraissent pas plus intenses dans ces différents cas, on est amené nécessairement à se poser les questions suivantes: Dans l'air et dans la terre, la perte de poids ne serait-elle pas dûe *en partie* à l'eau transpirée alors que dans l'immersion il y aurait au contraire absorption du liquide ambiant? Ce qui semble montrer l'influence de l'eau extérieure est le fait suivant: des Grenouilles de différents lots (tableau VI et XX) reportées le même jour, dans l'eau et à la lumière au laboratoire se comportent différemment, les facteurs externes et les mouvements que l'on peut supposer identiques restant les mêmes.

Or pendant la même période du 14 Janvier au 15 Février, dans l'expérience 3 (tableau VI) les animaux reportés au laboratoire ont perdu: 11,94 pour cent pour les femelles et 15,60 pour cent pour les mâles, alors que dans les expériences 2 et 5 (tableau XX) nous avons seulement les chiffres suivants: femelles 5,07 pour cent, — mâles 6,32 pour cent (expérience 2) et femelles 1,10 pour cent, — mâles 0, pour cent (expérience 5). Que devons-nous en conclure? Il n'y a aucune raison pour que les trois lots reportés au laboratoire, dans les mêmes conditions se soient comportés différemment et que les animaux aient effectué plus de mouvements dans un cas ou dans l'autre.

S'il y a eu baisse de poids moins prononcée dans les expériences 2 et 5, c'est que les Grenouilles plus ou moins déshydratées par leur séjour antérieur dans la terre ou à l'air ont récupéré de l'eau dans leur nouveau milieu aquatique. Cette remarque est d'autant plus vraisemblable que dans le lot 5 (air humide, par conséquent moins chargé d'eau que la terre humide de l'expérience2), les animaux qui avaient perdu beaucoup plus que dans l'expérience 2 du 20 Novembre au 14 Janvier ont d'abord récupéré de l'eau et finalement ont eu des pertes moins grandes du 14 Janvier au 15 Février.

Il semble donc bien, qu'outre l'eau fournie par les combustions de l'organisme (eau fournie par fixation de l'oxygène : 99 grammes chez la Marmotte. R. DUBOIS 101) et qui a pu être retenue il y a eu introduction de l'eau du milieu extérieur. Ces observations nous amènent à la question de l'influence du milieu aquatique sur l'hibernation et surtout sur la maturation posthibernale dans les conditions normales, c'est à dire à basse température dans la nature ou expérimentalement au laboratoire. Y a-t-il nécessité pour la maturation posthibernale et la déhiscence des œufs d'un apport d'eau extérieure ?

Avant d'aborder cette étude, reportons nous encore à quelques expériences effectuées à la lumière durant l'hiver. La température pendant toute l'expérimentation était de + 5° à + 6°, tout au moins jusqu'au 10 Mars. Dans l'expérience 3, les Grenouilles sont immergées en liberté dans un grand aquarium en verre à circulation d'eau assez brutale. Pour l'expérience 4, les animaux sont placés dans le voisinage des précédents, dans un vaste bac contenant du sable humide.

Tableau XXI. (Expériences 3 et 4 du 26 Janvier 1923).

Dates	Nombre de jours	Expérience 3				Expérience 4				Observations
		Nombre de Grenouilles	Poids total en gr.	Variations de poids	Variations pour %	Nombre de Grenouilles	Poids total en gr.	Variations de poids	Variations pour %	
26/1		31 ♀	1236			20 ♀	814			
		10 ♂	370			12 ♂	400			
16/2	21	31 ♀	1221	— 15	— 1,21	20 ♀	811	— 3	— 0,36	
		10 ♂	360	— 10	— 2,70	12 ♂	397	— 3	— 0,75	
2/3	14	A) 31 ♀	1189	— 32	— 2,62	B) 20 ♀	809	— 2	— 0,24	A) 7 ♀ utérines 9 couples
		10 ♂	364	+ 4	+ 1,11	12 ♂	378	— 19	— 4,78	B) 10 ♀ utérines 1 couple.
Totaux	35	♀		— 47	— 3,80	♀		— 5	— 0,61	
		♂		— 6	— 1,62	♂		— 22	— 5,50	
10/3	8	C) 31 ♀	1162	— 37	— 3,09	D) 20 ♀	793	— 16	— 1,97	C) Toutes les ♀ nettement utérines, sauf 1 ovarienne, 10 couples.
		10 ♂	363	— 1	— 0,28	12 ♂	365	— 13	— 3,43	
Totaux	43	♀		— 84	— 6,78	♀		— 21	— 2,57	D) Toutes les ♀ utérines sauf 1 ovarienne, 6 couples.
		♂		— 7	— 1,89	♂		— 35	— 8,75	
1/4		Pondent à peu près toutes					2 pontes seulement			

Remarquons tout d'abord que malgré les pertes de poids, la maturation s'est produite dans les deux cas. Dans le sable humide, les femelles surtout ont toujours subi des pertes de poids moins grandes que dans l'eau. Nous n'en sommes pas surpris, dans le sable saturé d'eau en effet, les Grenouilles font peu de mouvements et ont tendance à s'enfouir. Dans l'eau au contraire, elles s'agitent, ce qui explique une dépense et par suite une perte de poids plus élevée. Pour les mâles, la baisse de poids totale a été plus grande dans le sable que dans l'eau.

Les Biologistes n'ignorent pas que la maturation des mâles est plus précoce et qu'ils s'agitent d'avantage pour la recherche de la femelle préférée. Les déplacements dans l'air nécessitant un effort plus grand que dans l'eau, les chiffres précédents ne nous surprendront donc pas.

De ces données expérimentales nous pouvons tirer la conclusion suivante: *La maturation peut se faire plus ou moins rapidement dans l'air humide, même à la lumière à basse température* (0° à + 8°) *ou à température plus élevée* (+ 14° à + 18°) *mais à l'obscurité.*

CHAPITRE VI.

ROLE DE L'EAU EXTÉRIEURE DANS LA MATURATION POSTHIBERNALE.

Un simple coup d'œil sur les tableaux de l'hibernation expérimentale à basse température montre une augmentation sensible de poids de l'animal total à la fin de l'hiver. Pourtant, la Grenouille est restée dans le même milieu extérieur aquatique. Elle sort de son état de torpeur, renaît à la vie, fait des mouvements, d'où une dépense énergétique plus grande. Cette existence plus active, avec des combustions internes plus intenses absorbent plus d'oxygène en produisant d'avantage d'eau. En supposant que toute cette eau des réactions chimiques soit retenue par la Grenouille, est-ce suffisant pour justifier l'augmentation de poids des animaux à ce moment de l'année?

Dans la nature, fin Février ou au début de Mars suivant les années et d'après les rigueurs de l'hiver, à la réapparition des beaux jours ou plus exactement au relèvement de la température atmosphérique, l'hibernation proprement dite prend fin. Les Grenouilles rousses quittent leurs cavités aquatiques et apparaissent à la surface des eaux pour s'y ébattre et coasser. L'époque des amours commence. Jusqu'alors mâles et femelles avaient vécu côte à côte, en été dans les prairies, en hiver dans les profondeurs des mares. Il faut bien insister sur cette existence nouvelle à la surface des eaux. Dira-t-on que ce retour à l'air libre est imposé par un besoin sexuel? On peut objecter qu'auparavant rien ne s'opposait à l'accouplement. Il faut rechercher la cause de ce déplacement dans une autre nécessité physiologique. Il ne peut être question d'un besoin d'alimentation après une longue période de jeûne. On sait, et l'observation courante le montre, comme l'autopsie, qu'à ce moment les Grenouilles rousses ne s'alimentent pas. D'ailleurs, leur nourriture aquatique manque à cette période de l'année, et même si les larves, Insectes, Vers, Mollusques dont elles font habituellement leur pâture en d'autres temps étaient abondants, elles ne «chasseraient» pas. Comme preuve de cette affirmation m'amenant à une digression, je citerai le fait suivant: Les Grenouilles vertes (*Rana esculenta*) pondent seulement en Mai ou Juin, époque où les Insectes et autres proies abondent dans la nature. Cependant, durant cette période de reproduction on tentera vainement de les capturer avec les appâts habituels: Mouches, viande, étoffe rouge etc. . . Elles ne «mordent» pas, et pourtant en temps habituel elles sont d'une grande voracité. La seule ressource, au moment de la ponte est de les capturer avec des filets ou de les «cueillir» à la main, couple par couple, à la surface ou dans le fond des mares peu profondes. Elles ne cherchent même plus à fuir, alors qu'avant ou après cette récolte, la capture est très difficile.

Ce n'est donc pas le besoin de nourriture qui détermine les Grenouilles rousses à venir en surface. On ne peut dire que c'est la recherche de la lumière, puisque dans les mares peu profondes où elles vivent habituellement, l'intensité lumineuse est presque aussi grande au fond que dans les couches supérieures.

C'est le relèvement de la température atmosphérique ayant sa répercussion sur les eaux qui provoque le réveil hibernal des Grenouilles rousses et en même temps la nécessité d'une respiration plus active. L'oxygène dissous dans l'eau ne suffit plus. Les expériences anciennes de SPALLANZANI (282), de W. EDWARDS (108) et les plus récentes de E. COUVREUR (72—73) démontrent suffisamment qu'à basse température, les Grenouilles peuvent séjourner longtemps sous l'eau, la respiration cutanée est suffisante; mais au fur et à mesure que le liquide s'échauffe, elles meurent de plus en plus rapidement par asphyxie si on les maintient immergées. Un autre fait d'observation courante vérifie ces expériences: soit dans la nature, soit dans nos aquariums on trouve fréquemment au printemps des femelles «étranglées» ou plutôt asphyxiées par plusieurs mâles qui les enserrant les ont maintenues sous l'eau. Il n'y a donc pas de doute possible, c'est la température plus clémente qui, faisant cesser la période hibernale, oblige les Grenouilles à réapparaître à la surface des mares pour y respirer.

Bien que soumis à l'inanition pendant cette période de reproduction posthibernale nous avons constaté une augmentation de poids des animaux en expérience (tableaux II — III — IV). D'où provient-elle? Fixation d'oxygène sur les constituants de l'organisme, ou apport d'eau extérieure ou les deux facteurs oxygène et liquide ambiant intervenant en même temps?

Les études biochimiques de la 2e partie de ce mémoire fourniront quelques précisions sur le métabolisme des Grenouilles pendant l'hiver jusqu'à la ponte. Reste la question de l'eau extérieure. Tout d'abord, je rappellerai les procédés empiriques préconisés par les Zoologues qui désirent prolonger la durée de la période expérimentale sur les pontes de Batraciens. En Février ou début de Mars, à l'approche des beaux jours, les Grenouilles capturées dans les mares sont immergées dans l'eau du laboratoire ou placées dans des bacs sans liquide dans la glacière. Le premier procédé procure des maturations et des œufs utérins quelque temps avant la reproduction dans la nature. Le séjour sans eau à basse température retarde au contraire la ponte et fournit des matériaux d'étude lorsque les couples n'existent plus dans les mares ou les cours d'eau.

Je citerai également une autre observation courante : à l'époque de la reproduction dans la nature, les femelles utérines et même ovariennes recueillies et immergées dans l'eau du laboratoire pondent quelques jours après, parfois le lendemain. On peut retarder ces pontes, d'abord en séparant les mâles des femelles, ou en plaçant les femelles «à sec», c'est à dire sans eau, soit au laboratoire, soit, ce qui est préférable dans un endroit froid et obscur.

Ces quelques remarques suffiraient déjà pour nous convaincre de l'influence de l'eau, de la température et du mouvement sur le déterminisme de la ponte, bien que le rôle de l'eau extérieure n'apparaisse pas nettement. Les expériences suivantes le préciseront d'avantage.

Le 20 Février 1925, les accouplements sont nombreux dans la nature et l'on trouve des femelles utérines. Dix couples dont les femelles sont très nettement ovariennes sont désaccouplés et immergés dans l'eau d'un vaste bac en terre avec couvercle en grès (à l'obscurité par conséquent) à la température du laboratoire (plus 14° à plus 18°).

Tableau XXII. (Expérience du 20 Février 1925).

Dates	Nombre de jours	Nombre de Grenouilles	Poids total en grammes	Variations totales	Variations pour %	Observations
20/2/15 H		10 ♀	604			
		10 ♂	337			
21/2/11 H 30	20 H 1/2	10 ♀	622	+ 18	+ 2,98	Les couples sont reformés et persistent par la suite. Pour les pesées il faut nécessairement désaccoupler.
		10 ♂	354	+ 17	+ 5,04	
22/2/10 H	22 H 1/2	10 ♀	622	0	0	
		10 ♂	357	+ 3	+ 0,84	
24/2/10 H	48 H	10 ♀	619	— 3	— 0,32	
		10 ♂	359	+ 2	+ 0,56	
26/2/9 H	47 H	10 ♀	612	— 7	— 1,13	3 ♀ paraissent utérines.
		10 ♂	351	— 8	— 2,22	
28/2/11 H	50 H	10 ♀	613	+ 1	+ 0,16	1 ♀ commence à pondre en lui pressant légèrement sur le ventre.
		10 ♂	342	— 9	— 2,56	
1/3						Plusieurs pontes dans le bassin.

Dans l'expérience suivante, six couples dont les femelles sont nettement ovariennes, provenant de la pêche de l'expérience du 20 Février, conservées dans l'eau d'un vaste aquarium en verre au laboratoire sont immergées le 26 Février à 12 heures dans un bac en verre rempli d'eau, à la lumière et au laboratoire. (+ 14° à + 18°.)

Tableau XXIII. (Expérience du 26 Février 1925).

Dates	Nombre d'heures	Nombre de Grenouilles	Poids total en grammes	Variations de poids	Variations pour °/₀	Observations
26/2/12 H		6 ♀	329			
		6 ♂	259			
28/2/18 H	54 H	6 ♀	328	— 1	— 0,30	
		6 ♂	250	— 9	— 3,47	
6/3/12 H	138 H	6 ♀	329	+ 1	+ 0,30	5 couples se sont reformés, mais aucune ♀ ne parait utérine.
		6 ♂	233	— 17	— 6,80	
12/3/18 H	150 H	6 ♀	326	— 3	— 0,91	2 ♀ paraissent utérines.
		6 ♂	222	— 11	— 4,72	
14/3						1 ♀ a pondu, la 2e pond en lui pressant sur le ventre. Les 4 autres ♀ nettement ovariennes.
10/4						Aucune des 4 ♀ n'a pondu.

Ces deux expériences suggèrent quelques observations. C'est d'abord l'augmentation énorme de poids (2,98 pour cent chez les femelles, 5,04 pour cent chez les mâles) dans les premières 24 heures de l'expérience du 20 Février. Les Grenouilles de ce lot mûrissent et pondent. Cette progression se poursuit encore les jours suivants chez les mâles accouplés faisant moins de mouvements que les femelles obligées de les porter et forcées d'effectuer tous les déplacements dans l'eau. Il est bien difficile d'admettre que l'eau extérieure n'est pas intervenue dans ces variations.

Dans le tableau XXIII du 26 Février nous n'avons pas au début de l'expérience une telle augmentation de poids qui a pu se produire antérieurement dans le bac réservoir du laboratoire. Les pertes sont plus élevées; d'ailleurs quelques Grenouilles seulement mûrissent et tardivement, la plupart restant ovariennes. Nous ne pouvons interpréter ces différences que par l'influence de la lumière, qui indirectement à déterminé des mouvements plus nombreux et par suite des combustions plus intenses dans le deuxième cas.

De même, si à l'obscurité dans la terre humide ou à l'air au laboratoire (tableau XVIII) ou à basse température (tableaux XIX et XX) les Grenouilles ont mûri et pondu tardivement, on ne peut attribuer ce retard qu'au manque d'eau liquide.

Nous allons retrouver des faits plus significatifs encore dans l'étude de la maturation et de la ponte d'un groupe zoologique voisin. Pendant la période estivale, les Crapauds vulgaires (*Bufo vulgaris*) ont des mœurs et une vie assez comparables à celles des Grenouilles rousses. Mais alors que *Rana fusca* passe la mauvaise saison dans l'eau, *Bufo vulgaris* prend ses quartiers d'hiver approximativement aux mêmes dates, soit dans les mares, soit dans les cavités terrestres non immergées. En tous cas, la maturation posthibernale des femelles et la ponte ne peuvent avoir lieu dans la nature qu'au retour à l'eau, très peu de temps après l'accouplement des Grenouilles rousses. Qui n'a rencontré dans nos campagnes, surtout par les belles soirées de Mars cette émigration de Crapauds gris se dirigeant vers les mares des environs ?

Le 15 Décembre 1923, j'avais recueilli dans les marécages voisins de Strasbourg, 57 Crapauds vulgaires que je laissais au laboratoire dans un bac rempli d'eau jusqu'au 17 Décembre au soir, moment où je les mets en expérience. A cette période de l'année, il est parfois assez difficile de distinguer extérieurement les mâles des femelles. J'avais déterminé 51 mâles et 6 femelles. Je les emprisonne à l'obscurité du sous-sol (+ 4° à + 6°) dans une caisse en bois renfermant de la terre humide arrosée de temps à autre.

Le 1er Mai, la caisse est ouverte, tous les animaux sont encore vivants, 3 couples étaient formés. L'ensemble des pesées est résumé dans le tableau XXIV.

La ponte s'est effectuée au retour à l'eau, malheureusement avant que j'aie pu faire une nouvelle pesée.

Beaucoup plus significative est l'expérience suivante (tableau XXV). Elle concerne des Crapauds vulgaires capturés dans les mares le 23 Octobre 1922, laissés ensuite au laboratoire jusqu'au 7 Novembre dans un vaste bac en verre rempli d'eau. Après pesées séparées, les femelles étant étiquetées, les animaux sont enfermés à l'obscurité du sous-sol (+ 4° à + 6°) dans une caisse en bois percée de trous et contenant de la terre très légèrement humide.

Tableau XXIV.
(Bufo vulgaris, expérience du 17 Décembre 1923).

Dates	Nombre de jours	Nombre de Crapauds	Poids total en grammes	Variations de poids	Variations pour %	Observations
17/12		51 ♂ 6 ♀ 57	1323 245 1568			
1/5	135	48 ♂ 3 couples 3 ♀ 57	1047,5 282 1329,5	— 238,5	— 15,21	3 couples. Tous les animaux sont reportés au laboratoire dans un grand bac en verre rempli d'eau.
3/5 matin	2 1/2					ont pondu.

Tableau XXV.
(Bufo vulgaris, expérience du 7 Novembre 1922).

Dates	Nombre de jours	Nombre de Crapauds	Poids total en grammes	Variations de poids	Variations pour °/₀	Observations
7/11		1 ♀ } 8 ♀ 7 ♀ 11 ♂	66,55 336,05 311			
9/2	94	1 ♀ } 8 ♀ 7 ♀ 11 ♂	65,2 } 333,05 } 296	— 4,35 — 15	— 1,08 — 4,82	sont enfouis dans la terre plus ou moins humide et reportés au sous sol.
16/4	66	1 ♀ } 8 ♀ 7 ♀	58,7 } 298,4 }	— 41,15	— 10,33	Sont placés dans l'eau d'un bac en verre au laboratoire. Le 17 avril, toutes les ♀ sont accouplées
		11 ♂	254	— 42	— 14,18	Le 18 avril au matin une ♀ commence à pondre.
18/4 matin	2	7 ♀ 11 ♂	314,1 265	+ 15,7 + 11	+ 5,26 + 4,33	Présence de nombreuses squammes. Toutes les ♀ pondent les jours suivants.

Malgré l'abondance des squammes dans le bassin, les mâles et les femelles ont augmenté de poids à l'époque de la ponte. Il est bien difficile d'admettre que cette hausse est dûe uniquement à l'oxygène absorbé, aux oxydations et combustions internes si intenses soient-elles.

Par comparaison, je place en regard deux opérations faites dans des conditions exactement semblables aux précédentes, l'une avec la Grenouille rousse, l'autre avec le Crapaud vulgaire. (*Tableaux* XXVI et XXVII.)

Tableau XXVI.

(Rana fusca, expérience du 17 Novembre 1922).

Dates	Nombre de jours	Nombre de Grenouilles	Poids total en grammes	Variations de poids	Variations pour °/o	Observations
17/11		15 ♀	774			
		10 ♂	270			
9/2	84	15 ♀	724	— 50	— 6,46	Animaux entassés dans un coin de la caisse, mais ne sont pas terrés comme les Crapauds.
		10 ♂	242	— 28	— 10,36	
16/4	66					Sont toutes mortes.

Tableau XXVII.

(Bufo vulgaris, expérience du 17 Novembre 1922).

Dates	Nombre de jours	Nombre de Crapauds	Poids total en grammes	Variations de poids	Variations pour °/o	Observations
17/11		15 ♀	809			
		15 ♂	370			
9/2	84	15 ♀	802	— 7	— 0,86	
		15 ♂	363	— 7	— 1,89	
16/4	66	15 ♀	681	— 121	— 15,12	Sont revenus en surface. - 1 couple, pas de ponte.. Reportés dans l'eau d'un bac en verre au laboratoire.
		15 ♂	292	— 71	— 20	
18/4	2	15 ♂	758	+ 77	+ 11,3	4 couples, 1 ♀ commence à pondre.
		15 ♀	315	+ 23	+ 7,8	

Les Grenouilles ont moins bien résisté au manque d'humidité. Si pour la même période du 17 Novembre au 9 Février nous comparons les pertes de poids dans les deux tableaux XXVI et XXVII, nous voyons que les Grenouilles ont perdu beaucoup plus que les Crapauds.

Cela provient du fait que les *Bufo* moins actifs ont vécu terrés, sans mouvements, ce qui a ralenti leur métabolisme et diminué les pertes par évaporation à la surface du corps.

Dans toutes ces dernières opérations, il est tentant de chercher à vérifier la loi des surfaces en comparant mâles et femelles. Je ne m'y arrêterai pas et mettrai en garde le Biologiste qui voudrait tabler sur ces données en lui indiquant que les mâles, surtout chez les Grenouilles font incomparablement plus de mouvements que les femelles. D'où un métabolisme plus intense dans un cas que dans l'autre.

Par la suite, dans la deuxième partie de ce mémoire les chiffres et les graphiques indiquent très nettement que sur la fin de la période hivernale et jusqu'au moment de la ponte, la teneur en eau pour cent du poids frais de la Grenouille totale comme de l'animal débarrassé des œufs et du foie va sans cesse en augmentant. Pendant la maturation posthibernale et après la déhiscence des œufs ovariens, ceux-ci séjournant peu de temps dans la cavité générale circulent dans les oviductes où ils s'entourent de gangue et finalement s'entassent dans les utérus. Durant ce passage rapide dans les conduits (un ou deux jours y compris la déhiscence), les œufs utérins ont plus que doublé de poids et leur teneur en eau augmente d'une façon énorme par l'apport de la gangue relativement hydratée. Les conduits génitaux femelles sont volumineux et turgides pendant tout l'hiver; ils se flétrissent immédiatement après le passage des œufs. Cette perte de volume et de poids des oviductes est-elle suffisante pour justifier l'augmentation correspondante des œufs utérins? N'y aurait-il pas en outre un prélèvement d'eau sur les autres parties de l'organisme? L'observation courante peut déjà nous laisser entrevoir le bien fondé de la deuxième question. Sur la fin de la période hibernale et peu de temps avant la maturation sexuelle, dans les conditions normales réalisées dans la nature, mâles et femelles ont leur cavité générale et leurs vastes sacs lymphatiques gorgés de liquide formant de véritables poches aqueuses sous la peau. Chez les femelles utérines, ces poches sont vides; cependant les animaux n'ont pas baissé de poids ainsi que nous l'avons constaté dans les expériences antérieures. Où est donc passé ce liquide? Les deux tableaux suivants se rapportant à des Grenouilles de la même capture (Mars 1923) traitées dans les mêmes conditions et dans la même étuve vont nous renseigner. Dans chaque cas, 6 Grenouilles utérines et 6 Grenouilles ovariennes sur le point de déhiscer (une de ces dernières a déjà 4 œufs dans la cavité générale.) sont étudiées séparément. Pour ne pas surcharger le texte je publie seulement les différents poids totaux et les moyennes.

Tableau XXVIII. (Mars 1923).

Nombre de Grenouilles	Poids total des Grenouilles	Poids des ovaires frais	Poids ovaires / Poids total en %	oviductes				à l'état frais:		
				frais	secs	eau	eau % frais	ovaires plus oviductes	Poids des ovaires et oviductes / Poids total des Grenouilles en %	Poids des oviductes / Poids total des Grenouilles en %
6 ♀ ovariennes	193,100	25,230	13,06	39,6904	9,216	30,474	76,78	64,90	33,60	20,55

Nombre de Grenouilles	Poids total des Grenouilles	Poids des œufs frais*	Poids d. œufs* / Poids total en %	oviductes				à l'état frais:		
				frais	secs	eau	eau % frais	œufs* plus oviductes	Poids des œufs* et oviductes / Poids total des Grenouilles en %	Poids des oviductes / Poids total des Grenouilles en %
6 ♀ utérines	241,500	84,550	35,01	4,310	0,807	3,503	81,28	88,84	36,79	1,78

* œufs = oeufs utérins avec leur gangue, plus les petits oeufs de l'ovaire.

D'après les données, nous constatons que:

Les oviductes frais des ♀ *ovariennes* représentent 20,55% du poids total de l'animal entier.

Les oviductes frais des ♀ *utérines* représentent 1,78% du poids total de l'animal entier.

Différence entre les deux cas 20,55% — 1,78% = 18,77% du poids total de l'animal entier.

Cette différence de poids accaparée par la gangue secrétée par les con-duits doit se retrouver dans les œufs utérins et les petits ovaires représentant 35,01% du poids total de l'animal.

Les ovaires des femelles ovariennes représentent 13,06% du poids total de l'animal.

Différence de poids entre les deux cas 35,01% — 13,06% = 21,95%, soit 18,77% + 3,18%.

Ce qui prouve que les matériaux des oviductes au début de la maturation ont été insuffisants pour produire le poids de la gangue des œufs utérins. Il y a eu nécessairement un drainage de 3,18 pour cent fait au corps lui-même ou ailleurs. Comme je le faisais remarquer précédemment, cet emprunt est vraisemblablement le liquide aqueux des espaces lymphatiques qui disparait à la maturité; mais est-il lui-même suffisant pour justifier ces 3,18 pour cent? Faisons donc les calculs suivants basés sur les chiffres du tableau XXVIII.

Eau totale des oviductes des femelles ovariennes (76,78% du poids frais des conduits), 30 gr. 474, soit 15,77% du poids total des Grenouilles.

Eau totale des oviductes des femelles utérines (81,28% du poids frais des conduits), 3gr,503 soit 1,45% du poids total des Grenouilles.

Différence 15,77% — 1,45% = 14,32% du poids total des Grenouilles.

Cette différence de 14,32 pour cent entre les deux pourcentages en eau des oviductes représente *l'eau cédée* par les oviductes à la gangue et aux œufs utérins.

Malheureusement dans le tableau XXVIII, je n'ai pas déterminé la teneur en eau des ovaires et des œufs utérins. J'emprunte donc à une des nombreuses séries expérimentales que nous retrouverons dans la deuxième partie de ce mémoire, les données suivantes se rapportant à 6 femelles utérines et à 6 femelles ovariennes au moment de la déhiscence. (Tableau XXIX)

Tableau XXXI. (Expérience du 4 Mars 1923).

Dates	Nombre de jours	Nombre de Grenouilles	Poids total en gr.	Variations de poids	Variations pour %
4/3		11 ♀	637,00		
24/3	20	11 ♀	626,25	— 10,75	— 1,68

Ici encore, nous constatons une perte de poids. L'expérience a duré vingt jours comme la précédente, et pourtant les variations sont bien différentes. C'est que, dans le dernier cas, les Grenouilles n'avaient pas à exécuter de mouvement pour respirer l'air libre, d'où une dépense moins considérable.

Il est intéressant de rapprocher ces résultats de ceux des tableaux II et III. Dans ces derniers, on constate une longue période d'hibernation pendant laquelle les animaux ont peu varié, puis la maturation posthibernale avec une augmentation de poids et finalement la surmaturation caractérisée par une baisse accusée. L'expérience 8 du 8 Décembre 1924 (tableau III) est particulièrement suggestive. Du 27 Mars au 10 Avril, soit en 14 jours de surmaturation, les Grenouilles ont perdu 5,88 pour cent de leur poids. Ces faits semblent prouver que la température et les facteurs externes restant sensiblement pareils, pendant la surmaturation, il faut aussi et surtout faire intervenir l'activité vitale qui était considérablement diminuée pendant la période de torpeur hibernale.

D'autre part, si on compare dans les mêmes conditions expérimentales la maturation posthibernale à la surmaturation il est bien difficile d'admettre d'après tout ce que nous avons vu dans le chapitre précédent que l'augmentation de poids pendant la maturation posthibernale n'est pas dûe à l'apport d'eau extérieure nécessaire pour la déhiscence et surtout pour la formation de la gangue des œufs.

En tout cas, le fait saillant à retenir est la baisse de poids continue et relativement considérable pendant la surmaturation.

CHAPITRE VIII.

EXPÉRIMENTATION A TEMPÉRATURE MOYENNE PENDANT L'HIVER.

De tout ce qui précède nous pouvons admettre que pendant l'hibernation normale, le poids total des Grenouilles varie peu. Cependant, on peut supposer que chez ces dernières, malgré les faibles variations pondérales pendant la mauvaise saison, il y a néanmoins consommation de substances (graisseuses et azotées par exemple). C'est ce que l'analyse chimique confirmera. Après cette longue période d'engourdissement et de ralentissement des phénomènes vitaux, le réveil printanier provoqué par l'élévation de la température atmosphérique se manifeste par le retour à la vie active, la maturité sexuelle et la ponte. A ce moment, malgré l'absence d'alimentation, les animaux augmentent de poids. Au contraire, les Grenouilles passant l'hiver au laboratoire ne mûrissent pas et subissent des baisses de poids continues et considérables.

En présence de ces faits d'observation et d'expérience, la question suivante se pose : Puisque l'animal hibernant à basse température semble consommer peu, alors que la Grenouille en inanition à température plus élevée dépense beaucoup, ne pourrait-on pas dans ce dernier cas par l'alimentation, soit par le tube digestif, soit par injections rétablir l'équilibre détruit par les combustions internes et par conséquent l'amener plus rapidement à l'état de maturité sexuelle ?

Le problème ainsi posé m'amène à parler de deux séries d'expériences : d'une part, des tentatives d'alimentation, d'autre part des inoculations de produits chimiques divers.

§ I *Alimentation des Grenouilles au laboratoire.*

Dans la nature ou en captivité, de fin Octobre à Mars, les Grenouilles rousses ne s'alimentent pas, qu'elles soient à basse température ou dans un local chauffé. Il est donc inutile de déposer des aliments dans les aquariums. La seule ressource, en pareille circonstance est le gavage, opération parfois aléatoire, car souvent la nourriture introduite dans le tube digestif est rejetée par la bouche peu de temps après. Un certain nombre d'essais sont tentés dès Janvier 1921 sur des Grenouilles séjournant au laboratoire, à la lumière dans des bacs en verre renfermant peu d'eau.

Une première série expérimentale sur le détail de laquelle je n'insisterai pas comporte dix femelles recevant de temps à autre par la voie buccale une demie ou un quart de pastille de thyroïdine contenant chacune 0gr, 07 à 0gr, 10 de thyroïdine. Aucune de ces Grenouilles n'a pondu, mais toutes ont augmenté de poids et mouraient d'ailleurs assez rapidement. Comme ces pastilles sont enrobées dans du sucre et du cacao, il est bien difficile d'attribuer une action soit à la thyroïdine soit au support.

Dans l'expérience 3 de la même date, les femelles recevaient régulièrement du thymus de veau désséché. Il est mal digéré, car quelques jours après les gavages, on retrouve dans les bacs de nombreux fragments rejetés sans digestion. Là encore, aucune Grenouille n'a pondu ; beaucoup périssent et dans l'ensemble on constate une baisse de poids continue.

Dans l'expérience 13, de la graisse solide est introduite dans l'estomac des Grenouilles. La plus grande partie n'est pas digérée, elle est rendue par la bouche, ou on la retrouve dans l'eau des bacs sous forme de boudins graisseux verdâtres semblant avoir été évacués par le rectum. Aucune femelle n'a pondu et il y eut une diminution progressive du poids des animaux.

L'expérience 14 comporte l'ingestion de muscle frais ou de muscle désséché de Grenouille rousse. Là encore, la ponte n'eut pas lieu et on enregistrait une perte de poids des femelles nourries.

Somme toute, ces tentatives n'ont pas fourni les résultats espérés ; les Grenouilles rousses supportant très mal la plupart des substances ingérées et ne digérant pas durant l'hiver, fait déjà signalé par les auteurs.

§ II *Injections de produits chimiques ou pharmaceutiques.*

Les substances solides introduites dans le tube digestif étant rejetées avant digestion, peut être aurait-on plus de succès en inoculant des produits liquides soit dans les sacs lymphatiques, soit dans la cavité générale ?

Dans l'expérience 4 du 3 Janvier 1921, des extraits de thymus de Veau dissous dans une solution de carbonate de soude à deux pour mille dans l'eau distillée sont injectés de temps à autre dans les sacs lymphatiques dorsaux de Grenouilles rousses femelles. Elles augmentent sans cesse de poids ; mais ne serait-ce pas dû uniquement à la masse du liquide inoculé ? En tous cas, un pourcentage élevé des animaux expérimentés meurt assez rapidement et la ponte n'eut pas lieu.

L'expérience 5 de la même date donne des résultats à peu près pareils. J'inoculais des extraits de thyroïdine.

Des injections de solutions dans l'eau distillée, d'iode dissous dans l'iodure de potassium, — d'acide lactique, — de carbonate de soude, et même d'eau distillée pure, non seulement n'activèrent pas la maturation mais provoquèrent des morts fréquentes, et sauf dans le cas de l'acide lactique des baisses de poids continues.

On retrouve également des pertes de poids progressives à la suite d'inoculations répétées de solutions de glucose à cinq pour cent ou de chlorure de sodium à un pour cent. Dans ce dernier cas, les Grenouilles résistaient mieux et fournirent quelques pontes tardives. Il va de soi, que toutes ces opérations étaient faites avec toutes les précautions aseptiques habituelles.

Pendant l'hiver 1922—1923, des lots de Grenouilles rousses immergées dans des bacs à casiers à la lumière du laboratoire reçoivent en injection les 22 Décembre, 1er Janvier, 14 Janvier, 28 Janvier, et 8 Février, chaque fois et chacune 3 cc d'une solution dans l'eau distillée soit de NaCl à 18 pour mille, soit de $CaCl^2$, 6Aq isotonique à NaCl à 3 ou à 7 pour mille.

Les résultats sont consignés dans le tableau suivant :

Tableau XXXII. (Expériences des 20 et 22 Décembre 1922).

A) Injections de NaCl à 18 pour mille

Dates	Nombre de jours	Nombre de Grenouilles	Poids total en gr.	Variations totales	Variations pour %	Observations
22/12		10 ♀	419			
19/1	28	10 ♀	410	— 9	— 2,14	
15/2	27	10 ♀	385	— 25	— 6,10	
1/3	14	10 ♀	358	— 27	— 7,01	
10/3	9	10 ♀	352	— 6	— 1,70	1 ♀ pond le 31 mars,
31/3	21					2 autres pondent le 4 avril.
B) Injections de $CaCl^2$, 6Aq, isotonique à NaCl à 3 pour mille						
20/12		9 ♀	490,55			
19/1	30	9 ♀	479,90	— 10,65	— 2,17	
16/2	28	9 ♀	467,85	— 12,05	— 2,51	
1/3	13	9 ♀	456,75	— 11,10	— 2,37	
11/3	10	7 ♀	341,70			
		2 ♀	108,90			
		9 ♀	450,60	— 6,10	— 1,33	Peut-être une ♀ utérine?
5/4	25	7 ♀	320	— 21,70	— 6,36	2♀ ont pondu le 4 avril.
12/4	7					Quelques nouvelles pontes, mais le 7 juin il y a encore 4 ♀ nettement ovariennes.
C) Injections de $CaCl^2$, 6Aq, isotonique à Na Cl à 7 pour mille						
20/12		5 ♀	309,65			Le lot était primitivement de 10 ♀, mais 5 Grenouilles ont péri rapidement à la suite des premières injections.
19/1	30	5 ♀	306,55	— 3,10	— 1,00	
16/2	28	5 ♀	296,50	— 10,05	— 3,28	
1/3	13	5 ♀	289,55	— 6,95	— 2,34	3 ♀ paraissent utérines.
11/3	10	5 ♀	281,95	— 7,60	— 2,62	
5/4	25	5 ♀	264,90	— 17,05	— 6,43	3 ♀ pondent quelques jours après; le 7 juin, les 2 autres étaient encore ovariennes.

Parallèlement aux séries précédentes, le 20 Décembre, 10 femelles furent inoculées chacune de 3 cc. d'une solution dans l'eau distillée de $CaCl^2$, 6Aq isotonique à 18 pour mille de NaCl. Deux jours après, 8 Grenouilles étaient mortes et les deux autres périssaient le troisième jour.

Cette remarque montre la toxicité des sels de Ca beaucoup plus grande que pour les sels de Na à la même concentration moléculaire. D'ailleurs, l'expérience C du tableau XXXII indique que le chlorure de calcium isotonique au chlorure de sodium à 7 pour mille est déjà sérieusement nocif, puisque 5 femelles sur 10 sont mortes en cours d'expérience. J'ai déjà eu occasion antérieurement (H. BARTHELEMY 22) de signaler cette action toxique du $CaCl^2$ sur les spermatozoïdes de Grenouille rousse.

En résumé, *dans aucune de ces expériences, soit par alimentation buccale, soit par injections, la maturité n'a été avancée. Très souvent, elle n'a pas eu lieu, et dans presque tous les cas, il y a eu baisse continue de poids.*

CHAPITRE IX.

RESUMÉ DES RÉSULTATS ET CONCLUSIONS DE LA PREMIÈRE PARTIE.

Pendant l'été, la Grenouille rousse essentiellement terrestre, abondamment alimentée s'est gorgée de réserves. Fin Octobre, à l'approche de la mauvaise saison, changeant complètement de régime, elle devient aquatique, émigre dans les mares où elle hiberne sans nourriture. Cette hibernation caractérisée par un état léthargique et le ralentissement des phénomènes vitaux ne peut se faire qu'entre des limites de température bien définies, généralement réalisées dans l'eau des cavités aquatiques naturelles.

Au-dessous de 0°, l'engourdissement s'accentue sans doute, mais la mort ne tarde pas à survenir; au-delà de + 8° ou de + 10°, l'animal reprend son activité, surtout s'il est exposé à la lumière dont le rôle semble être un excitant des mouvements, et il se comporte comme un Poecilotherme à l'inanition, consommant abondamment ses réserves et baissant beaucoup de poids.

Fait curieux, dans la nature, l'hibernation dûre autant que la période froide; la vie active ne recommence qu'au retour des beaux jours, habituellement en Mars. A ce moment, la Grenouille rousse prolongeant le jeûne pendant quelques jours encore se reproduit. Après cette période posthibernale aquatique terminée par la ponte, alors seulement, l'animal revenant à l'existence terrestre se met à la recherche de la nourriture.

Comme chez la Marmotte, il est remarquable que pour la Grenouille rousse, l'hibernation précédant immédiatement la reproduction prépare et achève en quelque sorte la maturité sexuelle. Et en effet, les animaux qui n'ont pas hiberné ne font généralement pas leur maturation. Il y a donc une solidarité étroite entre l'état physiologique général de la femelle et la bonne marche de l'ovogénèse. L'achèvement de la maturation aboutissant à la maturité sexuelle semble exiger le ralentissement des fonctions vitales et une basse température.

Alors que pendant la même période hibernale, la Marmotte, animal terrestre perd 1/5 à 1/4 de son poids, la Grenouille vivant dans l'eau varie peu. Souvent même on constate une légère augmentation pondérale pour l'ensemble de la période de jeûne, augmentation surtout sensible au moment de la reproduction. De ce fait doit-on opposer le cas des Poecilothermes à celui des Mammifères hibernants? Il n'en est rien. Comme pour la Marmotte, l'hibernation des Batraciens «à sec» (en l'absence d'eau liquide) provoque une baisse de poids assez considérable et permet de faire rentrer l'engourdissement hibernal des Homéothermes et des Poïkilothermes dans le même cadre général. L'apport de l'eau extérieure masquant le métabolisme apparaît ici très nettement. D'ailleurs, l'étude de la teneur en eau des organismes pendant le cycle annuel (Voir 2° Partie) vient corroborer cette observation.

La nécessité d'un milieu aquatique s'accentue encore à l'époque de la reproduction .Chez *Bufo vulgaris,* comme chez *Rana fusca* qui peuvent hiberner «à sec» ou dans l'air humide, la maturité sexuelle et la ponte ne se font qu'après hydratation de l'animal. A ce moment, malgré une vie active effectuée souvent à température plus élevée, entraînant nécessairement une grande consommation, la brusque augmentation de poids de l'animal ne peut provenir que d'un afflux d'eau dans les organes.

Une basse température est nécessaire pour assurer l'hibernation et la maturation étroitement liées; mais ce n'est pas suffisant.

Il est en effet impossible de prolonger l'hibernation indéfiniment et à volonté. Malgré le froid auquel on peut les soumettre, les Grenouilles surmatures subissent des diminutions de poids rapides et considérables que l'absorption d'eau extérieure ne vient plus contrebalancer. La surmaturation nous apparaît comme un cas particulier de l'inanition d'un animal mûr et de ce fait elle s'accompagne d'une baisse pondérale.

Il semble donc bien que, outre une température peu élevée et des facteurs externes adéquats, un état physiologique spécial de l'animal, état réalisé naturellement au début de l'hiver paraît indispensable pour permettre la vie léthargique et la maturation.

Si les tentatives empiriques pour modifier l'organisme par ingestion ou inoculation se sont montrées inefficaces pour activer la maturation et précipiter la ponte, il ne faut voir dans ces essais infructueux que des jalons pour des recherches plus complètes et plus minutieuses. L'expérimentation ne pourra avoir de sens et ne donnera des résultats positifs que si elle repose sur des données analytiques précises. Il est donc de toute nécessité de rechercher les variations des constituants chimiques et des rapports biométriques des différents organes durant le cycle annuel. Cette étude qui nous fera mieux saisir le métabolisme de l'organisme et en particulier le rôle de l'eau extérieure dans les phénomènes physico-chimiques de la maturation sera l'objet de la deuxième partie de ce travail.

DEUXIEME PARTIE.

Recherches Biochimiques et Biométriques sur la Grenouille rousse (Rana fusca), ses oeufs et ses différents organes pendant le cycle annuel.

CHAPITRE X.

OBJET DU TRAVAIL ET TECHNIQUE.

§ 1er *OBJET DU TRAVAIL.* Dans la partie précédente, les faits suivants ont été établis :

1°) Chez la Grenouille rousse, l'hibernation et la maturation des réserves étroitement liées ne peuvent s'effectuer que dans des limites de température relativement étroites : de 0° à + 10° environ.

2°) Normalement dans l'eau, pendant la période hibernale et la reproduction qui lui fait suite, l'animal varie peu de poids ; il a plutôt tendance à augmentation.

3°) Si, expérimentalement, l'hibernation et une grande partie de la maturation des réserves peuvent se faire «à sec» ou dans l'air humide avec une perte de poids relativement élevée, la reproduction sexuelle et la ponte, termes ultimes de l'ovogénèse exigent une hydratation de l'animal. L'eau masque ainsi le métabolisme normal pendant l'hiver.

4°) L'hibernation ne peut être prolongée indéfiniment, la maturité sexuelle qui fatalement lui fait suite conduit à la surmaturation, période d'inanition spéciale et de perte de poids continue.

Cet ensemble de résultats nous laisse supposer qu'il doit exister d'une part, des relations très étroites entre l'ovogénèse, la composition des œufs et celle de l'organisme total surtout au moment de la reproduction; d'autre part que, malgré la température et les facteurs externes adéquats, l'hibernation ne pouvant être prolongée indéfiniment, exige pour se réaliser un état physiologique spécial de l'individu et qu'elle cesse dès que ces conditions internes ou externes ne sont plus remplies. De plus, chacun sait par l'observation courante que chez la Grenouille rousse, la formation de l'œuf mûr bourré de réserves se fait lentement. A première vuè, en Octobre, au début de l'hibernation, les organes génitaux femelles (ovaires et oviductes) semblent avoir acquis leur taille définitive; et pourtant, la déhiscence avec ses modifications cytoplasmiques et nucléaires aboutissant à l'œuf mûr et à la ponte n'ont lieu qu'au Printemps. C'est l'opinion de NUSSBAUM qui prétend qu'en Octobre, chez Rana fusca, la formation de l'œuf est terminée pour la prochaine ponte.

Dans des études antérieures, j'ai montré (H. BARTHELEMY 20—21) que des œufs utérins immatures, ou de la cavité générale ou même des ovaires peuvent achever de maturer en dehors de l'organisme dans certaines conditions bien définies. Mais cette maturation *in vitro* n'est possible, tout au moins dans l'état actuel des recherches que pour des œufs ovariens prélevés pendant la période posthibernale. Jusqu'alors, les tentatives faites sur des œufs prélevés dans le courant de l'hibernation ont échoué. Par suite, on peut logiquement supposer que l'accumulation des matériaux de l'œuf, la «*maturation des réserves*» se continue aussi pendant l'hibernation, et que la déhiscence et la maturation posthibernale *in vivo* comme *in vitro* aboutissant à la maturité ne sont réalisables que pour une composition chimique déterminée de l'œuf. Comment se fait cette maturation des réserves et en particulier pendant l'hiver? Pendant cette période, y a-t-il seulement des modifications qualitatives des constituants chimiques et en outre des variations quantitatives progressives jusqu'à la déhiscence?

Il est donc nécessaire de rechercher et de suivre la composition qualitative et quantitative de l'oogonie pendant tout le cours de l'ovogénèse pour aboutir au moment de la ponte à la constitution caractéristique de l'œuf mûr. Et dans une même espèce, tous les œufs mûrs ont-ils même composition? On peut fort bien imaginer que des œufs contenant une masse considérable de réserves, substances ne faisant pas partie intégrante du protoplasme en renferment des quantités variables suivant l'état général de nutrition de la femelle productrice. Avant tout, par des analyses nombreuses il est donc indispensable de déterminer si la composition des ovules mûrs varie avec les individus producteurs, ou si au contraire elle présente une certaine fixité.

Or, pendant toute l'hibernation, la Grenouille rousse n'ingère pas de nourriture, pondéralement elle varie peu, l'eau masquant le métabolisme. Si, pendant cette partie de l'année, les œufs augmentent de poids, ce ne peut être qu'aux dépens de l'animal total, se comportant ainsi comme des «*parasites du corps*» (LEBRUN 173). Mais ce passage des substances de l'organisme aux oocytes comment peut-on l'envisager? Ou bien, au cours de la période estivale, l'animal emmagasine dans ses lieux de réserves (qui seront à préciser) les matières qu'il dirige vers les ovaires pendant l'hiver, ou bien par transformation de ses tissus, il tire les substances fournies aux œufs. Dans le premier cas, simple transport; dans le second, néoformation, et il s'agira de fixer les organes essentiels et leur rôle dans ces transformations. Il y aura donc lieu de faire l'étude comparée des variations chimiques de l'organisme total, des œufs, du foie, des corps jaunes, du muscle et de l'organisme débarrassé de ses ovaires.

Jusqu'alors il a été impossible de préciser le déterminisme de la ponte. Sans vouloir résoudre le problème, on peut néanmoins apporter quelques indications utiles et rechercher si cette époque ne peut être définie biométriquement et biochimiquement. D'autre part, même à basse température, l'hibernation ne pouvant être prolongée indéfiniment, y a-t-il aussi des caractéristiques dans la composition de l'organisme à la fin de l'engourdissement hibernal? Enfin à l'inanition, en l'absence d'hibernation, la ponte n'ayant pas lieu, quels sont les rapports de l'œuf et de l'organisme et comment se manifeste la solidarité du tout et de sa partie?

Au total, nous aurons donc à étudier les points suivants:

1°) *Rechercher au moment de la maturation la composition de l'œuf de Grenouille et voir si elle est fixe ou variable suivant les sujets examinés. A la même époque examiner quelles sont les quantités de substances accumulées dans l'animal total et dans l'ensemble des œufs. Y a-t-il un rapport constant à la fois entre ces deux catégories de valeurs et entre les poids respectifs des ovaires et du corps?*

2°) *Déterminer les variations de la composition globale des œufs pendant l'ovogénèse, afin de voir si l'on peut caractériser chimique-*

ment l'époque précédant immédiatement la maturité. Par comparaison, nous aurons à suivre les transformations chimiques des principaux constituants de l'animal et de ses organes de façon à nous rendre compte si les éléments constitutifs de l'œuf et en particulier les graisses sont accumulées par suite d'un simple déplacement des réserves de l'organisme ou si au contraire il y a néoformation aux dépens des tissus et quels sont les organes qui peuvent jouer un rôle dans ces modifications.

3°) *Fixer le pourcentage des constituants et en particulier de l'eau et des graisses de l'organisme à la fin de l'hibernation, afin de rechercher si ces valeurs représentent une caractéristique biochimique à cette époque et si l'on peut leur attribuer un rôle dans la cessation de la vie de torpeur puis dans la déhiscence et les phénomènes de reproduction.*

4°) *En l'absence d'hibernation, voir les rapports de l'œuf et de l'animal total et saisir si possible les causes pour lesquelles la maturation n'a pas lieu.*

Sur ces études, différents problèmes secondaires viendront se greffer; nous les examinerons au passage.

§ 2. *TECHNIQUE. Récolte et prélèvements des animaux.* Les Grenouilles utilisées ont toujours été recueillies aux différentes époques de l'année dans la même région aux environs de Strasbourg. Après 2 ou 3 jours de séjour dans l'eau à 8° ou 10° pour les réhydrater, les animaux de tailles et de poids variables sont sacrifiés. Très rapidement, on pèse d'abord l'animal total; puis les différents organes: ovaires, foie, corps adipolymphoïdes, muscles, etc. . . . sont prélevés et pesés à leur tour. Chaque partie subit de suite le traitement approprié.

Quelques analyses ont été effectuées sur des œufs utérins ou pondus préalablement débarrassés de leur gangue de mucine par le procédé de BATAILLON (38—39) au cyanure de potassium en solution dans l'eau à 8 pour mille.

Recherches chimiques. Elles ont porté sur la teneur en eau, azote, acide gras totaux, insaponifiable total, cholestérine et indices d'iode.

Ainsi que TAMURA l'a montré, la dessiccation indispensable pour la détermination de l'eau rendant impossible un dosage exact des matières grasses, on a dû parfois dans les différentes périodes prélever un lot de sujets pour l'analyse des substances grasses et lipoïdiques et l'étude des indices d'iode et un autre lot pour la recherche de l'eau et de l'azote total.

Teneur en eau. Pour le dosage des substances sèches, les matériaux pesés aussitôt après la mort de l'animal sont placés à l'étuve à 100° jusqu'à poids constant. L'eau s'obtient par différence.

Détermination de l'azote total. L'azote total est dosé par la méthode de KJEHLDAHL (combustion par l'acide sulfurique en présence d'un cristal de sulfate de cuivre, dosage titrimétrique de l'ammoniaque distillé à l'aide de l'appareil de SCHLESING-AUBAIN), sur la matière desséchée précédemment.

Dosage des matières grasses. Une partie des dosages des substances grasses et lipoïdiques a été effectuée par la méthode de KUMAGAWA-SUTO (168) donnant l'ensemble des acides gras et de la chlolestérine, associée à la méthode de WINDAUS (319) qui fournit la totalité de la cholestérine. Les acides gras sont obtenus par différence.

Les plus nombreux dosages ont été faits par la méthode de LEMELAND, (177—178) très légèrement modifiée.

A) *MÉTHODE DE KUMAGAWA-SUTO et de WINDAUS:* Une première série d'opérations (saponification par la lessive de soude à 25 pour cent, régénération des acides gras par HCl, extraction par l'éther sulfurique et l'éther de pétrole et évaporation jusqu'à poids constant) fournit l'extrait lipoïdique total; c'est-à-dire la somme des acides gras totaux sans égard à la nature des combinaisons diverses dans lesquelles ils étaient engagés et du total des substances insaponifiables sans considération de leur diversité possible de constitution.

Dans un second temps, de l'extrait total précédent dont les acides gras ont été préalablement saponifiés par la potasse et la soude alcooliques, on extrait par l'éther de pétrole l'ensemble des substances insaponifiables obtenues finalement après évaporation et dessiccation à poids constant.

Enfin dans un troisième temps, par la méthode de WINDAUS, l'insaponifiable dissous à chaud dans l'alcool absolu donne par addition d'une solution alcoolique de digitonine puis d'eau, un précipité qui, recueilli sur filtre taré et après dessiccation représente le composé digitonine-cholestérine. Le poids de ce complexe multiplié par 0,2431 donne la valeur de la cholestérine.

Le calcul permet d'obtenir facilement: les acides gras par différence entre l'extrait lipoïdique total et l'insaponifiable total; et l'insaponifiable X (substances indéterminées autres que la cholestérine) par différence entre l'insaponifiable et la cholestérine.

B) *LA MÉTHODE DE LEMELAND,* donnée comme une simplification et un perfectionnement de celle de KUMAGAWA-SUTO comprend les temps suivants :

a) *Extraction.* Les tissus prélevés et hachés immédiatement après la mort sont conservés dans l'alcool à 95°, puis placés dans la cartouche d'un appareil de KUMAGAWA et épuisés à chaud pendant 8 heures par l'alcool à 95°. L'extrait alcoolique contenant la totalité des lipoïdes est desséché en s'aidant du vide.

b) *Saponification.* Le résidu précédent est saponifié à reflux pendant deux heures avec 25cc de potasse alcoolique binormale. Puis l'addition de 28cc d'eau distillée, 28cc d'alcool à 95°, 44cc d'acide chlorhydrique normal et le chauffage un quart d'heure à reflux assure la salification des acides gras que l'acide chlorhydrique aurait pu libérer.

c) *Séparation et dosage de l'insaponifiable total.* — De la solution hydroalcoolique de savons, ainsi que du rinçage du ballon avec de la potasse décinormale dans l'alcool à 50°, le tout passé dans une ampoule à décanter, on épuise à trois reprises par de l'éther de pétrole (P. E. = 50° à 60°) la totalité des substances insaponifiables. Les savons restent dans la phase hydroalcoolique. Après deux lavages avec 50cc et 30cc d'eau distillée réunis à la phase hydroalcoolique pour éviter toute perte d'acides gras, l'éther de pétrole évaporé, puis séché à l'aide du vide est redissous dans 10 cc. d'alcool absolu, additionnés de 1 cc. de soude alcoolique décinormale. Une nouvelle déssication dans le vide ; l'addition de quelques centimètres cubes d'éther de pétrole anhydre, un repos de 12 heures permettant à la partie non-soluble d'adhérer aux parois du verre, la filtration sur amiante et sable dans un petit ballon taré, puis l'évaporation et le séchage à 65° pendant 3 heures fournissent un résidu, qui pesé est l'insaponifiable total.

d) *Régénération et dosage des acides gras.* — La solution hydroalcoolique de savons, additionnée de 20cc de HCl pur concentré est épuisée dans une ampoule à décantation par l'éther de pétrole (P. E. = 30° à 50°, 100cc, — 50cc, — 40cc, — 40cc, — 40cc,). Après lavage avec 100cc d'eau distillée pour éliminer toute trace d'acide chlorhydrique et distillation de l'éther de pétrole, le résidu desséché à chaud et dans le vide est repris par quelques centimètres cubes d'éther de pétrole sec (P. E. = 30° à 50°). 12 heures de repos pour permettre la précipitation des parties non-solubles, puis la solution d'acides gras filtrée sur amiante et sable dans un petit ballon taré est ensuite évaporée puis séchée 3 heures à 65° en présence de KOH dans une étuve à vide.

Le poids du résidu sec représente les acides gras.

f) *Dosage de la cholestérine*. D'après la méthode de WINDAUS (v. avant).

Détermination de l'indice d'iode des graisses. L'indice d'iode a été recherché par la méthode de WIJS, solution de chlorure d'iode dans l'acide acétique glacial. Bien que cette solution soit très stable et conserve son titre pendant plusieurs mois, un témoin a toujours été ajouté à toutes les opérations. —

CHAPITRE XI.

COMPOSITION DES OEUFS ET DES ORGANISMES PRODUCTEURS ET LEURS RAPPORTS BIOMÉTRIQUES A L'ÉPOQUE DE LA PONTE.

§ 1er *Composition des œufs de la Grenouille rousse*. L'importance et la nécessité de données analytiques précises et nombreuses portant sur les éléments essentiels de l'oocyte mûr de Grenouille : eau, matières azotées, substances grasses et lipoïdiques, indices d'iode, ne peut échapper à personne. C'est le point de départ indispensable pour l'étude des processus de développement et de croissance permettant de comprendre la participation des constituants de l'œuf à l'édification des cellules en fournissant la matière et l'énergie. De plus, la multiplicité des analyses permet de préciser si à l'époque de la maturité, la composition des ovocytes varie avec les individus producteurs ou présente au contraire une certaine fixité et si l'on est par conséquent en droit d'accepter pour l'œuf mûr des valeurs précises et fixes. Précisions nécessaires avant toute recherche sur le mécanisme de la mise en dépôt des réserves et leurs transformations éventuelles au cours de la maturation de l'œuf.

D'une façon générale, les données analytiques sur la composition des œufs comme des organismes producteurs sont peu nombreuses. Laissant de côté les résultats fort anciens et discordants de KELLNER (159) et TICHOMIROFF (307) sur l'œuf de *Bombyx mori*, signalons les analyses de l'œuf de Truite par TANGL ET FARKAS (284), de l'œuf de Poule par LIEBERMANN (183), et par TANGL ET MITUCH (285), de l'œuf d'*Ascaris megalocephala* par FAURE-FREMIET (110). Il faut arriver à 1921 pour trouver quelques données précises relatives à la composition de l'œuf de la Grenouille rousse. Et encore, le travail de PARNAS et KRASINSKA (240) ne contient que deux valeurs concernant la teneur en acides gras des oocytes mûrs de ce Batracien, à savoir par œuf Ommgr, 336, — Ommgr., 322 (*R. temporaria* 1919) et une valeur pour *R. esculenta* Ommgr.,283 (Juin 1915). Indications bien insuffisantes et incomplètes pour permettre de dégager la fixité de la composition de l'œuf mûr.

A peu près en même temps que la parution du mémoire de PARNAS et KRASINSKA, d'une part FAURE-FREMIET et Melle du VIVIER de STREEL (111—112) étudiaient les constituants chimiques de l'œuf de Grenouille rousse et d'autre part TERROINE et BARTHELEMY (295—296) terminaient la partie expérimentale d'un travail sur la composition chimique de l'œuf de *Rana fusca* et des organismes producteurs à l'époque de la ponte.

Les chiffres qui suivent empruntés à ce dernier mémoire sont le résumé des résultats de nombreuses analyses toutes concordantes effectuées tant sur des œufs ovariens et utérins dégangués que sur des sujets récoltés en grande partie quelques jours avant l'époque de la ponte. D'ailleurs, ils correspondent aux nombres obtenus par FAURE-FREMIET et aux multiples déterminations d'oocytes mûrs qui figurent dans les tableaux placés dans la suite de ce travail. —

L'examen de ces résultats expérimentaux indique une remarquable identité de constitution des œufs mûrs; en particulier la teneur en N total d'œufs ovariens à l'époque de la ponte et d'œufs utérins dépouillés de leur gangue est rigoureusement identique. On peut donc parler de la composition d'un œuf mûr comme d'une valeur fixe; c'est là une première base importante pour toute étude ultérieure.

Un autre fait intéressant à relever dès à présent est la fixité de la teneur en matières grasses. Si les recherches de MAYER et SCHAEFFER (216—217) ont prouvé que toutes les cellules renferment une certaine quantité de substances lipoïdiques dont le taux est caractéristique de la nature des tissus, les travaux de TERROINE (293) et plus récemment ceux de son élève BELIN (42) montrent nettement que dans certains tissus, à côté de «*l'élément constant*» c'est-à-dire constitutif indispensable et fixe dans la cellule, il existe un «*élément variable*» très différent en quantité et en qualité suivant les états de nutrition.

C'est le cas de tous les tissus emmagasinant des réserves. Or, pour l'œuf qui est une cellule volumineuse, l'accumulation des réserves se fait toujours d'une façon identique. Dans l'oocyte mûr de Grenouille, il y a non seulement un équilibre entre les divers constituants du protoplasma, mais aussi entre ce dernier et les éléments deutoplasmiques emmaganisés.

Cette remarque suggère l'idée que la maturité de l'œuf, c'est-à-dire son aptitude à la fécondation ne peut être possible que lorsque ces relations étroites entre les différents constituants de l'oocyte sont réalisées. C'est *l'équilibre de maturité* (ce terme est à employer de préférence, car le deuxième renfermant le mot maturation qui représente surtout un processus morphologique et une accumulation de réserves de longue durée pourrait prêter à confusion) ou de *maturation de* FAURE-FREMIET (110) qui marque l'arrêt du métabolisme dirigeant l'accroissement. Par la suite, il s'agira de fixer le moment précis où cet état particulier de l'œuf est réalisé et si par hasard il ne le serait déjà pas au début de l'hibernation.

D'après les notions précédentes, on peut donc calculer la composition centésimale de l'œuf nu (débarrassé de ses enveloppes de mucine) de Grenouille à l'époque de la ponte. En voici les chiffres:

Tableau XXXIII. Composition de l'oeuf de Grenouille rousse.

	D'après Terroine et Barthélémy	D'après Fauré Frémiet et Du Vivier de Streel
Eau	59,3	57,60
Matières protéiques	27,9	
Tablettes vitellines		26,51
Substances grasses	8,57	10,14
Chlolestérine	0,62	
Insaponifiable	1,68	
Glycogène		3,31
Totaux	98,07	97,56

A cette époque de l'année, l'examen cytologique de l'oocyte mûr montre la présence de nombreuses inclusions cytoplasmiques: des tablettes vitellines constituant la presque totalité des substances protéiques (le cytoplasme et le noyau n'étant qu'une minime partie de l'œuf), des globules graisseux, — des granules pigmentaires, — et comme l'a indiqué KONOPACKI (163), l'analyse microchimique décèle le glycogène dissous dans le plasma.

Pour compléter, ajoutons les données analytiques suivantes: (FAURE-FREMIET 120). Les tablettes vitellines retenant encore 9 pour cent d'eau, renferment en majeure partie une vitelline, c'est-à-dire une paranucléoprotéide et elles contiennent 16,43 pour cent d'azote (méthode de KJELDAHL), 1,36 pour cent de phosphore (méthode de NEUMANN) et du soufre. Quant aux lipoïdes totaux rapportés au poids sec de l'œuf ils s'élèvent à 26,62 pour cent (TERROINE et BARTHELEMY) et à 23,93 pour cent (FAURE-FREMIET et DU VIVIER DE STREEL). Dans ces derniers chiffres, les phosphatides s'élèvent à 5,98 et les graisses neutres (par différence) à 14,82.

L'acide myristique (P. E. = 53°,8) et un acide ou un mélange d'acides gras liquides à deux doubles liaisons (série linoléique) ont été également isolés par FAURE-FREMIET et Melle DU VIVIER DE STREEL. Les indices d'iode 106,4 (1) donnés par PARNAS (240) vérifieraient ce fait.

En somme, les différentes valeurs indiquées précédemment montrent que l'oocyte mûr de Grenouille est essentiellement constitué par l'eau, les matières protéiques et les graisses. Il n'y aurait que 3 à 4 pour cent de matières minérales et d'hydrates de carbone y compris le glycogène dont le taux est de 3,3 pour cent (FAURE-FREMIET et DRAGOIU 119). La chaleur de combustion d'un œuf est de 6,237 petites calories (FAURE-FREMIET *loc. cit.*), 10,758 petites calories (FAURE-FREMIET et DRAGOIU 119) et en moyenne 9,1 petites calories pour 27 déterminations faites par BARTHELEMY et BONNET (23). Cette différence de résultats ne surprend pas l'expérimentateur qui sait combien varie la taille de l'œuf d'une Grenouille à l'autre. Aussi pour plus de précisions, d'après les calculs basés sur les nombreuses mesures des deux derniers auteurs, le potentiel énergétique de 1 gramme de substances sèches correspond à 5951 petites calories et si pour l'œuf frais nous tablons sur une teneur en eau de 59,3 pour cent (TERROINE et BARTHELEMY *loc. cit.*), il résulte que 1 gramme d'oocyte mûr frais

(1) (chiffres très inférieurs à ceux que j'ai trouvés et que nous reverrons dans la suite de ce travail.)

$$\text{représente} \quad \frac{5\ 941 \text{ p. cal} \times 40{,}7}{100} = 2422 \text{ petites calories.}$$

§ II. *Composition comparée des œufs d'animaux de différents groupes zoologiques.*

Il n'est pas sans intérêt de rechercher si la composition quantitative de l'œuf est banale ou au contraire caractéristique de l'espèce.

Pour la Grenouille verte, TERROINE et BARTHELEMY (295—296) obtiennent des chiffres sensiblement pareils à ceux de la Grenouille rousse. Vu la parenté de ces deux Batraciens, ce résultat ne doit pas surprendre. Le tableau suivant portant sur des œufs d'espèces très éloignées est intéressant à consulter.

Tableau XXXIV.

(Pour le calcul de l'énergie on s'est servi du cœfficient 6,25 pour l'évaluation des matières albuminoïdes et des valeurs 5,65 et 9,4 comme chaleur de combustion par gramme des protides et des graisses.)

	Teneur p. 100 gr. d'œufs frais en :					Rapport subst. protéiques / subst. grasses	Valeur énergétique par gr. frais en petites colories
	eau	Substances sèches	Azote total	Substances protéiques N × 6,25	Substances grasses		
Bombyx mori (D'après FARKAS)	64,56	35,44	3,48	21,75	7,34	2,96	2 163 mesurée
Truite (D'après TANGL et FARKAS)	66,12	33,88	4,07	26,43	7,25	3,50	2 185 mesurée
Truite (D'après FAURÉ-FRÉMIET et H. GARRAULT)	58,50	41,50	4,77	29,81	9,16	3,25	2678 mesurée
Saumon (D'après GREENE)	57,68 à 58,19	42,68 à 41,81	4,25 à 4,32	26,55 à 27,01	13,6 à 12,75	2,10	2724 à 2779 calculée
Carpe (D'après FAURÉ-FRÉMIET et H. GARRAULT)	66,30	33,70	4,11	25,7	6,65	3,86	2077 calculée
Grenouille rousse (D'après TERROINE et BARTHÉLÉMY)	59,30	40,70	4,48	28,0	8,57	3,26	2422 mesurée
Poule (jaune d'oeuf) (D'après LIEBERMANN)	51 à 52	49 à 48	2,40 à 2,56	15 à 16	29,7 à 32,7	0,50	3640 à 3978 calculée
Sabellaria (D'après FAURE-FRÉMIET)	70,00	30,00	3,05	19,08	6,80	2,80	1717 calculée
Patella (D'après FAURÉ-FRÉMIET et H. GARRAULT)	67,00	33,00	2,69	16,83	13,53	1,24	2222 calculée
Hareng (D'après TERROINE et BARTHÉLÉMY) (1)	65,30	34,70	4,15	25,93	4,25	6,1	1864 calculée
Ecrevisse (D'après TERROINE et BARTHÉLÉMY) (1)	48,80	51,20	5,10	31,87	15,70	2,0	3276 calculée

(1) Recherches inédites.

Si l'on est frappé par la similitude de la composition et la presque identité de la valeur de l'énergie potentielle d'œufs d'animaux aussi éloignés que le Bombyx mori, la Truite, la Carpe, la Grenouille rousse, par contre, le tableau précédent indique des différences appréciables dans la constitution des œufs des individus d'autres groupes zoologiques.

Malgré le petit nombre d'espèces étudiées et vu les résultats si peu concordants, on peut prévoir que la constitution de l'oocyte n'est pas banale. Elle paraît caractéristique de l'espèce; ce qui n'exclut pas des similitudes de composition centésimale pour les œufs de femelles appartenant à des classes très éloignées. Et dans ces cas on ne peut prétendre que les œufs de ces différentes espèces soient rigoureusement identiques qualitativement. La teneur en azote total ne caractérisant pas plus une matière albuminoïde que la teneur en acides gras totaux ne définit une matière grasse. D'ailleurs, la classification des œufs en oligolécithiques, lécithiques, télolécithiques et centrolécithiques valable pour tous les Métazoaires est basée sur la plus ou moins grande abondance des réserves de l'œuf. Sans doute, objectera-t-on que «l'augmentation de volume de l'œuf est dûe toute entière à l'abondance du cytoplasme et surtout du deutoplasme qui encombre d'avantage les diverses régions de l'œuf» et que «la composition du cytoplasme exprimée par le rapport de la quantité relative du protoplasme et du deutoplasme qu'il contient subit une variation progressive et toujours dans le même sens, du bas en haut de l'échelle des Chordés» (BRACHET 59). Mais rien ne prouve que dans les variations des réserves des différentes catégories d'œufs, les constituants (substances azotées, lipoïdes, hydrocarbones) ne changent pas tous dans les mêmes proportions. Autrement dit, le rapport du poids des substances protéiques au poids des matières grasses, par exemple, pourrait être constant pour l'ensemble des œufs de tous les animaux. —

Si l'on néglige le poids du protoplasme pur et du noyau qui ne représentent qu'une infime partie de l'œuf, tout au moins télolécithique, les quelques données du tableau précédent montrent nettement que le rapport $\frac{\text{substances protéiques}}{\text{substances grasses}}$ des espèces étudiées n'est pas constant d'un groupe zoologique à un autre et varie de 0,5 à 6,1. Ce qui confirmerait encore l'hypothèse que la composition globale de l'oocyte est caractéristique de l'espèce.

En tout cas, nous pouvons retenir que dans chaque espèce étudiée, la constitution del'œuf mûr est remarquablement fixe. —

§ III. *Rapports biométriques et biochimiques entre les œufs mûrs et l'organisme producteur.*

a) *Chez la Grenouille.* A première vue, d'après les données chimiques précédentes il semble résulter que la constitution de l'œuf mûr de Grenouille étant rigoureusement fixe doit être absolument indépendante de l'animal producteur. Les variations individuelles, état de nutrition, grandeur des réserves, taille des animaux, etc. paraîtraient sans influence sur la composition des œufs.

Ce fait serait bien invraisemblable et opposé à ce que nous avons vu dans la première partie expérimentale de ce travail : une solidarité très étroite existant entre l'ovaire et l'organisme total; solidarité qui par exemple se manifeste par l'absence de maturation des œufs quand le producteur ne subit pas les conditions spéciales de l'hibernation. On conçoit difficilement qu'un animal s'inanitiant et perdant par conséquent de la substance puisse accumuler des quantités de réserves dans un organe même reproducteur comme l'ovaire et permettre la maturation. D'ailleurs, précédemment nous avons constaté que la Grenouille soumise pendant une longue période de l'hiver à une température supérieure à 10° subit des pertes de poids considérables, s'inanitie et ne mûrit pas.

Aussi, on est conduit à rechercher à l'époque de la ponte, alors que les œufs de Grenouilles normales ayant hiberné ont une composition identique, si les organismes producteurs ne possèderaient pas, eux aussi, une constitution fixe. N'y aurait-il pas également des rapports précis et invariables entre la masse des œufs, leurs réserves, en particulier les substances grasses qu'ils contiennent, d'une part; le poids total du producteur et des graisses qu'il renferme d'autre part? En d'autres termes, au moment de la déhiscence, existe-t-il : 1°) Une composition chimique bien définie de l'animal total?

2°) Un rapport constant entre le poids des ovaires et celui de l'animal producteur normal?

3°) Un rapport constant entre les substances lipoïdiques de l'ovaire et les mêmes substances de l'organisme total?

Opérant à l'époque de la ponte sur des Grenouilles rousses recueillies sans aucun choix et de poids très différents variant du simple au double, TERROINE et BARTHELEMY (295) sont arrivés aux résultats suivants :

Tableau XXXV. (Rapports entre les oeufs et le corps de la Grenouille rousse à l'époque de la maturité.)

Nombre de Déterminations	Nature des rapports	Valeur moyenne	Ecart moyen	Ecart moyen pour %
15	Poids des ovaires / Poids total de l'organisme	14,9	0,63	4,2
6	Poids des substances grasses des ovaires / Poids des substances grasses de l'organisme total	68	2,3	3,3
5	Poids de l'insaponifiable des des ovaires / Poids de l'insaponifiable de l'organisme total	46	3,0	6,5
4	Poids de la cholestérine des ovaires / Poids de la cholestérine de l'organisme total	60	2,0	3,3

De ces chiffres résulte une véritable loi biologique formulée ainsi :

«*Chez la Grenouille rousse, à l'époque de la ponte,* 1°) *le poids de l'o-*«*vaire représente* 15 *pour cent du poids de l'organisme total;* 2°) *le* «*poids des matières grasses et lipoïdiques des ovaires représente* 68 «*pour cent du poids de ces substances contenues dans l'organisme to-*«*tal.* — »

L'œuf mûr ayant une composition fixe, les rapports précédents permettent de déduire que tout au moins pour sa teneur en substances grasses et lipoïdiques, l'organisme producteur en renferme un pourcentage invariable. Vérification directe et expérimentale que nous retrouverons dans les pages suivantes et déjà signalée dès 1923 par TERROINE et BARTHELEMY (297) qui concluent que : «*Au moment de la ponte, l'organisme sans les ovaires ne contient plus que des quantités infimes de matières grasses. Le taux de ces matières :* — 8 *grammes par kilogramme,* — *n'est alors que très légèrement plus élevé que celui de l'élément constant,* — 6 *grammes par kilogramme,* — *observé lors de la mort par inanition. La ponte se produit donc au moment où tout développement des œufs serait impossible.* — »

Des rapports précédents, il apparaît dès à présent qu'au moment de la reproduction, l'ovaire contient la fraction la plus importante des matières grasses de l'animal ; et alors les questions suivantes se posent : D'où viennent ces lipides? Arrivent-ils dans l'ovaire par simple migration des lipoïdes du corps? Y a-t-il au contraire, en même temps des transformations d'autres substances, protéiques, glycogène en graisses? Les matières grasses s'accumulent-elles dans l'oocyte sous leur forme définitive, ou subissent-elles une évolution, comme cela se passe dans les graines oléagineuses?

Ces différentes questions que nous ne pouvons résoudre en ce moment seront examinées dans les chapitres suivants.

b) *Chez les autres animaux.* Avant d'aborder ces problèmes il serait intéressant de savoir si la loi biométrique formulée ci-dessus est spécifique, propre à la Grenouille rousse, ou si au contraire elle a un caractère de généralité. Malheureusement, dans la bibliographie je n'ai pu relever les teneurs en matières grasses à la fois des organismes totaux et des ovaires d'autres animaux. De travaux inédits de TERROINE et BARTHELEMY j'extrais les chiffres suivants se rapportant à la Truite de rivière (*Salmo fario*) et à l'Ecrevisse (*Potamobius fluviatilis*) à l'époque de la reproduction. Les dosages des substances grasses et lipoïdiques ont été effectués par les méthodes combinées de KUMAGAWA-SUTO et de WINDAUS pour la Truite et par celle de LEMELAND pour l'Ecrevisse. —

Tableau XXXVI. (Rapports entre les oeufs et le corps de la Truite et de l'Ecrevisse à l'époque de la reproduction.)

Nature des rapports	Truite				Ecrevisse			
	Nombre de détermina-tions	Valeur moyenne	Ecart moyen	Ecart moyen %	Nombre de détermina-tions	Valeur moyenne	Ecart moyen	Ecart moyen %
Poids des ovaires / Poids total de l'organisme total	11	13,0	1,8	14,6	5	6,6	0,3	4,5
Poids des substances grasses des ovaires / Poids des substances grasses de l'organisme total	6	44,1	2,4	5,4	5	67,2	4,6	6,8
Poids de la cholestérine des ovaires / Poids de la cholestérine de l'organisme total	6	23,8	6,2	26				

D'autre part, un travail de MILROY (227) poursuivant des recherches différentes de celles-ci permet de calculer des rapports de poids sur le Hareng. Ce Poisson n'absorbant plus que des quantités extrêmement faibles de nourriture pendant les trois derniers mois précédant la ponte qui commence fin Décembre permet un rapprochement avec la Grenouille rousse jeûnant pendant l'hiver. Les calculs effectués d'après les données de l'auteur sur 6 Harengs capturés en Décembre, alors qu'un certain nombre de sujets avaient déjà commencé à pondre donnent un chiffre moyen de 14,6 pour cent comme rapport entre le poids des ovaires et celui du corps. C'est là une identité frappante avec les déterminations que nous avons établies précédemment sur la Grenouille rousse.

Mais pour 8 Harengs prélevés au hasard sur le marché de Strasbourg le 22 Février 1922, les ovaires représentent 20,2 pour cent du poids total du Poisson avec un écart moyen de 1,2 et un écart moyen pour cent de 6. D'ailleurs, mi-Décembre 1921, comme en Janvier et mi-Février 1922, dans les différents prélèvements effectués, j'ai trouvé des individus dont le rapport du poids des ovaires à celui du corps total était de 20%, 21%, même 24% à côté d'autres Harengs qui avaient pondu ou dont les mêmes rapports s'échelonnaient de 14 à 20 pour cent ! Il s'en suit que pour des animaux comme le Hareng dont la reproduction s'étend sur plusieurs mois il est de toute nécessité d'effectuer les prélèvements en fin de période sexuelle.

D'après les observations classiques de MIESCHER sur les Saumons du Rhin, pendant que ces Poissons remontent le fleuve à l'époque du frai, migration qui dure de 4 à 14 mois, ils ne prennent aucune nourriture et cependant le poids des ovaires augmente néanmoins et va de 0,4 à 19 et même 27 pour cent du poids du corps.

Sans doute de nombreuses déterminations sur des espèces très diverses manquent pour généraliser ; néanmoins, les quelques résultats signalés ci-dessus laissent supposer que la loi biométrique formulée précédemment ne semble pas avoir un caractère général quant aux chiffres. D'ailleurs, à la réflexion, sans pesée aucune, chez les Mammifères et même chez les Oiseaux dont l'unique ovaire est plus volumineux encore, le rapport du poids des œufs à celui du corps est plus petit que 15 pour cent.

Par contre, il apparaît qu'à l'époque de la ponte, pour une espèce donnée, le rapport du poids de l'ovaire au poids de l'animal total comme celui du poids des substances grasses et lipoïdiques de l'ovaire au poids des mêmes substances dans l'organisme total est constant. Enfin, fait remarquable, à la reproduction l'ovaire contient sinon la plus grande partie, du moins un pourcentage relativement élevé des lipides de l'organisme total.

Conclusions: A l'époque de la ponte:

1°) *La constitution des œufs de Grenouille rousse est remarquablement fixe, indépendante de la taille et du poids des femelles productrices. Leur composition centésimale correspond aux chiffres suivants: eau,* 59,3; — *azote,* 4,48 *soit* 28 *de matières protéiques; lipoïdes totaux* 10,87 *dont* 0,62 *de cholestérine et* 1,68 *d'insaponifiable X;* — *glycogène* 3,3. *L'indice d'iode des acides gras est de* 139 — 140. *Le potentiel énergétique surtout constitué par des matières protéiques et des graisses correspond à* 2422 *petites calories par gramme de substance fraîche.*

2°) *L'organisme de la Grenouille rousse débarrassé des ovaires ne contient plus que des quantités minimes de matières grasses. Le taux de ces substances,* 8 *grammes par kilogramme n'est que légèrement plus élevé que celui de l'élément constant,* 6 *grammes par kilogramme observé au moment de la mort par inanition. La ponte a donc lieu au moment où tout développement ultérieur des œufs serait presque impossible.*

3°) *Chez la Grenouille rousse, le poids des ovaires correspond à* 15 *pour cent du poids total de l'organisme et celui des matières grasses et lipoïdiques des ovaires représente* 68 *pour cent du taux de ces substances dans l'organisme total.*

4°) *La comparaison des œufs de Grenouille rousse avec ceux d'animaux de divers groupes zoologiques montre parfois l'existence d'une composition centésimale presque identique, (Truite, Vers à soie); par contre, elle laisse entrevoir que la constitution chimique de l'oocyte mûr, différente pour certains animaux, tout en restant remarquablement fixe est caractéristique de l'espèce.*

5°) *Pour une espèce donnée: le rapport du poids de l'ovaire au poids de l'animal total, comme celui du poids des substances grasses et lipoïdiques de l'ovaire au poids des mêmes substances dans l'organisme total est constant; mais variable d'une espèce à l'autre.*

6°) *Dans les différents groupes zoologiques étudiés, l'ovaire contient sinon la plus grande partie, du moins un pourcentage relativement élevé des lipides de l'organisme total.*

CHAPITRE XII.

COMPOSITION DES OEUFS DE GRENOUILLE ROUSSE ET DES ORGANISMES PRODUCTEURS AU COURS DE L'OVOGÉNÈSE NORMALE.

Du chapitre précédent il ressort nettement qu'au moment de la ponte :

1°) Les œufs de la Grenouille rousse ont une composition constante, ainsi que les organismes producteurs tout au moins en ce qui concerne leur teneur en matières grasses.

2°) Il existe des rapports biométriques et biochimiques caractéristiques entre le poids et les substances grasses et lipoïdiques de l'ovaire d'une part, et les mêmes éléments de l'animal total d'autre part.

Par suite, une relation très étroite subsiste entre le producteur et ses oocytes mûrs qui contiennent la fraction la plus importante des lipides de l'organisme.

Ces faits suggèrent une série de questions que nous avons déjà posées précédemment et pour les résoudre nous amènent à aborder un certain nombre de problèmes physiologiques concernant la formation des œufs et leurs rapports avec l'organisme producteur durant le cycle annuel. En premier lieu, la maturité qui n'a lieu *in-vivo* comme *in-vitro* qu'à la fin de la période hibernale et ne semble réalisable que pour une composition chimique déterminée de l'œuf, nous conduit à faire l'étude de l'évolution qualitative et quantitative de l'oocyte. Peut-être, observerons-nous des variations progressives aboutissant au moment de la ponte à une constitution caractéristique de l'œuf prêt à subir la fécondation ?

De même, l'étude comparée et parallèle de l'animal total nous apportera-t-elle des éléments utiles sinon pour discuter la ou les causes de l'hibernation, de sa durée et le déterminisme de la reproduction qui normalement lui fait suite, du moins des données biométriques et biochimiques qui permettront de caractériser cette période ?

Enfin, la comparaison des variations des graisses dans l'organisme total, dans les ovaires, et dans l'animal débarrassé des œufs, doit permettre de résoudre la question de l'origine des matières grasses déposées dans les oocytes et en particulier pendant l'hibernation.

Durant cette dernière période, la Grenouille n'ingère pas de nourriture et comme nous le verrons dans la suite par les résultats expérimentaux, la masse de ses œufs double presque, alors que, d'après les résultats antérieurs leur teneur en matières grasses atteint jusqu'à 68% du contenu de l'organisme global.

Quelle est donc l'origine de cette graisse des réserves ovariennes? Deux hypothèses peuvent être envisagées: ou bien un déplacement vers les ovaires des lipides emmagasinés en été par les tissus de l'animal total; ou bien néoformation, c'est-à-dire élaboration des graisses aux dépens du glycogène et des protéiques des tissus. Dans le premier cas y a-t-il seulement simple transport sans modification aucune des substances grasses et lipoïdiques?

Aussi l'étude des variations successives de la teneur en graisses de l'organisme total, des ovaires et des principaux organes est-elle des plus utiles pour résoudre ces questions importantes.

En résumé, nous devons donc examiner durant le cycle annuel:

1°) *Les variations quantitatives et qualitatives de la composition globale de l'oocyte pendant toute l'ovogénèse, afin de nous rendre compte si la posthibernation et par conséquent la maturité sont nettement caractérisées chimiquement.*

2°) *Parallèlement les modifications quantitatives et si possible qualitatives des mêmes substances dans l'organisme et dans ses principaux organes; ce qui permettra de savoir si les matériaux de l'œuf proviennent d'un simple déplacement des réserves de l'organisme ou d'une néoformation aux dépens des tissus.*

RÉSULTATS EXPÉRIMENTAUX. — Comme, par suite d'incompatibilités techniques il n'est pas possible de doser sur les mêmes sujets à la fois l'eau, l'azote total et les substances grasses, j'ai donc prélevé pour chacune des différentes périodes plusieurs lots comprenant généralement 6 Grenouilles femelles. Parfois, pour la même époque, les déterminations ont été effectuées plusieurs années successives.

Ce sont les résultats globaux de ces analyses qui figurent dans les tableaux suivants. Sans doute, les chiffres se rapportant à chacun des différents animaux seraient des plus intéressants à consulter et à comparer. Mais à mon plus grand regret, pour ne pas alourdir des tables déjà suffisamment chargées je n'y ai fait figurer que des totaux et des moyennes. Dans chaque série, les analyses généralement homogènes fournissent des nombres comparables. Je les tiens à la disposition du lecteur que ces données expérimentales détaillées intéresserait, et qui pourra toujours venir les consulter dans mon laboratoire. Pour que, dans une même période, la comparaison des différents lots soit plus facile, et de façon à avoir une représentation nette de l'état d'avancement de l'ovogénèse, j'ai calculé chez tous les animaux étudiés le rapport du poids des œufs au poids total. La détermination d'un rapport analogue pour les foies est également d'une grande importance pour l'étude du rôle de cet organe dans le métabolisme général. Les données expérimentales ont été soigneusement séparées des calculs. Ces derniers que j'ai réduits au minimum ont pour but de faire mieux saisir le sens des variations de la composition des organismes et de leurs parties, de même que les rapports entre les différents constituants contenus dans les œufs, le foie et ceux du reste de l'animal. Et par là même, le métabolisme pendant la maturation et surtout pendant l'hibernation apparaîtra plus précis et plus net.

DISCUSSION DES RÉSULTATS. En présence de la multiplicité et de la diversité des résultats accumulés dans les différents tableaux, il est nécessaire de sérier les questions. Ainsi qu'il a été signalé dans la première partie de ce travail, pendant l'hibernation, alors qu'elle ne s'alimente pas, la Grenouille varie peu de poids, elle augmente même d'une façon appréciable au moment de la maturité. Bien que, pendant la période léthargique, les phénomènes de la vie soient ralentis, il n'y en a pas moins consommation de matière et dépense d'énergie et cependant les variations pondérales étant insignifiantes, il doit nécessairement se produire dans l'organisme une accumulation d'eau ou d'autres composés pour contrebalancer les pertes de substances.

Ce fait a été mis en évidence précédemment tout au moins pour la période de reproduction. Nous débuterons donc par l'étude de la teneur en eau durant les diverses périodes de l'année et en même temps nous examinerons la teneur en azote dont les dosages ont été effectués sur les mêmes animaux.

Dans la plupart des tableaux les résultats ont été notés suivant l'ordre chronologique. Dans la discussion et la représentation graphique il y a tout avantage de grouper les valeurs d'un cycle annuel en partant du moment où la ponte vient de se produire, époque à laquelle les œufs et l'organisme ont évidemment leur minimum de réserves nutritives pour aboutir au temps de la reproduction, période pendant laquelle les ovaires tout au moins atteignent leur développement maximum.

Sans conteste, ce qu'il importe de considérer dans la discussion des résultats, c'est l'allure générale des phénomènes en laissant de côté les petites oscillations dûes soit au fait que dans chaque lot il n'y a pas toujours homogénité absolue des individus, soit que dans la nature, en particulier pendant l'été, des facteurs externes, les conditions climatériques par exemple, interviennent en modifiant les facilités d'alimentation et de vie des animaux. A cet effet, des représentations graphiques permettent de mieux saisir la marche générale des différents métabolismes et facilitent la discussion et l'interprétation. —

1°) *TENEUR EN EAU ET EN AZOTE.*

a) *de l'animal total.* C'est immédiatement après la ponte que l'animal total a la teneur en eau la plus élevée (80,74% du poids frais) ainsi qu'on peut le constater dans les tableaux XXXVII et XXXVIII et les graphiques I et II.

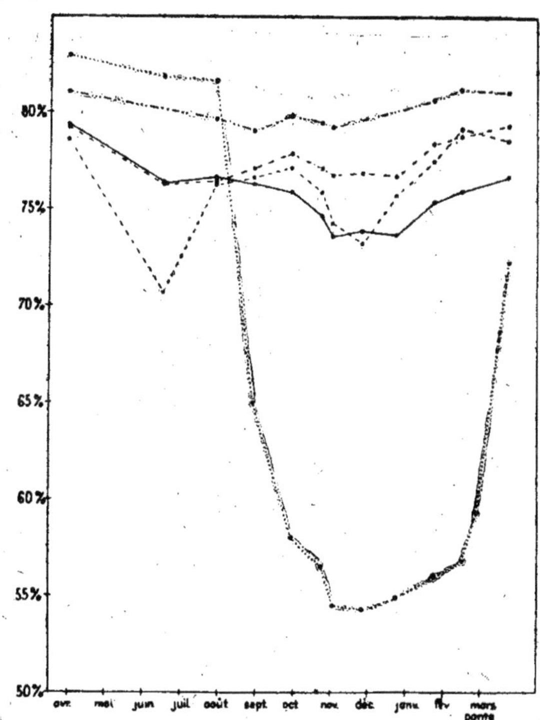

Fig. 1. Teneur en eau durant le cycle annuel.
(Valeurs moyennes calculées en % du *poids frais.*)
Animal total ———— Œufs .... Foies — — — — —
Animal moins les œufs —.—.—.— Muscle ...—...—...—

Jusqu'au début de l'hibernation où elle n'est plus que de 73,65% (mi-Octobre au début de Novembre suivant les années), elle diminue sans cesse à peu près régulièrement. Néanmoins, c'est pendant les premiers mois du retour à la vie active, jusqu'à fin Juin que la descente de la courbe est la plus accentuée. En tout cas, durant ces 3 ou 4 mois du début de la période estivale et d'alimentation intensive, la baisse de la teneur en eau est d'environ 4 pour cent. Pendant les premiers temps de l'hibernation le taux de l'eau reste sensiblement constant. Mais à partir du milieu de Décembre il remonte régulièrement pour s'élever brusquement à 76,62% quelques jours avant la ponte. A ce moment il se produit une véritable hydratation de l'animal puisque son pourcentage d'eau passe de 75,97 le 12 Février à 76,62 le 24 Février, date où les œufs sont mûrs.

Signalons en passant que chez les mâles on retrouve un phénomène pareil à l'époque de la reproduction. Là l'hydratation est plus typique encore et frappe d'avantage l'observateur par la présence de véritables poches aqueuses sous la peau des animaux mûrs. Si chez les femelles ces cavités remplies de liquide sont plus fugaces cela tient à ce que leur contenu est passé dans la formation de la gangue mucilagineuse entourant les œufs utérins ainsi que nous l'avons signalé dans la première partie de ce travail.

Quant à la teneur en matières protéiques, la courbe la plus intéressante est celle de N calculé en % du poids frais (*graphiques n° 2*). Elle montre que le pourcentage de l'azote va sans cesse en augmentant depuis

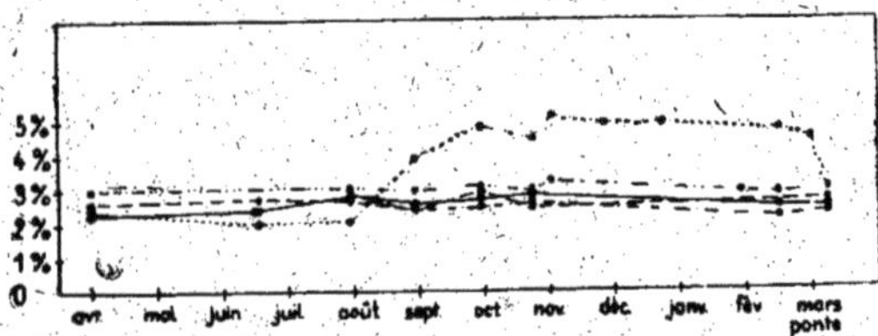

Fig. 2. Teneur en azote au cours du cycle annuel.
(Valeurs moyennes calculées en % du *poids frais.*)
Animal total ———— Œufs .... Foies — — — — —
Animal moins les œufs .—.—.—.— Muscle ...—...—...—

la ponte jusqu'à l'hibernation, ce qui paraît tout naturel puisque c'est la période estivale d'alimentation intensive. Cependant il faut remar-

Tableau XXXVII. Teneur en eau et en azote des œufs, du foie et du corps de la Grenouille rousse aux diverses époques de l'année.

Données expérimentales — Poids en grammes

Numéros et dates	Nombre de Grenouilles	des animaux entiers frais (a)	des œufs frais (b)	des foies frais (c)	des œufs secs (d)	de l'eau des œufs (b−d)	des foies secs (e)	de l'eau des foies (c−e)	des organismes frais débarrassés des foies et des œufs (a−(b+c))	des organismes secs débarrassés des foies et des œufs (f)	de l'eau des organismes débarrassés des foies et des œufs (a−(b+c)−f)	de l'N total des œufs (g)	de l'N total des foies (h)	de l'N total des organismes débarrassés des foies et des œufs (i)
1 à 6 du 17 Octobre 1922	6	255,550	45,130	11,080	21,059	23,179	2,845	8,237	302,136	91,608	203,127			
7 à 12 du 24 Novembre 1922	6	393,304	33,843	9,538	12,200	20,443	2,349	6,189	346,723	54,255	192,502			
13 à 18 du 19 Décembre 1922	6	262,700	33,695	5,634	16,998	16,697	1,405	4,229	224,300	50,770	172,209			
19 à 24 du 22 Janvier 1923	6	278,962	36,136	6,283	15,882	20,220	1,483	4,673	235,948	50,733	185,298			
25 à 30 du 12 Février 1923	6	270,109	35,550	6,274	15,152	19,896	3,889	3,385	230,865	45,846	181,397			
31 à 36 du 24 Février 1923 Œufs utérins	6	273,993	93,311	2,891	23,115	68,536	0,697	2,205	174,837	27,846	149,931	2,2443	0,0797	3,1935
37 à 42 du 24 Février 1923. Les animaux débarrassés de œufs utérins.	6	152,093	2,037	2,811	0,341	1,696	0,652	2,209	144,837	35,544	107,531	0,0401	0,0749	3,1151
37 à 40 du 17 Juin 1924	4	110,118	2,009	6,193	0,865	1,146	1,810	4,375	101,516	23,420	78,286	0,0404	0,1710	2,1179
41 à 46 du 27 Juillet 1924	6	132,783	3,787	3,862	0,684	3,095	0,916	2,951	125,110	29,394	95,715	0,0266	0,1073	3,0646
47 à 52 du 27 Août 1924	6	210,200	14,296	7,382	5,014	9,282	1,322	5,060	188,521	43,042	145,408	0,3617	0,1802	4,9105
53 à 58 du 26 Septembre 1924	6	208,028	20,360	7,085	8,511	11,791	1,681	5,404	180,625	39,966	140,869	0,9523	0,2099	4,4881
59 à 64 du 20 Octobre 1924	6	205,569	22,040	5,957	9,560	12,500	1,466	4,331	176,532	45,326	130,294	1,0502	0,1524	4,6403

Calculs

Numéros et dates	Rapport : Poids des foies frais / Poids total animaux frais (c/a×100)	Rapport : Poids des œufs frais / Poids total animaux frais (b/a×100)	Œufs : eau en % du poids frais ((b−d)/b×100)	Œufs : N en % du poids sec (g/d×100)	Œufs : N en % du poids frais (g/b×100)	Foies : eau en % du poids frais ((c−e)/c×100)	Foies : N en % du poids sec (h/e×100)	Foies : N en % du poids frais (h/c×100)	Organismes débarrassés des foies et des œufs : eau en % du poids frais	Organismes débarrassés : N en % du poids sec	Organismes débarrassés : N en % du poids frais	Animaux totaux : N total (g+h+i)	Animaux totaux : eau en % du poids frais	Animaux totaux : N en % du poids sec	Animaux totaux : N en % du poids frais	Eau en % du poids sec contenue dans : les œufs	le foie	l'organisme débarrassé des œufs et du foie	l'animal total
1 à 6 du 17 Octobre 1922	3,31	17,60	54,46		5,11 (A)	74,35			76,89				83,85			109,5	324,5	332,0	289,6
7 à 12 du 24 Novembre 1922	3,21	14,23	54,50		4,94 (A)	75,36			77,08				79,10			118,8	273,9	356,4	383,6
13 à 18 du 19 Décembre 1922	2,14	14,02	54,86		4,97 (A)	75,76			76,79				79,31			171,6	312,5	316,6	339,6
19 à 24 du 22 Janvier 1923	2,25	12,92	55,93			77,51			78,40				75,76			126,9	344,6	365,1	360,9
25 à 30 du 12 Février 1923	1,56	13,02	56,77		4,28 (A)	79,07			78,80			5,7547	75,92	10,34	2,50	131,3	380,7	372,4	346,2
31 à 36 du 24 Février 1923 Œufs utérins	1,33	37,60	77,25	9,71	2,69	78,37	12,43	2,63	79,55	13,47	2,36	5,5147	70,67	10,69	2,45	300,4	366,9	406,3	329,5
37 à 42 du 24 Février 1923. Les animaux débarrassés de œufs utérins.	2,01	1,41	55,03	14,42	2,46	77,37	12,43	2,66	79,55	13,47	2,36	3,1193	79,30	11,52	2,37	408,5	366,8	384,3	383,2
37 à 40 du 17 Juin 1924	5,61	2,04	61,91	11,19	2,01	70,64	9,46	2,76	77,45	13,60	3,07	2,7293	76,50	10,53	2,47	455,1	240,1	330,5	325,9
41 à 46 du 27 Juillet 1924	2,91	2,84	82,42	11,52	2,07	76,37	11,71	2,77	76,50	12,11	3,04	3,7903	76,64	12,09	2,92	465,5	327,1	325,6	329,2
47 à 52 du 27 Août 1924	3,51	6,80	64,92	11,24	3,96	76,68	10,46	2,48	77,16	10,05	2,50	5,4624	76,71	10,26	2,39	185,1	338,6	337,9	332,2
53 à 58 du 26 Septembre 1924	3,41	9,76	58,26	11,50	4,66	77,14	12,96	2,95	77,87	11,21	2,48	5,6732	75,91	11,45	2,73	138,3	327,3	351,9	313,2
59 à 64 du 20 Octobre 1924	2,92	11,12	56,48	13,36	4,19	73,89	10,33	2,56	75,15	11,32	2,83	5,8475	74,91	11,36	2,86	129,7	314,7	337,7	293,1

Tableau XXXVIII. Variations de la teneur en eau et en azote de l'organisme total de la Grenouille rousse, des œufs, du foie et de l'organisme débarrassé des œufs, au cours d'une année.

Dates	Eau							Azote							Eau					Azote				
	Quantité en gr. contenue pour 1 Kgr d'animal total frais dans:				Quantité renfermée en pour cent du contenu total de l'organisme dans:			Quantité en gr. contenue pour 1 Kgr d'animal total frais dans:				Quantité renfermée en pour cent du contenu total de l'organisme dans:			Quantité en gr. contenue pour 1 Kgr d'animal frais débarrassé des œufs dans:			Quantité renfermée en % du contenu de l'animal débarrassé des œufs dans:		Quantité en gr. contenue pour 1 Kgr d'animal frais débarrassé des œufs dans:			Quantité renfermée en % du contenu de l'animal débarrassé des œufs dans:	
	l'organisme total	les œufs	le foie	l'organisme débarrassé des œufs	les œufs	le foie	l'organisme débarrassé des œufs	l'organisme total	les œufs	le foie	l'organisme débarrassé des œufs	les œufs	le foie	l'organisme débarrassé des œufs	l'organisme débarrassé des œufs	les œufs	le foie	les œufs	le foie	l'organisme débarrassé des œufs	les œufs	le foie	les œufs	le foie
Ponte terminée (fin Février à début Avril)	793,8	11,8	15,8	782,0	1,4	1,9	98,6	23,7	0,3	0,5	23,4	1,2	2,1	98,8	793,3	12,1	16,0	1,5	2,0	23,7	0,35	0,5	1,4	2,1
♀ utérines débarrassées des œufs utérins ♀ ayant pondu (6 Avril 1922).	807,4	13,2		794,2	1,6		98,4		0,32						806,8	13,4		1,6			0,33			
Mi-Juin (17 Juin).	763,9	14,9	39,7	749,0	1,9	5,1	98,1	24,7	0,36	1,5	24,34	1,4	6,0	98,6	764,3	15,2	39,4	1,9	5,1	24,8	0,37	1,5	1,4	6,0
Fin Juillet (27 Juillet).	766,4	23,3	22,2	743,1	3,0	2,9	97,0	28,2	0,6	0,8	27,6	2,1	2,8	97,9	764,8	23,9	22,9	3,1	3,0	28,4	0,6	0,8	2,1	2,8
Fin Août (27 Août).	763,1	44,1	26,9	719,0	5,7	3,5	94,3	25,9	2,6	0,8	23,3	10,0	3,1	90,0	771,5	47,3	28,8	6,1	3,7	25,0	2,8	0,9	11,2	3,6
Fin Septembre (26 Septembre).	759,1	56,7	26,3	702,4	7,4	3,4	92,6	27,3	4,7	1,0	22,6	17,2	3,6	82,8	778,5	62,8	29,1	8,0	3,7	24,8	5,1	1,2	20,5	4,8
Fin Octobre (20 Octobre 1924).	748,1	62,8	22,1	685,3	8,3	2,9	91,7	28,4	5,1	0,7	23,3	17,9	2,4	82,1	771,2	70,7	24,9	9,1	3,2	26,2	5,7	0,8	21,7	3,0
(31 Octobre 1922).	736,5	69,9	23,2	666,6	9,4	3,1	90,6		6,5						767,9	80,2	26,6	10,4	3,4		7,5			
Fin Novembre (24 Novembre).	739,3	72,0	28,0	667,3	9,7	3,7	90,3		6,5						769,2	83,0	28,3	10,7	3,6		7,5			
Mi-Décembre (19 Décembre).	737,1	77,1	15,9	660,0	10,4	2,1	89,6		6,9						767,6	89,8	18,5	11,7	2,4		8,0			
Fin Janvier (22 Janvier).	753,6	72,6	17,4	681,0	9,6	2,2	90,4								784,6	83,4	20,1	10,6	2,5					
Mi-Février (12 Février).	759,7	73,6	12,5	686,1	9,6	1,6	90,4	25,0	6,2		18,8	24,8		75,2	788,5	84,6	14,4	10,7	1,8	21,6	7,1		32,8	
Ponte (œufs ovariens).		88,3							6,6							103,8					7,8			
Ponte (fin Février à début Avril). (♀ utérines).	766,2	272,3	9,99	483,9	35,5	1,3	64 5	24,9	10,1	0,3	14,8	40,6	1,2	59,4	793,3	437,1	16,0	55,1	2,0	23,7	16,3	0,5	68,7	2,1

quer que malgré cette marche ascendante qui serait plus significative encore si l'on représentait la courbe de N calculée en matières protéiques, les variations mensuelles sont relativement minimes. Jusqu'à fin Juin, l'animal augmente peu son pourcentage d'azote (0,10%, soit une augmentation de 1/24 par rapport au point de départ). De fin Juin à l'hibernation, la progression est plus considérable, presque quadruple de la précédente (0,37%, soit environ les 4/24 de la teneur du point de départ). —

Comme pendant l'hiver l'animal ne s'alimente pas, les matières protéiques ne peuvent que rester stationnaires ou baisser et c'est ainsi que nous constatons qu'au moment de la ponte le taux de l'azote en pour cent frais n'est plus que de 2,49, soit en baisse de 0,35% ou de 3,5/24 et approximativement 1/7 par rapport à la teneur au point de départ au début de l'hibernation.

Bien que cette valeur soit liée à la teneur en acides gras et en eau, cette dernière augmentant pendant la torpeur hibernale et faisant par suite baisser la valeur du rapport $\frac{\text{N}}{\text{poids frais de l'animal}}$ *on peut cependant affirmer qu'il y a consommation de matières protéiques durant l'hibernation.* Ceci ressort nettement de l'examen des chiffres de la teneur en azote calculée en pour cent du poids sec. Fin Octobre, c'est-à-dire au début de la période léthargique, le taux de N rapporté au poids sec est de 11,31 et tombe à 10,69 au moment de la ponte.

A première vue, le rapport $\frac{\text{N total}}{\text{poids sec de l'animal}}$ paraît invraisemblable et paradoxal pendant les premiers mois qui suivent la reproduction. Malgré l'alimentation abondante des Grenouilles, l'azote en pour cent du poids sec diminue et passe de 11,52 après la ponte à 10,55 en fin Juin. Remarquons que pendant cette même période la teneur en acides gras augmente considérablement, passant comme nous le verrons par la suite de 0,8% à 2,5% et que d'autre part le taux de l'eau tombe de 80,74% à 76,39%. La teneur en eau ayant diminué, celle en substances grasses ayant progressé, le poids sec calculé en pour cent du poids frais a nécessairement augmenté et comme c'est sur ce poids sec que le pourcentage de l'azote a été calculé, il n'est pas surprenant qu'il ait baissé, même s'il y a eu augmentation de l'N total chez l'animal.

Mathématiquement, on peut dire que la teneur en N rapportée au poids sec de l'animal est fonction de la variable poids sec (calculé en % du poids frais) laquelle est elle-même fonction de 2 variables, teneur en eau (qui baisse) et teneur en graisses (qui augmente). D'ailleurs, la comparaison des courbes (graphique 3) teneur en eau et en N pour cent

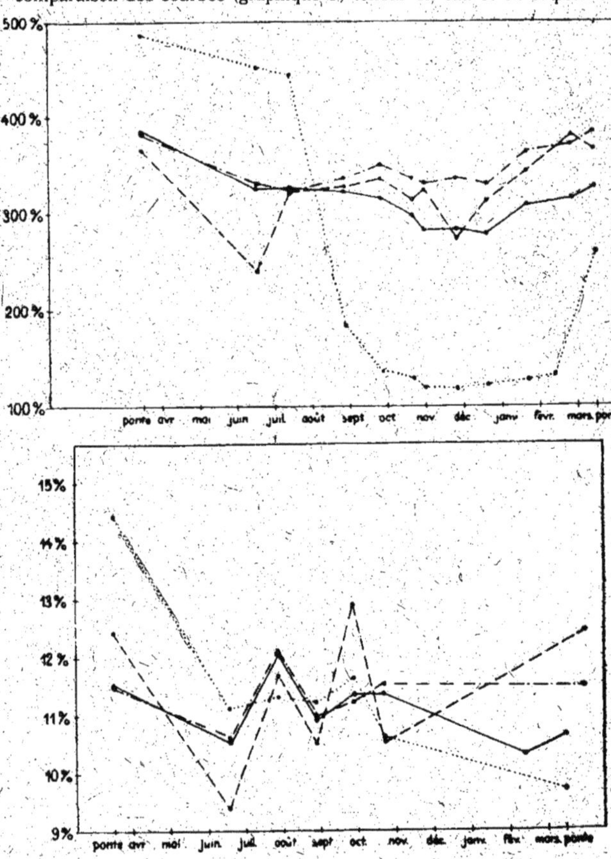

Fig. 3. a) Teneur en eau pendant le cycle annuel.
(Valeurs moyennes calculées en % *du poids sec.*)
b) Teneur en azote au cours du cycle annuel.
(Valeurs moyennes calculées en % *du poids sec.*)
Animal total ——— Œufs .... Foies — — — — —
Animal moins les œufs .—.—.—.— Muscle ...—...—...—

du poids sec montre que la deuxième baisse moins rapidement que la première, ce qui indique une accumulation d'azote dans l'organisme. Dans l'ensemble, le graphique de la teneur en N rapporté au poids sec montre l'augmentation de l'azote jusqu'à l'hibernation et sa baisse pendant l'hiver. Pour cette dernière période, comme nous le faisions remarquer précédemment, il y a nettement consommation de matières protéiques mais en quantité relativement minime 5,5% c'est-à-dire environ 1/18 de la teneur du début de l'hibernation, comme le prouve le calcul suivant :

$$\frac{(11{,}31 - 10{,}69) \times 100}{11{,}31} = 5{,}5$$

basé sur la teneur en N au commencement et à la fin de la période léthargique.

Voilà un fait à souligner qui aura son importance par la suite lorsque nous discuterons de l'origine des matières grasses accumulées dans les œufs.

b) des œufs. En premier lieu, le rapport $\frac{\text{Poids des œufs frais}}{\text{poids total de l'animal}}$ des plus intéressants à étudier constitue la base de l'étude de l'ovogénèse. Il montre tout d'abord que la croissance des ovaires est continue mais pas aussi régulière que l'on pourrait le supposer. Le *graphique* 4 est d'ailleurs suffisamment suggestif.

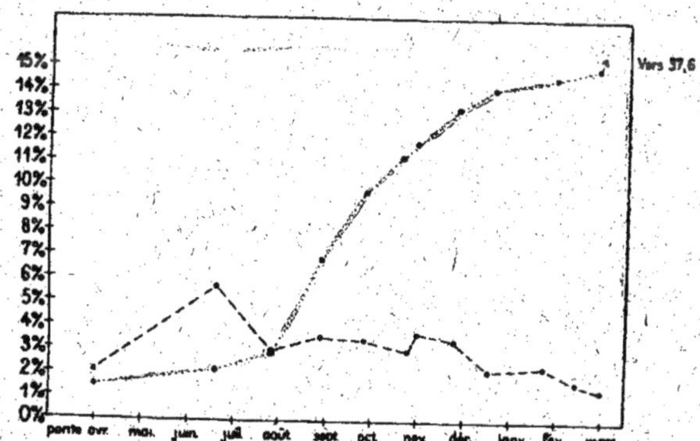

Fig. 4. Rapports du poids des œufs et du poids des foies au poids de l'animal total durant le cycle annuel. (Valeurs moyennes calculées en % du *poids frais*.)

Œufs .... Foies — — — — —

Jusqu'à fin Juillet, les oocytes se développent relativement peu : le rapport $\frac{\text{Poids des œufs x 100}}{\text{Poids total}}$ passant de 1,43 à la fin de la ponte à 2,84 fin Juillet, soit une différence de 1,41 en 4 mois environ, d'où un accroissement moyen de 0,30% par mois. Sans doute, il ne faut pas oublier d'observer et nous y reviendrons par la suite que durant cette période l'animal augmente aussi de poids et s'enrichit en constituants divers. Puis, la courbe s'élève brusquement et continue son ascension d'une façon assez régulière jusqu'au début de l'hibernation. Pendant ces 3 mois d'Août à fin Octobre, le rapport s'élève de 2,84 à 13,24 accusant ainsi une différence de 10,40 soit presque 3,5% par mois. Durant l'hiver au cours duquel l'animal ne s'alimente pas, le développement pondéral des œufs continue, mais moins intensément puisqu'il passe de 13,24 au début de Novembre à 15 au moment de la déhiscence, soit une différence de 1,76 pour environ 4 mois. Signalons cependant une légère chute du rapport en Janvier-Février, fait inexpliqué et signalé également par KATO et BLEIBTREU (53) qui se demandent si elle est dûe au hasard ou si elle est à attribuer à «un processus réel et préparatoire dans l'ovaire.»

A la maturité, le rapport monte rapidement en quelques jours à 37,68%, phénomène dû surtout à l'enrobement des œufs utérins par la gangue mucilagineuse secrétée par les oviductes.

En tout cas, soulignons que le développement pondéral des œufs est continu, s'effectue surtout pendant la fin de la période estivale mais se continue aussi durant l'hibernation.

Passons à l'étude de la teneur en eau. La courbe qui la représente (graphique n° 1) est très curieuse en ce sens que dans son allure générale, tout au moins jusqu'à l'approche de la maturité (période spéciale qui sera à examiner séparément) elle est symétrique de la précédente mais avec une amplitude plus grande. Au fur et à mesure que l'ovaire augmente de poids, sa teneur en eau diminue. Et c'est surtout pendant la seconde partie de la période estivale, époque pendant laquelle le développement pondéral des œufs est le plus intense que leur teneur en eau s'abaisse de la manière la plus frappante, passant de 81,67% fin Juillet aux environs de 54% au début de l'hiver durant lequel et jusqu'au réveil printanier le taux varie relativement peu mais augmente néanmoins en s'élevant de 54 à 56,77.

Si l'on envisage le pourcentage des matières protéiques, la courbe représentative (fig. 2) est tout aussi significative et les mêmes phéno-

Tableau XXXIX. Teneur en eau et en azote du muscle de la cuisse de la Grenouille rousse aux diverses époques de l'année.

Numéros et dates	Nombre de Grenouilles	Données expérimentales : poids (en grammes)							Calculs				
		des animaux totaux frais	des œufs frais	des foies frais	du muscle prélevé :				Rapport Poids des œufs frais / Poids total animal	Rapport Poids des foies frais / Poids total animal	Muscle :		
					frais	sec	eau	N total			Teneur en eau en % du poids frais	Teneur en N en % du poids sec	Teneur en N en % du poids frais
		a	b	c	d	e	d—e	f	$\frac{b}{a} \times 100$	$\frac{c}{a} \times 100$	$\frac{d-e}{d} \times 100$	$\frac{f}{e} \times 100$	$\frac{f}{d} \times 100$
25 à 30 du 4. 11. 1923.	6	259,65	32,700	9,566	29,681	6,160	23,521	0,9578	12,52	3,67	79,24	15,54	3,22
31 à 36 du 18. 1. 1924.	6	281,05	34,840	7,065	29,652	5,642	24,010	0,8663	12,75	2,51	80,76	15,35	2,92
13 à 18 du 14. 2. 1923.	6	266,80	36,100	4,258	30,324	5,657	24,667	0,8086	13,53	1,59	81,34	14,29	2,66
19 à 24 du 26. 2. 1923. (♀ utérines).	6	205,00	(A 73,114	2,866	22,150	4,177	17,973	0,6005	(A 35,65	1,39	81,14	14,37	2,71
37 à 42 du 13. 2. 1924.	6	304,45	40,650	5,091	39,748	7,446	32,302	1,1530	13,35	1,67	81,26	15,48	2,90
43 à 48 du 3. 4. 1924. (♀ utérines).	6	299,40	(B 3,535	4,990	38,190	7,599	30,591	1,2025	(B 1,18	1,66	80,10	15,82	3,14
49 à 54 du 28. 7. 1924.	6	93,85	3,012	3,064	13,110	2,663	10,447	0,4022	3,20	3,26	79,68	15,10	3,06
55 à 60 du 27. 8. 1924.	6	216,25	15,685	7,433	22,547	4,724	17,823	0,6752	7,25	3,43	79,04	14,29	2,99
61 à 66 du 27. 9. 1924.	6	192,80	19,150	5,037	19,023	3,828	15,195	0,5893	9,93	2,61	79,87	15,39	3,09
67 à 72 du 21. 10. 1924.	6	200,40	22,900	6,665	21,572	4,422	17,150	0,6448	11,42	3,32	79,50	14,58	2,98

A) Y compris les œufs utérins avec leur gangue.
B) Non compris les œufs utérins.

Tableau XLIII. Les acides gras et les indices d'iode des muscles de la cuisse de la Grenouille rousse aux diverses époques de l'année.

Numéros et dates	Nombre de Grenouilles	Données expérimentales : Poids (en grammes)						Calculs :		
		des animaux totaux	des œufs	des foies	du muscle prélevé			Rapport Poids des œufs / Poids total animal	Rapport Poids du foie / Poids total animal	Teneur en acides gras par Kilogr. de muscle frais
					frais	acides gras totaux	Indices d'iode des acides gras			
		a	*b*	*c*	*d*	*e*	*f*	$\frac{b}{a} \times 100$	$\frac{c}{a} \times 100$	$\frac{e}{d} \times 1000$
G M 19 à 24 du 3 novembre 1923	6	329,00	42,500	11,600	44,424	0,381	135,7	12,91	3,52	8,55
G M 19 à 24 du 24 décembre 1923	6	307,30	41,450	7,365	39,001	0,273	113,9	13,48	2,39	7,00
G M 7 à 12 du 28 janvier 1923	6	289,90	44,750	4,683	33,119	0,230	147,4	15,48	1,61	6,92
G M 13 à 18 du 18 février 1923	6	239,75	35,350	3,599	28,665	0,198	148,0	14,74	1,50	6,89
G M 25 à 30 du 4 avril 1924 (♀ utérines)	12	519,80	190,050	8,810	66.606	0,542	133,4	36,56	1,69	8,13
G M 31 à 32 du 29 juillet 1924	8	107,95	3,357	2,946	23,067	0,130	121,4	3,11	2,72	5,61
G M 33 à 38 du 28 août 1924	18	499,95	30,009	16,336	92,667	0,540	129,1	6,00	3,26	5,82
G M 39 à 44 du 28 septembre 1924	18	744,90	75,700	21,881	115,352	0,728	126,7	10,16	2,93	6,30
G M 45 à 50 du 21 octobre 1924	18	721,60	83,100	23,240	86,784	0,507	126,5	11,51	3,22	5,83

Tableau XLIV. Les acides gras et les indices d'iode du foie de la Grenouille rousse aux diverses périodes de l'année.

Numéros et dates	Nombre de Grenouilles	Données expérimentales. Poids (en grammes): des animaux totaux a	des œufs b	des foies c	des animaux débarrassés des œufs et des foies a−(b+c)	Acides gras des foies: totaux d	Acides gras des foies: Indices d'iode e	Insaponifiable X total des foies f	Cholestérine totale des foies g	Calculs: Rapport moyen Poids des œufs / Poids total des animaux $\frac{b}{a}\times100$	Rapport moyen Poids des foies / Poids total des animaux $\frac{c}{a}\times100$	Acides gras: Teneur des foies par Kilogr. frais $\frac{d}{c}\times1000$	Acides gras: Quantité renfermée dans les foies par Kilogr. d'animal total $\frac{d}{a}\times1000$	Acides gras: Quantité renfermée dans les foies par Kgr. d'animal débarrassé des œufs et du foie $\frac{d}{a-(b+c)}\times1000$	Insaponifiable X: Teneur des foies par Kilogr. frais $\frac{f}{c}\times1000$	Insaponifiable X: Quantité renfermée dans les foies par Kilogr. d'animal total $\frac{f}{a}\times1000$	Insaponifiable X: Quantité renfermée dans les foies par Kgr. d'animal débarrassé des œufs et du foie $\frac{f}{a-(b+c)}\times1000$	Cholestérine: Teneur des foies par Kilogr. frais $\frac{g}{c}\times1000$	Cholestérine: Quantité renfermée dans les foies par Kilogr. d'animal total $\frac{g}{a}\times1000$	Cholestérine: Quantité renfermée dans les foies par Kgr. d'animal débarrassé des œufs et du foie $\frac{g}{a-(b+c)}\times1000$
L16—21 du 30. 10. 22., — L54—59 du 2. 11. 23. GM19—24 du 3. 11. 23., — GME25—30 du 4. 11. 23.	24	1154,844	148,072	41,243	965,529	0,6320	138,7	0,0709	0,0874	12,82	3,57	15,32	0,547	0,654	1,72	0,0614	0,0734	2,12	0,0756	0,0905
L22—27 du 23. 11. 22. GM1—6 du 28. 11. 22.	12	599,293	71,914	14,374	453,005	0,1976	140,2			13,33	2,66	13,75	0,366	0,436						
L60—65 du 18. 12. 23. GM19—24 du 24. 12. 23.	12	611,494	83,436	15,583	512,475	0,2003	107,1	0,0271	0,0389	13,64	2,54	12,85	0,327	0,390	1,73	0,0443	0,0526	2,47	0,0636	0,0759
L66—71 du 19. 1. 24. GME31—36 du 18. 1. 24.	12	505,166	63,715	11,665	429,786	0,1720	100,9	0,0227	0,0316	12,61	2,30	14,73	0,340	0,400	1,92	0,0449	0,0528	2,72	0,0625	0,0735
L72—77 du 12. 2. 24. GME37—42 du 13. 2. 24.	12	547,858	75,983	9,421	462,454	0,1397	86,5	0,0198	0,0249	13,87	1,71	14,83	0,255	0,302	2,09	0,0361	0,0428	2,63	0,0454	0,0538
L40—45 du 11. 2. 23. GM13—18 du 18. 2. 23.	12	519,135	73,654	9,597	435,904	0,1778	113,9			14,18	1,84	18,52	0,342	0,407						
GME19—24 du 26.2.23., — L46—53 des 12-26. 3. 23. GM25—30 du 4. 4. 24., — GME43—48 du 3. 4. 24. L78—83 du 8.4.24., — Eg1—6 et Lg1—6 du 14.4.24.	50 ♀ utérines	1943,835	(A) 695,892	29,940	1218,003	0,5258	115,6	0,1131	0,1196	(A) 35,80	1,53	17,56	0,270	0,431	3,78	0,0581	0,0928	4,00	0,0615	0,0981
L84—89 du 21. 6. 24.	3 ♀ et 3 ♂	137,738	1,478	6,284	129,976	0,2340	90,9	0,0261	0,0184	1,05	4,56	37,26	1,699	1,800	4,34	0,1895	0,2007	3,00	0,1344	0,1416
L90—95 du 27. 7. 24. GME49—54 du 28.7.24., — GM31—34 du 29.7.24.	20	347,069	11,327	10,332	325,410	0,2343	109,1	0,0307	0,0328	3,26	2,97	22,68	0,675	0,720	3,02	0,0884	0,0943	3,17	0,0944	0,1008
GME55—60 du 27. 8. 24., — GM33—38 du 28. 8. 24.	24	716,200	45,694	23,769	646,737	0,5752	132,4	0,0732	0,0474	6,38	3,31	24,19	0,803	0,889	3,01	0,1022	0,1131	2,06	0,0661	0,0733
L1—9 du 12. 9. 22., — L10—15 du 25. 9. 22. L102—107 du 26. 9. 24., — GM39—44 du 28. 9.24., — GME61—66 du 27. 9. 24.	45	1598,900	152,396	47,010	1391,494	0,8749	145,6	0,1086	0,1048	9,58	2,95	18,61	0,549	0,629	2,31	0,0682	0,0780	2,23	0,0658	0,0753
L108—113 du 20. 12. 24. GME67—72 et GM45—50 du 21. 12. 24.	30	1132,483	129,838	36,729	965,916	0,5892	146,2	0,0694	0,0786	11,46	3,24	16,04	0,520	0,610	1,89	0,0612	0,0718	2,14	0,0693	0,0813

(A) Y compris les œufs utérins avec leur gangue.

mènes se reproduisent encore, mais en sens inverse. De la ponte à fin Juillet, la teneur en azote rapportée au poids frais reste sensiblement constante, mais à partir de ce moment jusqu'à la fin de la période estivale elle fait plus que doubler s'élevant de 2,07% à 5,13%. Durant l'hibernation nous ne retrouvons plus ces variations brusques; le taux de N en % du poids frais est encore de 4,76 pour les ovaires à l'époque de la déhiscence. S'il n'est plus que de 2,69 dans les œufs utérins cela tient à l'apport de la gangue dont la composition vient troubler les résultats globaux des analyses des œufs prêts à être fécondés.

c) *Animal débarrassé des œufs*. Dans son ensemble, la courbe de la teneur en eau de l'organisme sans les œufs (fig. 1.) ressemble beaucoup à celle de la téneur en eau de l'animal total et présente sensiblement la même allure générale. Au début de la belle saison les deux lignes se confondent à peu près. En effet, à ce moment le poids des œufs étant insignifiant par rapport au poids total de la Grenouille. La divergence a lieu fin Juillet et s'accentue jusqu'à l'approche de l'hiver. Par la suite et pendant toute l'hibernation les deux courbes sont à peu près parallèles. Remarquons la teneur en eau plus élevée de l'organisme débarrassé des ovaires, ce qui ne peut surprendre puisque le taux de l'eau des œufs, de poids relativement élevé, qui entrent dans l'animal total augmente beaucoup moins rapidement pendant la mauvaise saison.

Quant à la teneur en matières protéiques de l'organisme sans les ovaires elle diffère peu de celle de l'organisme total. Les deux courbes de l'azote en pour cent rapporté au poids frais se confondent à peu près jusqu'à fin Juillet. A ce moment la divergence se produit. Le taux de N de l'animal débarrassé des œufs étant légèrement inférieur à celui de la Grenouille totale dont le chiffre plus élevé est dû en partie à la richesse des œufs en matières albuminoïdes.

d) *Muscle*. Au moment de la ponte, le muscle de la Grenouille, comme l'animal total d'ailleurs, est fortement hydraté. (Tableau XXXIX). Sa teneur en eau plus forte que celle de l'organisme total ou débarrassé des œufs se maintiendra toujours supérieure à celle de ces deux derniers. Avec des variations beaucoup moins étendues, la courbe du taux de l'eau du muscle (fig. 1.) plus régulière suit une marche sensiblement parallèle à celle de la teneur en eau de l'animal sans les ovaires. Cependant, au moment de la maturité une divergence très nette se manifeste. Alors que la Grenouille totale ou sans les œufs s'hydrate, le muscle au contraire perd de l'eau. Ainsi que nous l'avons déjà signalé dans la première partie de ce mémoire et comme nous y reviendrons encore par la suite, cette déshydratation partielle de l'appareil musculaire provient de l'appel de liquide provoqué par la déhiscence des œufs et leur enrobement par la gangue de mucine secrétée par les oviductes.

En somme, dans l'ensemble, la teneur en eau du muscle varie peu dans le courant du cycle annuel. Elle oscille entre 81,34% sur la fin de l'hibernation et 79,04% au milieu de la période estivale.

La même constance, plus accusée et plus nette encore se manifeste pour sa composition en matières protéiques. (Fig. 2.) La représentation graphique de sa teneur en azote calculée en rapport du poids frais est sensiblement une ligne droite horizontale. Les variations étant très faibles avec un maximum de 3,22% au début de l'hibernation et un minimum de 2,66 à l'approche de la ponte. —

e) foie. De par ses fonctions multiples, comme chacun le sait, le foie joue un rôle des plus importants dans l'organisme. La question préliminaire suivante se pose : le développement pondéral de cet organe ainsi que sa composition restent-t-ils fixes durant le cycle annuel ? En d'autres termes, existe-t-il des rapports constants entre le poids du foie et le poids de l'organisme total d'une part et leurs compositions d'autre part ? Cette étude comparative permettra peut-être de préciser le rôle du foie dans le métabolisme annuel et en particulier dans la maturation des œufs.

Tout d'abord, le rapport $\frac{\text{Poids du foie frais X 100}}{\text{Poids total de l'animal frais}}$ figuré dans le tableau XXXVII et le graphique 4 indique nettement qu'au printemps, période d'alimentation intense de la Grenouille, le foie augmente considérablement. Ce rapport passant de 2,05 après la ponte à 5,61 en mi-Juin a presque triplé. Puis vient une forte baisse en Juillet, suivie d'un plateau pour le reste de la période estivale. Enfin pendant l'hibernation la courbe s'incline sans cesse pour atteindre un minimum au moment de la ponte.

Pour le taux de l'eau du foie nous retrouvons un phénomène comparable à celui constaté dans les œufs. Plus l'organe est volumineux moins sa teneur en eau est considérable et réciproquement. Dans ses grandes lignes la courbe (fig. 1.) du taux de l'eau du foie a l'allure générale de celle de l'eau de l'animal total, avec cependant des variations plus brusques et plus étendues. Signalons qu'au moment de la maturité, le foie se déshydrate légèrement au profit des œufs utérins comme nous l'avons déjà remarqué à propos du muscle.

Tableau XL. Les acides gras et les indices d'iode des œufs et du corps de la Grenouille rousse aux diverses époques de l'année.

Numéros et dates	Nombre de Grenouilles	Poids (en grammes) des : animaux totataux	œufs	foies	animaux débarrassés des œufs et des foies	Indices d'iode des acides gras des œufs	organismes débarrassés des œufs et des foies	Teneur en eau des œufs en °/₀ du poids frais	Rapport Poids des œufs / Poids total	Rapport Poids des foies / Poids total	Acides gras : Teneur des œufs p. 100 gr. de poids frais	Teneur des corps débarrassés des œufs et des foies par kilogr. frais	Teneur des corps débarrassés des foies par kilogr. frais	Teneur des animaux totaux par kilogr. frais	Indices d'iode des acides gras des animaux totaux
		a	b	c	a-(b+c)	d	e	f	$\frac{b}{a}\times 100$	$\frac{c}{a}\times 100$	g	h	i	j	k
L54 à 59 — 2 novembre 1923	6	285,393	37,799	10,638	236,956	143,7	126,5	53,89	13,24	3,72	9,63	10,64	21,98	21,53	135,8
L60 à 65 — 18 décembre 1923	6	304,194	41,986	8,218	253,990	138,6	116,3	54,68	13,80	2,70	9,15	9,58	22,43	22,07	130,4
L66 à 71 — 19 janvier 1924	6	224,116	28,875	4,600	190,641	138,6	103,3	56,54	12,88	2,05	9,14	8,64	19,55	19,50	124,6
L72 à 77 — 12 février 1924	6	243,408	35,333	4,330	203,745	141,6	120,7	56,35	14,51	1,78	8,99	7,94	20,31	20,13	133,7
L78 à 83 — 8 avril 1924 (♀ utérines)	6	212,258	76,655	2,837	132,766	139,9	131,7	69,76	36,10	1,33	2,59	7,51	14,08	14,35	136,2
L78 à 83 — 8 avril 1924 (♀ utérines débarrassées des œufs utérins)	6	137,928	2,325	2,837	132,766	138,5	131,7	(A 83,03	1,68	2,05	2,15	7,51	7,75	8,06	129,7
♀ utérines débarrassées des œufs utérins B)	44		21,455			133,8					1,95				
L84 à 86 — 21 juin 1924	3	75,565	1,478	3,976	70,111	137,4	110,9	(A 81,94	1,95	5,26	3,29	21,62	12,80	25,18	109,4
L90 à 95 — 27 juillet 1924	6	145,270	4,958	4,322	135,990	145,1	119,4	(A 81,67	3,64	3,17	4,35	16,40	17,68	17,83	121,8
L96 à 101 — 25 août 1924	6	201,746	12,038	6,920	182,788	134,9	124,8	(A 64,92	6,58	3,43	6,69	16,03	19,72	17,52	127,4
L102 à 107 — 26 septembre 1924	6	193,332	19,281	5,702	168,349	127,6	115,7	(A 58,08	9,97	2,94	8,12	9,67	16,84	17,07	122,3
L108 à 113 — 20 octobre 1924	6	210,483	23,838	6,824	179,821	133,0	123,6	(A 56,48	11,32	3,24	8,51	8,63	18,00	18,02	130,1

A) Chiffres du Tableau XXXVII.
B) Séries GME 19 à 24 du 26 février 1923. — L 46 à 53 du 12 au 26 mars 1923. — L 78 à 83 du 8 avril 1924. — GME 43 à 48 du 3 avril 1924. — GM 25 à 30 du 4 avril 1924. — Eg 1 à 6 et Lg 1 à 6 du 7 avril 1924. —

Si nous passons à la composition en matières protéiques du foie, nous constatons qu'elle varie peu (fig. 2.) ; la teneur en azote calculée en pour cent du poids frais oscillant entre 2,63 à l'époque de la ponte et 2,95 à la fin de l'été indique une tendance à la hausse durant la période active de l'animal.

En résumé, sauf pour les œufs dont les variations de la teneur en protéiques sont progressives et très étendues, la composition en matières azotées du foie, du muscle, de l'organisme débarrassé des ovaires change peu dans le cycle annuel. Nous n'en dirons pas autant du taux de l'eau de l'animal total et de ses différents organes. Il subit de très grandes fluctuations sur lesquelles nous aurons à revenir. —

Auparavant faisons une étude parallèle sur la composition en substances grasses et lipoïdiques de la Grenouille et de ses diverses parties.

2°) TENEUR EN ACIDES GRAS, CHOLESTÉRINE, INSAPONIFIABLE X ET INDICES D'IODE DES ACIDES GRAS.

a) *Animal total.* Immédiatement après l'hibernation et la ponte, l'organisme total ne contient plus que des quantités minimes de substances grasses et lipoïdiques, ce qui ne peut surprendre vu la longue période de jeûne subie par l'animal. (Tableau XL. et graphique 5).

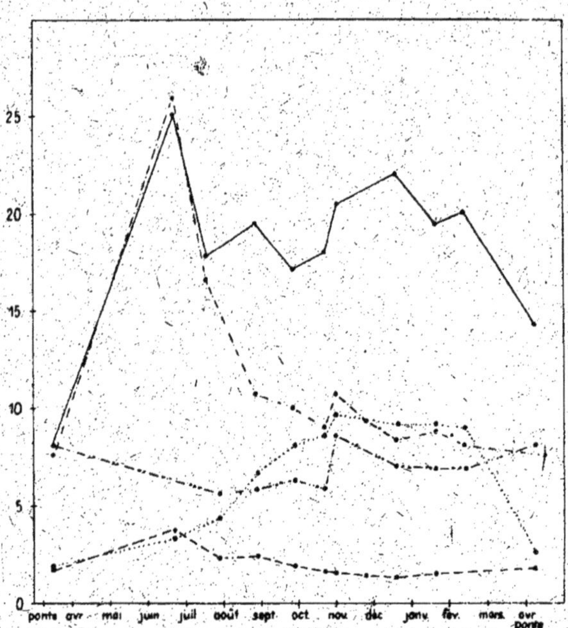

Fig. 5. Teneur en acides gras pendant le cycle annuel.

(Valeurs moyennes calculées en grammes par kilogramme du poids frais, *sauf pour les œufs dont les valeurs sont calculées en % du poids frais.*)
Animal total ———— Œufs .... Foies — — — — —
Animal moins les œufs .—.—.—.— Muscle ..—..—..—

Le taux des acides gras, 8 gr. 06 par kilogr. n'est alors que très légèrement supérieur à celui de l'élément constant, 4 gr. 7 par kilogr. observé lors de la mort par inanition. Avec le printemps, le retour à la vie active et une alimentation abondante le pourcentage des matières grasses s'élève rapidement. Fin Juin, la teneur en acides gras atteint son maximum avec 25,18 pour mille. Ainsi, pendant environ trois mois elle triple et passe de 8,06 à 25,18 progressant ainsi de 17 pour mille. L'animal accumule des graisses mais sans augmenter son poids total dans les mêmes proportions. Le fait est que l'on trouve peu de grosses Grenouilles avant Septembre. On peut d'ailleurs s'en convaincre

Tableau XLI. Variations au cours d'une année de la composition de l'organisme total, des oeufs, du foie, des muscles, des corps adipolymphoïdes, de l'organisme de la Grenouille rousse débarrassé des œufs, (Valeurs moyennes calculées en pour cent du poids frais.)

Dates	Rapport moyen Poids des œufs / Poids total de l'animal	Œufs: Teneur en eau	Œufs: Teneur en azote	Œufs: Teneur en matières protéiques	Œufs: Teneur en acides gras	Œufs: Indices d'iode des acides gras	Œufs: Teneur en cholestérine
Ponte terminée (fin Février à début Avril) ♀ mûrines débarrassées des oeufs utérins	1,43 à 1,68	83,05	2,44	15,25	1,95 à 2,15	133,8 à 138,5	0,19 (A
Mi-Juin (17 Juin)	1,94 à 2,08	81,94	2,01	12,56	3,29	157,4	
Fin Juillet (27 — 29 Juillet)	2,84 à 3,40	81,67	2,07	12,94	4,35	145,1	
Fin Août (27 — 28 Août)	6,80 à 6,61	64,92	3,94	24,62	6,69	154,9	0,62 (A
Fin Septembre (26 — 28 Septembre)	9,76 à 9,89	38,08	4,86	30,38	8,12	127,6	3,84 (A
Mi-Octobre (20 — 21 Octobre)	11,12 à 11,38	56,48	4,59 A)	28,69 A)	8,51	133,0	à 1,36
Fin Octobre (31 Octobre, 3 Novembre)	12,83 à 13,24	54,46	5,13 A)	32,1 A)	9,63	143,7	0,71 (A
Fin Novembre (24 Novembre)	13,25	54,30	4,94 A)	30,9 A)			0,47 (A
Fin Décembre (19 — 24 Décembre)	14,07	54,88	4,91	30,7	9,15	138,6	1,64 (A
Fin Janvier (19 — 28 Janvier)	14,52	55,93	A)	A)	9,14	138,6	
Mi-Février (12 — 18 Février)	14,52	56,77 A)	4,76 A)	29,8 A)	8,99 A)	141,6	0,54 (A
Epoque de la ponte (oeufs ovariens)	15,00 A)	59,30	4,48	27,9	6,20		0,62 (A
Epoque de la ponte (fin Février à début Avril) (♀ utérines)	37,68	72,25	2,69	16,75	2,59	139,9	

Dates	Organisme débarrassé des oeufs: Teneur en eau	Teneur en azote	Teneur en matières protéiques	Teneur en acides gras	Indices d'iode des acides gras	Teneur en cholestérine	Organisme total: Teneur en eau	Teneur en azote	Teneur en matières protéiques	Teneur en acides gras	Indices d'iode des acides gras	Teneur en cholestérine
Ponte terminée (fin Février à début Avril) ♀ mûrines débarrassées des oeufs utérins	79,33	2,37	14,81	0,760	129,4		79,39	2,37	14,81	0,806	129,7	0,167A
Mi-Juin (17 Juin)	76,43	2,48	15,50	2,592	108,6		76,99	2,47	15,44	2,518	109,4	
Fin Juillet (27 — 29 Juillet)	76,49	2,84	17,75	0,1659	119,0		76,64	2,82	17,62	1,783	121,8	
Fin Août (27 — 28 Août)	77,15	2,50	15,62	0,1089	125,1	0,119A	76,91	2,59	16,19	1,952	127,4	0,152A
Fin Septembre (26 — 28 Septembre)	77,85	2,48	15,50	0,996	111,6	0,084A	75,91	2,73	17,06	1,707	122,3	0,145A
Mi-Octobre (20 — 21 Octobre)	77,12	2,62	16,37	0,962	124,5	à 0,108	74,81	2,84	17,75	1,802	130,1	à 0,245
Fin Octobre (31 Octobre, 3 Novembre)	76,29			1,077	125,8	0,097A	73,65			?,153	135,8	0,160A
Fin Novembre (24 Novembre)	76,92			0,934	107,8	0,075A	73,93			1,861	124,1	0,141A
Fin Décembre (19 — 24 Décembre)	76,76			0,887	119,3	0,084A	73,71			2,207	130,4	0,150A
Fin Janvier (19 — 28 Janvier)	78,46			0,885	103,5		75,36			1,950	124,6	
Mi-Février (12 — 18 Février)	78,05	2,16	13,50	0,810	126,0	0,085A	75,97	2,50	15,63	1,665 à 2,013	133,0	0,136A
Epoque de la ponte (oeufs ovariens)											153,7	
Epoque de la ponte (fin Février à début Avril) (♀ utérines)	79,33	2,37	14,81	0,760	129,4		76,62	2,49	15,56	1,435	136,2	

Dates	Foie: Rapport Poids du foie / Poids total de l'animal	Teneur en eau	Teneur en azote	Teneur en matières protéiques	Teneur en acides gras	Indices d'iode des acides gras	Teneur en cholestérine	Teneur en insaponifiable X	Muscle: Teneur en eau	Teneur en azote	Teneur en matières protéiques	Teneur en acides gras	Indices d'iode des acides gras	Corps adipolymphoïdes: Teneur en acides gras	Indices d'iode des acides gras	Teneur en cholestérine et insaponifiable X
Ponte terminée (fin Février à début Avril) ♀ mûrines débarrassées des oeufs utérins	2,05 à 2,09	78,57	2,65	16,44	1,756	115,6	0,490	0,378	81,14 à 80,10	2,71 à 3,14	16,94 à 19,63	8,13	133,4			
Mi-Juin (17 Juin)	4,56 à 5,61	70,64	2,76	17,25	3,726	90,9	0,390	0,434						56,30	78,0	3,56
Fin Juillet (27 — 29 Juillet)	2,97	76,31	2,77	17,31	2,268	109,1	0,317	0,302	79,68	3,06	19,12	5,61	121,3	65,52	84,9	1,82
Fin Août (27 — 28 Août)	3,31	76,68	2,44	15,25	2,419	132,4	0,206	0,301	79,04	2,99	18,69	5,82	129,1	63,24	94,8	0,76
Fin Septembre (26 — 28 Septembre)	2,95 à 3,41	77,14	2,95	18,44	1,861	145,6	0,225	0,231	79,87	3,09	19,31	6,30	126,7	59,49	92,1	1,33
Mi-Octobre (20 — 21 Octobre)	2,92 à 3,24	75,89	2,54	15,88	1,604	146,7	0,214	0,189	79,50	2,98	18,62	5,83	126,5	54,62	75,8	1,01
Fin Octobre (31 Octobre, 3 Novembre)	3,59	74,35			1,532	138,7	0,212	0,172	79,24	3,22	20,12	8,55	133,7			
Fin Novembre (24 Novembre)	2,66 à 3,35	73,26			1,375	140,2								59,92	81,0	
Fin Décembre (19 — 24 Décembre)	2,54	75,76			1,286	107,1	0,247	0,173				7,00	113,9			
Fin Janvier (19 — 28 Janvier)	2,05 à 2,30	77,51			1,473	100,9	0,272	0,192	88,76	2,92	18,27	6,92	147,4			
Mi-Février (12 — 18 Février)	1,38 à 1,84	79,20			1,483	86,5	0,263	0,209	81,34 à 81,20	2,66 à 2,90	16,63 à 18,12	6,89	146,0			
Epoque de la ponte (oeufs ovariens)					1,852	113,9										
Epoque de la ponte (fin Février à début Avril) (♀ utérines)	1,27 à 1,58	78,57	2,65	16,44	1,756	115,6	0,460	0,378	81,14 à 80,10	2,71 à 3,14	16,94 à 19,63	8,13	133,4			

A) Chiffres empruntés à TERROINE et BARTHELEMY, (295 — 297)

en consultant les poids globaux des animaux recueillis au hasard et figurant dans les différents tableaux.

Durant les mois suivants, le taux des acides gras baisse, ce qui paraît paradoxal. L'explication peut en être la suivante: en premier lieu, l'animal augmente de taille; puis comme nous le verrons par l'étude des graphiques se rapportant aux différents organes et aux ovaires en particulier, des remaniements internes très intenses s'effectuent dans la répartition des matières grasses et des autres constituants de l'organisme; enfin une température souvent très élevée occasionne des dépenses supplémentaires, oblige l'animal à se terrer pour éviter les fortes chaleurs et par suite diminue ses facilités de chasse et d'alimentation en proies vivantes. Pendant cette période estivale le pourcentage des acides gras oscille autour de 19 pour mille. La courbe indique ensuite une hausse à l'automne. A ce moment, les gros remaniements internes sont en grande partie effectués; les conditions climatériques étant plus favorables et les dépenses moindres par une saison moins chaude, la nourriture plus abondante et plus facile à se procurer. Tout cet ensemble de circonstances explique cette progression de la composition en substances grasses de l'organisme total.

Durant l'hibernation, la baisse est faible. Au cours de cette période, la Grenouille vit en effet sans mouvement dans un milieu relativement froid, son métabolisme est réduit au minimum comme cela se produit d'ailleurs chez les Poïkilothermes hibernant ou séjournant à basse *température*. Au réveil printanier et pendant la phase posthibernale une chute brusque de la courbe provient du retour à la vie active dans un milieu un peu plus chaud, du travail interne très intense de la déhiscence des œufs et de la formation de la gangue autour des œufs utérins en même temps que de l'absence d'alimentation. Cet ensemble de facteurs contribuant à une grande dépense d'énergie et de substance sans compensation d'éléments nutritifs venant de l'extérieur.

Dans le chapitre précédent nous avons insisté sur la fixité de la teneur en matières grasses de l'organisme débarrassé des ovaires après le réveil printanier, au début de la posthibernation avant la déhiscence. Nous allons encore retrouver la même constance de composition de la Grenouille mûre et quelle que soit la date de reproduction.

Dans ce tableau XL., six femelles utérines prélevées le 8 Avril 1924 ont une teneur moyenne de 14 gr. 35 d'acides gras par kilogr. d'animal total. L'hiver 1923/24 avait été assez rude dans nos régions. Jusqu'en Mars, des froids très vifs ayant persisté, la glace recouvrait encore les étangs et les mares vers le 20 Mars. Aussi, l'hibernation était prolongée et la ponte n'avait lieu qu'en fin Mars et commencement d'Avril.

Le début de l'année 1923 ayant été moins froid, dès le 24 Février j'expérimentais déjà sur des œufs mûrs. Des analyses effectuées sur 8 Grenouilles utérines prélevées du 12 au 26 Mars 1923 et dont les chiffres ne figurent pas dans les tableaux publiés, accusent une moyenne de 14 gr. 39 d'acides gras par kilogr. d'animal total. L'identité des résultats est frappante et remarquable. Nous ne nous attarderons pas pour le moment à l'étude détaillée des variations de la cholestérine et de l'indice d'iode des acides gras de l'animal total durant le cycle annuel. Pour la première substance (Tableau XLI) la teneur varie peu, oscillant de 0 gr. 136 à 0 gr. 167 pour cent.

Soulignons cependant qu'au printemps l'indice d'iode des acides gras de l'animal total (Graphique n° 6.) baisse d'autant plus que cette

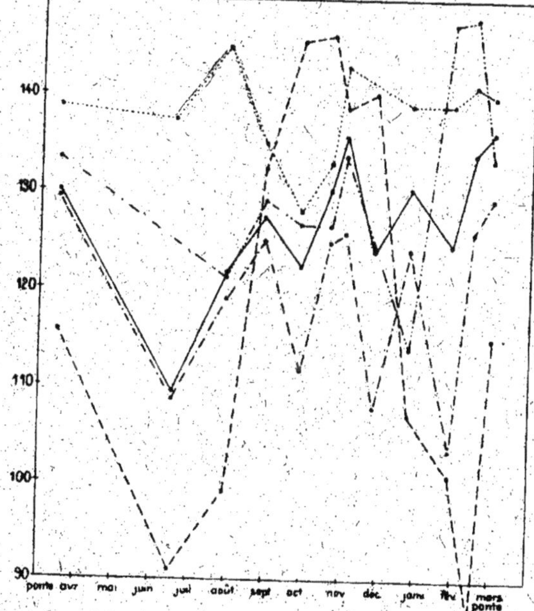

Fig. 6. Indices d'iode des acides gras au cours de l'année.
Animal total ———— Œufs .... Foies — — — — —
Animal moins les œufs —.—.—.—.— Muscle ..—..—..—

teneur augmente d'avantage; phénomène comparable à celui que nous avons vu pendant la même période pour la composition en eau (Graphique n° 1). Durant l'été, l'indice d'iode progresse rapidement et varie peu durant l'hibernation.

b) *Les œufs*. L'examen du développement pondéral des ovaires nous a montré qu'il était continu et surtout intense pendant la deuxième partie de la période estivale (courbe n° 4). Si durant l'été la marche ascendante de la courbe de la teneur en acides gras des œufs en pour cent du poids frais (fig. n° 5.) a l'allure générale de la précédente il n'en est plus de même pour l'hibernation. En effet, de la ponte jusqu'à fin Juin si le poids des ovaires augmente peu, leur taux en substances grasses progresse très légèrement aussi. Pendant cette période d'environ 3 mois, la teneur en acides gras s'élève de 2,15% à 3,29% soit de 1,14%. Le seul mois de Juillet fournit une augmentation presque aussi élevée puisque nous passons de 3,29 à 4,35 soit une hausse de 1,06 pour cent. Mais c'est surtout à partir de ce moment que la composition en graisse des œufs varie le plus: en Août, le taux des acides gras s'élève de 4,35 à 6,69, soit une hausse de 2,34; en Septembre de 6,69 à 8,12, soit une augmentation de 1,43; et en Octobre de 8,12 à 9,63 progressant ainsi de 1,51%. Durant la période hibernale les pourcentages sont peu appréciables avec plutôt une tendance à la baisse. Laissant de côté pour le moment la posthibernation sur laquelle il faudra revenir, en somme, la courbe de la teneur des œufs en acides gras est sensiblement semblable à celle de la teneur en matières protéiques (fig. n° 2.). Ce qui laisse supposer que dans la maturation des réserves de l'œuf l'accumulation des constituants azotés ou graisseux se fait parallèlement et dans un rapport constant.

La cholestérine dont les valeurs sont beaucoup moins régulières présente cependant des phénomènes du même ordre (Tableau XLI.). Son taux progresse de 0,19 à 0,71 de la ponte au début de l'hiver pour osciller très peu autour de 0,60 jusqu'à la posthibernation.

Il est à constater que l'indice d'iode des acides gras des œufs reste toujours relativement élevé quel que soit le moment de la période annuelle (graphique n° 6. Tableaux XL et XLI). Fait remarquable à souligner: à l'époque de la ponte, l'organisme renferme deux sortes d'œufs: les uns utérins qui seront expulsés bourrés de graisses (près de 10% défalcation faite de la gangue mucilagineuse qui ne renferme pas de substances grasses) (H. BARTHELEMY et BONNET 23) et dont l'indice d'iode est de 139,9; les autres, ovogonies de l'ovaire vidé qui persistent pour se développer l'année suivante, relativement pauvres en acides gras (2,15%) et qui ont cependant à peu près le même indice d'iode, 138,5.

c) *Corps débarrassé des œufs.* Après la reproduction jusqu'à fin Juin, comme l'indique le tableau XLI., et le graphique n° 5., la composition en substances grasses de l'organisme débarrassé des ovaires est sensiblement pareille à celle de l'animal total. Ceci ne surprend pas puisque, ainsi qu'on l'a vu précédemment, durant cette période d'alimentation intensive, les oocytes très petits se développent peu et emmagasinent des quantités minimes de graisses. La teneur en acides gras de l'animal sans les œufs fait plus que tripler, en passant de 7,60% après la ponte à 25,92 le 21 Juin.

Au cours de cette première phase de son existence printanière, la Grenouille inanitiée par le long jeûne hibernal se rétablit, accumule d'abord et surtout dans son corps les substances grasses. Plus tard seulement, elle cède l'excédent aux ovaires qui se développent d'une façon rapide. C'est ce qu'indique la courbe de la teneur en acides gras de l'organisme débarrassé des œufs, qui fin Juin tombe brusquement pour atteindre 10,69 en fin Août. Elle va sans cesse en baissant jusqu'à la fin de l'hibernation et même jusqu'à la ponte, aboutissant aux chiffres de 7 gr. 60 par kilogr. nombre légèrement plus élevé que celui de l'élément constant 4 gr. 7 environ par kilogr. observé lors de la mort par inanition.

D'après ce que nous avons dit et vu précédemment dans l'étude de l'animal total, pendant le temps relativement court de la posthibernation sa teneur en graisses baisse considérablement. Pour la même période, nous devrions retrouver la même chute rapide de la courbe des acides gras de l'animal débarrassé des ovaires. Ce que le graphique n'indique pas. Il faut songer qu'à l'époque de la reproduction et surtout après la déhiscence, le poids du corps sans les œufs a diminué énormément du fait qu'il a perdu la mucine de la gangue des œufs utérins, représentant environ 20 pour cent soit 1/5 du poids total de la Grenouille. Or cette mucine ne renferme pas de graisse. D'autre part, ainsi que nous l'avons vu précédemment, à la même époque, il y a déshydratation de l'organisme en faveur des œufs. Toutes circonstances qui font que le corps sans les œufs, du fait de la perte de mucine et de la déshydratation ayant baissé considérablement de poids, le pourcentage des acides gras devrait augmenter d'une façon appréciable et par suite la courbe remonter. Il n'en est rien, la baisse est nette, ce qui indique pour la période de reproduction une grande consommation de substances grasses effectuée aux dépens de l'organisme, produits génitaux mis à part.

Quant à la cholestérine (Tableau XLI.) qui existe toujours en quantité minime, elle atteint son maximum (0 gr. 119%) au milieu de l'époque estivale pour baisser ensuite et se tenir aux environs de 0 gr. 75 à 0, gr. 85 par kilogr. durant l'hibernation.

A première vue, la courbe représentative de l'indice d'iode des acides gras du corps débarrassé des œufs paraît très capricieuse, comme celle de l'animal total qu'elle suit d'ailleurs assez fidèlement dans ses différentes variations. (fig. 6.). Cependant, on peut en tirer un certain nombre d'indications précieuses. Tout d'abord, il est suffisamment net que du début de la posthibernation à la ponte, période d'inanition avec vie active et métabolisme intensif, l'indice d'iode relativement élevé atteint son maximum avec le chiffre de 130. En second lieu, on observe que pendant tout le printemps, alors que l'animal s'alimente activement, augmente de poids, se gorge de graisse, l'indice d'iode baisse d'une façon appréciable pour tomber à 108 le 21 Juin. Puis, pendant l'été, l'indice d'iode se relève alors que le pourcentage des acides gras diminue. Il est à remarquer qu'à la même époque le taux des graisses de l'ovaire à indice d'iode toujours élevé progresse rapidement et que la courbe de l'indice d'iode des acides gras du foie que nous étudierons par la suite fait aussi une ascension rapide et s'élève particulièrement haut. Enfin, durant l'hiver l'indice d'iode des acides gras de l'organisme sans les œufs baisse pour remonter sur la fin de l'hibernation et surtout pendant la période posthibernale. Différentes suggestions se présentent à l'esprit. Quel peut être le rôle du foie durant cette période estivale? Les Grenouilles menant à ce moment une vie très active à température relativement élevée, consommant plus par conséquent, les oxydations plus intenses détruisent les graisses de réserve à indice d'iode faible. De son côté, le foie ne ferait-il pas le triage de certains acides gras pour les diriger après modifications vers les ovaires, magasins de substances grasses à indice d'iode élevé? Avant de chercher à résoudre ces différents problèmes et d'examier le rôle du foie, arrêtons-nous sur les corps jaunes et le muscle.

d) *Corps adipolymphoïdes*. Appelés aussi corps jaunes, corps adipeux, corps graisseux, corps de réserves, le terme de corps adipolymphoïdes définissant mieux le double rôle de ces organes fut créé par KENNEL (160) qui en a fait une excellente étude complétée récemment par Melle DUBOIS (93—97). Pour ces auteurs, les corps jaunes des Batraciens, malgré leur proximité des organes génitaux et leurs rapports très étroits avec les gonades ont surtout une fonction de réserve générale de substances utilisées par tout l'organisme pendant le jeûne et surtout pendant l'hiver. Comme on le sait, les corps adipolymphoïdes de la Grenouille rousse mâle ou femelle présentent des variations de taille dépendant de l'état général de nutrition de l'organisme: volumineux chez les animaux suralimentés, rudimentaires chez les animaux amaigris ou mal nourris. Aussi au printemps, immédiatement après l'époque de la reproduction, sont-ils très réduits; puis ils augmentent jusqu'en Octobre pour atteindre leur maximum au début de l'hibernation et s'atrophier pendant l'hiver. Ces considérations étant rappelées on ne sera donc pas surpris de trouver en même temps des Grenouilles ayant des corps adipolymphoïdes de tailles et de poids très variables, nuls ou presque chez les unes, volumineux chez les autres; et alors le rapport $\frac{\text{Poids des corps jaunes}}{\text{Poids de l'animal total}}$ ne peut que fournir une indication approximative sur l'état général de nutrition de l'organisme.

Par l'éther et l'alcool, KENNEL (160) a étudié la teneur en graisse des corps adipolymphoïdes de la Grenouille rousse à différentes époques de l'année. D'après l'auteur, elle est de «1 pour cent du poids en Avril; en Juin 67%; en Août 74%; en Novembre 85%; la différence étant constituée par le tissu de soutien et les éléments figurés...... Nous avons examiné l'huile jaune d'or ainsi obtenue; nous n'avons pu reconnaître au microscope polarisant aucun des corps arrondis biréfringeants donnant la croix caractéristique des lécithines. Par contre, l'examen spectroscopique nous a permis de déceler la présence des lipoïdes».

Le Tableau (XLII) comprenant les résultats d'analyses effectuées par la méthode de LEMELAND indique le taux des acides gras avec leur indice d'iode pour les corps adipolymphoïdes de la Grenouille de Juin à Novembre, période pendant laquelle ces organes sont le mieux développés. Les déterminations n'ont pas été faites en dehors de ces dates parceque les corps jaunes sont généralement trop petits. D'ailleurs, même sur la fin de l'été, dans le même lot comprenant des animaux de même taille, de 60 gr. par exemple, on trouve chez les uns des corps adipeux pesant 0 gr. 038 et chez d'autres 0 gr. 307.

Le fait frappant est la teneur excessivement élevée en acides gras de ces organes, ce qui justifie leurs noms de corps adipeux ou de corps

Tableau XLII. Les acides gras et les indices d'iode des corps adipolymphoïdes de la Grenouille rousse aux diverses périodes de l'année.

Numéros et dates	Nombre de Grenouilles	Données expérimentales. Poids (en grammes)							Calculs						
						Corps adipolymphoïdes			Rapport moyen	Acides gras des corps adipolymphoïdes			Insaponifiable X et cholestérine des corps adipolymphoïdes		
		animaux totaux	œufs	Corps adipolymphoïdes	Animaux débarrassés des œufs	acides gras totaux	Indices d'iode des acides gras	Insaponifiable X et cholestérine	Poids des Corps adipolymphoïdes / Poids total de l'animal	Teneur par Kgr. frais	Quantité renfermée par Kgr. d'animal total	Quantité renfermée par Kgr. d'animal débarrassé des œufs	Teneur par Kgr. frais	Quantité renfermée par Kgr. d'animal total	Quantité renfermée par Kgr. d'animal débarrassé des œufs
L 87 — 89 — 21 Juin 1924	3 ♂	62,173	..	0,3535	..	0,1990	78,0	0,0126	0,56	562,94	3,200		35,64	0,202	
G M E 49 — 54 — 28 Juillet 1924	6 ♀	93,850	3,012	0,2590	90,838	0,1697	84,5	0,0047	0,27	655,21	1,809	1,868	18,14	0,050	0,051
G M E 55 — 60 — 27 Août 1924	6 ♀	216,250	15,685	1,469	200,565	0,9954	89,6	0,0088	0,68	677,60	4,604	4,964	5,99	0,040	0,043
GM 33 — 35 — 28 Août 1924	9 ♀	276,050	17,446	0,862	258,604	0,5403	99,5	0,0080	0,31	626,79	1,957	2,089	9,28	0,028	0,030
GM 36 — 38 — 28 Août 1924	9 ♀	223,900	12,563	0,845	211,337	0,5010	95,3	0,0064	0,37	592,89	2,236	2,371	7,57	0,028	0,030
En Août Moyennes ..							94,6		0,45	632,42	2,932	3,141	7,61	0,032	0,034
L 1 — 3—4—6—7 — 12 Septembre 1922	5 ♀	198,636	16,843	0,6350	181,793	0,3681	69,2		0,32	580,15	1,854	2,026			
GME 61—64 — GM 39—40 — 27 et 28 Sept. 1924	10 ♀	413,000	41,050	0,8965	371,950	0,5366	119,8	0,0089	0,21	598,54	1,299	1,443	9,92	0,021	0,023
GM 41 — 44 28 Septembre 1924	12 ♀	464,800	48,200	0,7771	416,600	0,4678	113,1	0,0131	0,16	601,98	1,006	1,122	16,73	0,028	0,031
L 10 — 11 25 Septembre 1922	2 ♀	84,270	7,729	0,2760	76,541	0,1653	66,5		0,32	598,91	1,961	2,159			
En Septembre Moyennes ..							92,1		0,25	594,89	1,530	1,687	13,32	0,024	0,027
GME 67 72 — GM 45 46 — 21 Octobre 1924	12 ♀	454,950	54,500	0,456	400,450	0,2541	109,4	0,0047	0,10	557,23	0,558	0,634	10,30	0,010	0,011
GM 47 — 50 21 Octobre 1924	12 ♀	467,050	51,500	0,565	415,550	0,3013	84,3	0,0056	0,12	533,27	0,645	0,725	9,91	0,012	0,013
L 16 — 21 30 Octobre 1922	6 ♀	280,800	35,072	0,961	245,728	0,5262	53,9		0,33	548,12	1,873	2,141			
En Octobre Moyennes ..							75,8		0,18	546,20	1,025	1,166	10,10	0,011	0,012
L 24 — 27 25 Novembre 1922	4 ♀	147,626	17,854	0,386	129,772	0,2313	81,0		0,24	599,22	1,567	1,782			

graisseux. Il est curieux de constater que ce taux change peu durant l'été, variant de 55 à 65%. Remarquons cependant que le maximum est fin Juillet et qu'ensuite le pourcentage baisse régulièrement jusqu'à l'hiver. Par contre, l'indice d'iode toujours faible est très variable même chez des Grenouilles récoltées au même moment. C'est ainsi par exemple que le 21 Octobre 1924 il est de 64 dans un lot et de 109 dans un autre.

La cholestérine et l'insaponifiable X quoique en grande abondance dans les corps adipolymphoïdes n'offrent cependant pas la constance de composition des acides gras, puisque la teneur varie de 7,61 pour mille en Août à 35,64 fin Juin, c'est-à-dire quintuple.

En somme, de par leur taille variable, leur évolution et leur teneur très élevée en graisses, il apparaît nettement que les corps adipolymphoïdes sont des organes de réserves accumulant les graisses pendant la belle saison lorsque les conditions de nutrition sont favorables et les cédant pendant l'inanition et en particulier durant l'hibernation qui n'est qu'un jeûne un peu spécial à basse température.

e) Muscles. Les déterminations ont été faites sur les muscles de la cuisse. Leur teneur en graisse est toujours relativement faible. Pendant l'été, période active, le taux de ses acides gras 5 gr. 61 à 6 gr. 30 par kilogramme est relativement voisin de celui de l'élément constant observé lors de la mort par inanition.

Durant l'hiver, saison de repos et d'engourdissement, au contraire il y a une légère augmentation de la composition en substances grasses puisque la teneur des acides gras se tient dans le voisinage de 7 pour mille. Comme l'indique le graphique n°5., sauf au moment de la ponte, le taux des acides gras du muscle strié de la Grenouille, relativement constant, est toujours de beaucoup inférieur à celui de l'animal débarrassé des œufs. La Grenouille se comporte donc comme la Poule et un certain nombre d'autres animaux qui ne font pas de réserves grasses dans leurs muscles quelles que soient les conditions de nutrition. Par suite, pour son fonctionnement, l'appareil musculaire ne trouvant pas sur place les matériaux indispensables doit nécessairement les emprunter au torrent circulatoire. Comme au début et dans le courant de l'hibernation les mouvements sont nuls et par suite la consommation peu intense, il n'y a pas lieu d'être surpris s'il se produit une légère accumulation de graisses dans les muscles alors qu'en été, par suite de la vie active, et de l'élévation de la température, toutes les substances grasses sont détruites au fur et à mesure de leur arrivée.

Ainsi qu'il ressort des chiffres du Tableau XLIII. et du graphique n° 6, les indices d'iode des acides gras du muscle toujours plus élevés que ceux de l'animal total ou même débarrassé des œufs, indiquent une composition des graisses différente en hiver et en été.

Durant la période estivale l'indice d'iode varie peu (de 121 à 129), alors que pendant l'hibernation, période d'inertie, il progresse de 133 à 148 marquant ainsi la prédominance d'acides gras moins saturés. Ce qui permet de conclure que le muscle en fonctionnement consomme surtout des graisses à indice d'iode moins élevé, plus près de la saturation par conséquent.

f) Foie. Le rôle important du foie dans le métabolisme des substances grasses et lipoïdiques est admis par tous les Physiologistes. Par la suite nous reviendrons sur cette importante question. Pour le moment contentons-nous d'enregistrer et d'examiner les variations de sa composition dans le cycle annuel. Le Tableau XLIV. et le graphique n° 5 montrent que pendant le Printemps cet organe double sa teneur en acides gras qui passe de 17,56 pour mille à la ponte à 37,26 pour mille à la fin de Juin. Comme on l'a constaté précédemment, rappelons que pendant la même période, le poids du foie a plus que doublé et que l'organisme total s'est aussi considérablement enrichi en graisse. Puis survient une baisse de la teneur en acides gras du foie, qui néanmoins durant tout l'été se tient dans le voisinage de 20 pour mille et qui est en tous cas toujours supérieure à celle de l'animal total, et à plus forte raison à celle de l'organisme débarrassé des œufs. Pendant l'hiver, le pourcentage des acides gras continue encore à baisser dans le foie jusqu'à 13 et 14 pour mille tout en restant supérieur à celui du corps sans les ovaires mais inférieur à celui de l'organisme total. Toutefois, à l'époque de la maturité la courbe du foie se relève, alors que celle de l'organisme total ou débarrassé des œufs s'infléchit.

Les variations des indices d'iode des acides gras du foie sont tout aussi intéressantes et suggestives (Graphique n° 6). Pendant tout le Printemps, l'indice est remarquablement bas, tombant à 90,9. Puis il s'élève progressivement et rapidement durant tout l'été pour aboutir à un maximum de 146,2 au début de l'hibernation. Pendant cette période de léthargie nous constatons la chute brusque et rapide de la courbe avec une valeur de 86,5 en Février. Enfin au retour de la vie active précédent la maturité, l'indice d'iode des acides gras de cette glande se relève de nouveau pour atteindre le chiffre de 115,6 à la ponte.

Tableau XLV. Variations de la teneur en acides gras, en cholestérine et en insaponifiable X, des oeufs, du foie et du corps de la Grenouille rousse aux diverses époques de l'année.

Dates	Acides gras							Cholestérine							Insaponifiable X quantités renfermées dans le foie par Kilogr. d'animal total	Acides gras					Cholestérine		Insaponifiable X
	Quantités en grammes contenues pour 1 Kilogr. d'animal total frais, dans:				Quantités renfermées en pour cent du contenu total de l'organisme, dans:			Quantités en grammes contenues pour 1 Kilogr. d'animal total frais, dans:				Quantités renfermées en pour cent du contenu total de l'organisme, dans:				Quantités en grammes contenues pour 1 Kilogr. d'animal frais débarrassé des oeufs, dans:			Quantités renfermées en % du contenu de l'animal débarrassé des oeufs, dans:		Quantités en gr. contenues p. 1 Kgr. d'animal frais débarrassé des oeufs, dans:		Quantités renfermées dans le foie par Kilogr. d'animal débarrassé des oeufs
	l'organisme total	les oeufs	le foie	l'organisme débarrassé des oeufs	les oeufs	le foie	l'organisme débarrassé des oeufs	l'organisme total	les oeufs	le foie	l'organisme débarrassé des oeufs	les oeufs	le foie	l'organisme débarrassé des oeufs		l'organisme débarrassé des oeufs	les oeufs	le foie	les oeufs	le foie	l'organisme débarrassé des oeufs	le foie	
Ponte terminée (fin Février à début Avril) ♀ utérines débarrassées des oeufs utérins	8,06	0,36	0,464	7,70	4,4	5,7	95,6	A) 1,67		0,0935					0,0758	7,60	0,37	0,421	4,8	5,5		0,093	0,090
Mi - Juin (21 juin).	25,18	0,64	1,699	24,64	2,5	6,7	97,5			0,1344					0,1895	25,92	0,65	2,290	2,5	8,8		0,145	0,194
Fin Juillet (27 juillet).	17,83	1,80	0,675	16,63	10,1	3,8	89,9			0,0944					0,0884	16,59	1,86	0,698	11,2	4,2		0,097	0,091
Fin Août (25 août).	19,52	4,16	0,803	13,36	21,5	4,1	78,7	A) 1,52	A) 0,30	0,0661	1,22	A) 22,22	4,5	77,78	0,1002	10,69	4,42	0,857	41,3	8,0	(A 1,19	0,070	0,109
Fin Septembre (26 septembre).	17,07	8,10	0,549	[illegible]	47,4	3,2	52,6	A) 1,45 à 2,45	A) 0,67 à 1,46	0,0658	0,98 à 0,99	A) 47,98 à 59,31	2,6 à 4,5	40,69 à 52,02	0,0682	9,96	9,00	0,608	90,3	6,1	(A 0,84 à 1,08	0,072	0,075
Mi - Octobre (20 octobre).	18,02	9,85	0,520	[illegible]	53,5	2,8	46,5			0,0693					0,0612	9,02	10,80	0,587	119,7	6,5		0,078	0,069
Début Novembre (2 novembre).	21,33	12,74	0,547	[illegible]	59,1	2,5	40,9	A) 1,60	A) 0,73	0,0756	0,87	A) 45,92	4,7	54,08	0,0614	10,77	14,09	0,627	136,4	5,8	(A 0,97	0,086	0,070
Mi-Décembre (16 décembre).	22,07	12,73	0,366	[illegible]	57,7	1,6	42,3	A) 1,50	A) 0,74	0,0636	0,76	A) 49,71	4,2	50,29	0,0443	8,37	14,77	0,379	176,4	4,5	(A 0,84	0,073	0,051
Mi - Janvier (19 janvier).	19,50	11,79	0,340	[illegible]	60,4	1,7	39,6			0,0625					0,0449	8,85	13,53	0,389	152,9	4,4		0,071	0,051
Mi - Février (12 février 1924). (11 février 1923).	20,13 16,65	13,21	0,255 0,342	6,92 [illegible]	65,5	1,2 2,0	34,5	A) 1,36	A) 0,66	0,0454	0,70	A) 48,88	3,3	51,12	0,0361	8,10	15,45	0,296	190,7	3,6	(A 0,85	0,053	0,042
Ponte (fin Février à début Avril). ♀ utérines.	14,35	9,34	0,270	5,01	65,0	1,8	35,0			0,0615					0,0581	7,60	14,63	0,421	192,5	5,5		0,095	0,090

A) Chiffres empruntés à TERROINE et BARTHELEMY. (295 — 297).

C'est à ce moment que le foie renferme le pourcentage le plus élevé en cholestérine, 4 gr. par kilogr. Jusqu'au début de l'hibernation il va sans cesse en diminuant, s'abaissant à 2,12 pour mille. Au cours de l'hiver la teneur s'élève légèrement à 2 gr. 72 par kilogr. pour monter à 4 pour mille à l'époque de la maturité.

L'insaponifiable X suit une marche à peu près parallèle à celle de la cholestérine avec des chiffres assez voisins des précédents.

L'examen rapide que nous venons de faire des constituants de la Grenouille et de ses différents organes au cours du cycle annuel a fourni des données intéressantes sur le métabolisme. Elles sont groupées et résumées dans le tableau XLI. qui permet de juger de l'ensemble des variations d'une ponte à l'autre.

Plus suggestifs encore sont les tableaux XXXVIII et XLV. et les graphiques n°s 7, 8, 9, 10, dans lesquels on a calculé pour une année entière les variations des principaux constituants : eau, azote, acides gras, contenus dans les ovaires et le foie rapportés à 1 Kilogr. d'animal total ou d'organisme débarrassé des œufs. Les quantités des différentes substances renfermées dans les mêmes organes rapportés au contenu global de l'animal total ou sans les œufs, viennent compléter ces données et permettent de juger des mutations de matières.

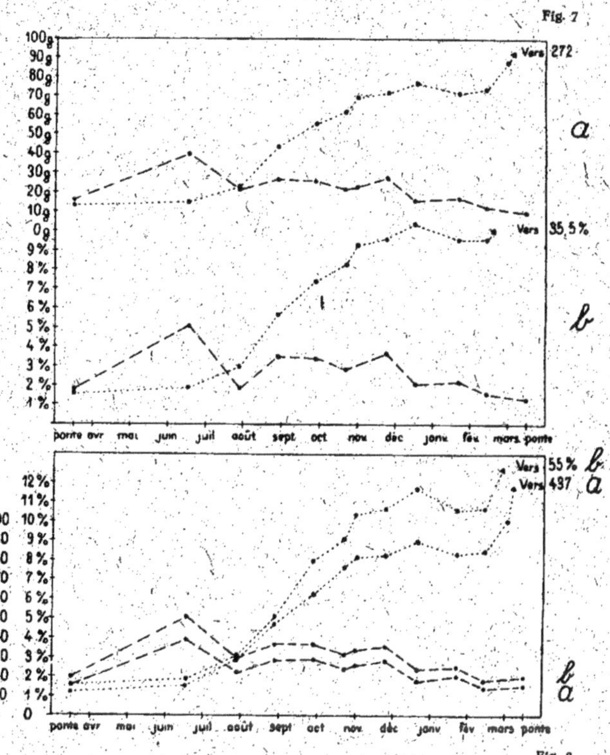

Fig. 7. Teneur en eau durant le cycle annuel.

a) Quantités en grammes par kilogramme d'animal total contenues dans les œufs .... et dans les foies — — — —

b) Quantités renfermées en pour cent du contenu total de l'organisme, dans les œufs .... et dans les foies — — — —

Fig. 8. Teneur en eau pendant le cycle annuel.

a) Quantités en grammes renfermées pour un kilogramme d'animal débarrassé des œufs, dans les œufs ...... et dans le foies — — —

b) Quantités renfermées en pour cent du contenu de l'animal débarrassé des œufs, dans les œufs ...... et dans le foies — — —

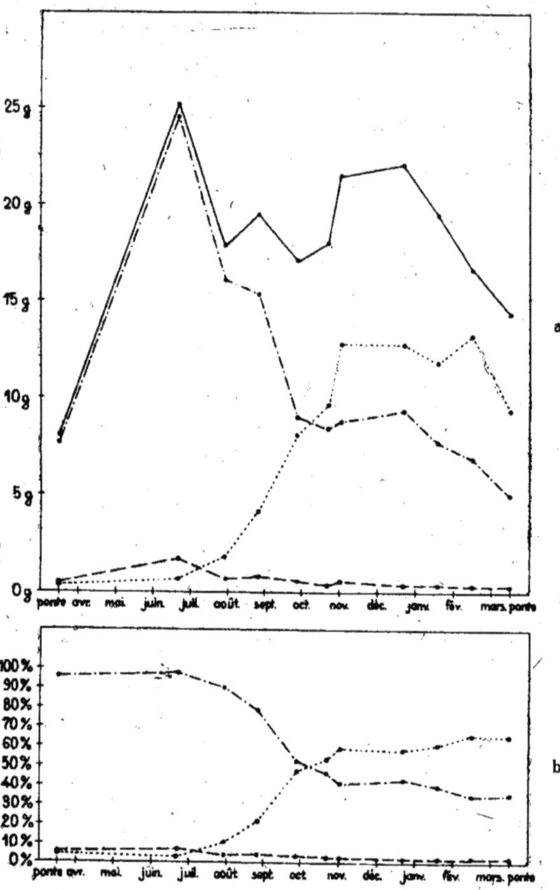

Fig. 9. Teneur en acides gras durant le cycle annuel.

a) Quantités en grammes par kilogramme d'animal total renfermées : dans l'animal total ————, dans les œufs ...., dans les foies — — — — —, dans l'organisme débarrassé des œufs —.—.—.—

b) Quantités en pour cent du contenu total de l'animal, renfermées : dans les œufs ...., dans les foies — — — — — — et dans l'organisme débarrassé des œufs —.—.—.—.—.—.—.

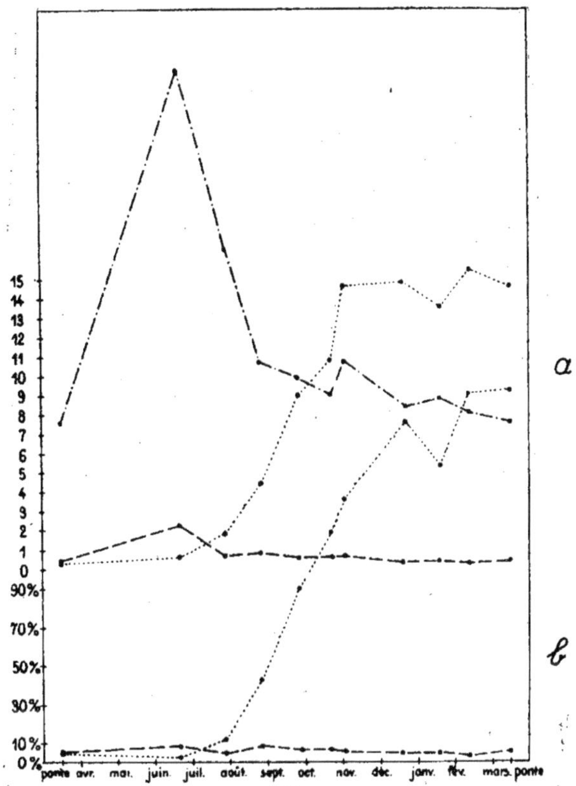

Fig. 10. Teneur en acide gras au cours de l'année.

a) Quantités en grammes par kilogramme d'animal débarrassé des œufs, renfermées dans les œufs ...., dans les foies — — — — dans l'organisme débarrassé des œufs —.—.—.—

b) Quantités en pour cent du contenu de l'animal débarrassé des œufs, renfermées dans les œufs ...., dans les foies — — — —

Nous sommes alors en mesure de préciser d'avantage l'histoire du métabolisme de la Grenouille rousse d'une ponte à l'autre. Tout d'abord dans le cycle annuel apparaissent nettement un certain nombre de périodes bien tranchées. Un examen rapide permet en effet de constater pour l'animal total, y compris les ovaires, l'existence de deux phases très distintes, en particulier quant à son contenu en matières grasses. Pendant toute la belle saison, de fin Mars à Octobre, la Grenouille menant une vie terrestre active et se nourrissant abondamment, augmente de taille et s'enrichit considérablement en graisses. C'est *la période d'alimentation.* Durant la léthargie de l'hiver, à basse température dans l'eau et malgré l'absence de nourriture, la teneur en acides gras varie peu, oscillant autour de 19 et 20 pour mille avec cependant une tendance à la baisse, c'est *l'hibernation proprement dite.*

Au réveil printanier, avec le retour à la vie active sans alimentation, et la reproduction surviennent des modifications profondes de l'organisme total. Les tableaux comme les graphiques accusent une perte de matières protéiques et surtout de substances grasses en même temps que le taux de l'eau s'élève. Cette période se différentiant nettement de la précédente avait déjà attiré l'attention dans la première partie de ce mémoire et nous l'avons appelée *posthibernation.*

Pourtant un examen plus minutieux des tableaux et l'étude plus approfondie de la biologie de la Grenouille nous amènent à distinguer deux phases dans la période d'alimentation.

Comme on le sait, immédiatement après la ponte, *Rana fusca* quittant l'eau émigre dans les prairies, les bois et les champs et se met de suite à la recherche de nourriture. Elle augmentera de taille. Cette progression de poids se retrouve dans les tableaux. Il suffit de comparer le poids moyen de 6 sujets pour le constater. On objectera sans doute qu'il peut y avoir de grosses et de petites Grenouilles et que les chiffres pondéraux ne signifient pas grand chose. Cependant, le naturaliste qui explore la campagne durant toute l'année peut affirmer qu'au Printemps, on ne rencontre que des sujets de taille relativement minime. D'ailleurs, par suite de la ponte des œufs utérins, représentant 35 à 38% du poids total, les femelles ont perdu plus d'un tiers de leur substance. C'est à partir de fin Juillet seulement que la taille prend quelque importance et progresse de la manière la plus évidente. Pourtant, durant la période printanière bien que la nourriture (Insectes,

Larves, petits Mollusques, Vers, baies etc) soit peut-être un peu moins riche et abondante que pendant les mois suivants, la Grenouille s'est néanmoins largement alimentée. Il ne faut pas oublier que l'animal sortait de l'hibernation et de la reproduction, période d'inanition spéciale, qu'il avait perdu la plus grande partie de ses constituants et se trouvait dans un état voisin de l'épuisement.

Avant tout, il doit donc réparer ses pertes. Aussi nous appellerons cette première phase du cycle annuel, s'étendant jusqu'en Juillet, *période printanière ou de réparation et de remise en état.*

Cette conception est-elle justifiée? L'examen des différents tableaux comme des graphiques qui les représentent est suffisamment affirmatif. Nous constatons en effet, qu'en même temps que la teneur en eau diminue, la composition en matières protéiques, et surtout en substances grasses, a considérablement augmenté, puisque le taux des premières passe de 14,81 à 15,44 et celui des acides gras de 0,806 à 2,518. Il y a donc eu enrichissement de l'organisme total particulièrement en graisses. Fait remarquable et de la plus grande importance pour l'histoire de la formation des œufs : durant la période printanière, les ovaires ont relativement peu varié et semblent partager assez équitablement le sort de l'organisme total sans accaparement de substances à leur profit, au contraire. La preuve en est dans les poids totaux de l'eau, de l'azote, des acides gras, des oocytes rapportés aux poids des mêmes constituants dans l'animal total (Tableaux XXXVIII et XLV et fig. 7 et 10). C'est ainsi qu'immédiatement après la ponte, les œufs renfermant 1,2% de la teneur totale en N de l'organisme global n'en contiennent encore que 1,4% fin Juin. La comparaison des compositions en eau des ovaires et de l'animal total pendant la même période fournit un résultat analogue. Avec les chiffres de 4,4% et de 2,5% au début et à la fin du Printemps nous avons la preuve que la progression des acides gras des œufs n'a pas suivi celle de l'enrichissement et de la composition de l'animal total. D'ailleurs, le taux en acides gras des oocytes, à cette période, (tableau XL., et graphique 5) l'indique également. Pourtant le rapport $\frac{\text{Poids total des ovaires}}{\text{Poids animal total}}$ a légèrement progressé. En somme, il ressort de cette analyse des faits que non seulement il n'y a pas eu accaparement par l'ovaire aux dépens de l'organisme, mais on a nettement l'impression que cet organe a été délaissé et défavorisé dans la répartition des matériaux nutritifs et surtout des graisses.

Toute autre a été la part du foie. Pendant ces quelques mois printaniers, son poids rapporté au poids de l'animal total a presque triplé. Bien que sa teneur en eau ait baissé de 78,57% à 70,64% son taux de N en pour cent frais a augmenté de 2,63 à 2,76 et surtout sa composition en acides gras a plus que doublé, passant de 1,756 pour mille à 3,726 pour mille. Aussi tenant compte de son augmentation de taille, ainsi que l'indiquent les tableaux XXXVIII. XLIV. et XLV., et les graphiques 4, 1, 2, 5, 7, 8, 9, et 10, durant cette période printanière, on peut dire que dans la répartition de l'eau, de l'azote et des graisses fournies par l'alimentation, le foie s'est taillé la part du Lion. Nous constatons en effet, que les quantités des différentes substances renfermées dans cet organe, rapportées en pour cent du contenu de l'organisme global ne sont pas demeurées constantes et ont beaucoup augmenté. C'est ainsi que les acides gras passent de 5,7 à 6,7, l'eau de 1,9 à 5,1 et l'azote progresse de 2,1 à 6.

Un autre point intéressant à souligner est la nature des substances grasses accumulées pendant cette période. Si les acides gras des ovaires et leurs indices d'iode ont peu varié, il n'en est pas de même des graisses de l'animal total et du foie qui ont un indice relativement bas descendant de 129,7 à 109,4 pour l'organisme et de 115,6 à 90,9 pour le foie. Pendant cette période de remise en état, il y a donc aussi bien dans l'organisme que dans le foie emmagasinement de matières grasses à indices d'iode bas et par suite formées d'acides gras plus près de la saturation, fait qui se retrouve généralement dans l'accumulation des graisses de réserve. En résumé, ce qui tranche surtout au cours de cette première phase, c'est la déshydratation générale de l'animal, son enrichissement en matières protéiques et surtout lipoïdiques; le foie se taillant la part du Lion dans la répartition. Quant aux ovaires, du point de vue physiologique ils se distinguent peu des autres parties du corps dont ils suivent les différentes variations biométriques et biochimiques.

Période estivale. C'est pendant la deuxième phase de la période alimentaire, de fin Juin à l'hiver, que la Grenouille s'accroît le plus. Alors qu'au Printemps le foie par son développement considérable occupait la place marquante, durant l'été le rôlé principal est tenu par les ovaires qui augmentent énormément, ce qui n'implique nullement une diminution d'activité de la fonction hépatique.

La teneur en eau de la Grenouille totale continue à baisser, celle des œufs surtout qui tombe de 81,94% à 54,46% alors que celle de l'animal sans les ovaires varie peu. En somme, pendant les chaleurs de l'été, la déshydratation de l'animal se poursuit. Le taux des matières protéiques au contraire progresse de 15,44 à 17,77%. Celui des acides gras baisse pour osciller autour de 21 pour mille. Ce fléchissement peut paraître paradoxal pour une période alimentaire, mais s'explique par les faits suivants déjà signalés : l'animal grandit beaucoup, la chaleur plus intense l'oblige d'une part à dépenser d'avantage, d'autre part à se terrer ce qui diminue les chances d'alimentation, enfin les mutations de matières en particulier dans les œufs et que nous allons examiner ne sont pas sans provoquer des dépenses d'énergie qui s'effectuent aux dépens des graisses.

En effet, c'est surtout pour les ovaires qu'une assimilation intense se manifeste. Leur poids rapporté à celui de l'individu total progresse en quatre mois de 2 à 13% ! La composition en matières protéiques fait plus que doubler passant de 12,56% à 32,1%. Quant aux acides gras ils triplent leur pourcentage en s'élevant de 3,29 en fin Juin à 9,63 en fin Octobre (Tableau XLI. et graphique n° 5.). Cet enrichissement considérable des oocytes, cette accumulation de matières protéiques, de graisses, et même d'eau malgré le faible taux de cette dernière substance est nettement indiqué dans les tableaux XXXVIII et XLV et les graphiques n°s 7, 8, 9, 10. Ils montrent que comparées au contenu total de l'organisme, les quantités de substances renfermées dans les ovaires progressent durant cette période estivale de 1, 9 à 9,4% pour l'eau, de 1,4 à 17,9% pour l'azote et de 2,5 à 59,1% pour les acides gras. C'est un véritable accaparement de matières nutritives et de réserves et comme le montrent les différents graphiques ou tableaux il s'effectue au détriment des autres organes. Et en effet, nous apercevons nettement que si la composition de l'animal total varie peu durant toute cette période, celle de l'organisme débarrassé des œufs va sans cesse en diminuant sa teneur en matières protéiques et surtout en acides gras.

En somme, les ovaires se comportent bien selon l'expression de LEBRUN (173) comme des parasites se développant aux dépens de l'organisme, et ce parasitisme qui apparaît déjà d'une manière si précise pendant l'été sera plus évident encore durant l'hibernation.

Mais est-ce à dire que les occytes par leur développement considérable épuisent l'individu pendant la période d'alimentation ? Non certes. La preuve est, qu'au début de la mauvaise saison l'animal sans les œufs, renferme encore 10,77 pour mille, d'acides gras, chiffre très éloigné, plus du double de l'élément constant, 4,7 observé lors de la mort par inanition.

Une autre indication nous est fournie par la présence des corps adipolymphoïdes, organes de réserve utilisés dans le jeûne et dans les conditions défavorables de nutrition et ainsi que nous l'avons vu précédemment ils atteignent leur maximum durant la phase estivale. Pendant la période printanière, l'organisme s'était en quelque sorte sursaturé de réserves, de graisses notamment, et comme il arrive en pareille circonstance, à la suite du gavage, le foie avait pris un développement extraordinaire et une teneur énorme en substances grasses. Durant l'été cette accumulation de réserves s'équilibre dans un animal qui grandit et c'est alors que le parasitisme des ovaires intervient et entre en action. Mais comment se fait cette répartition des matières? Y a-t-il simple déplacement ou au contraire subissent-elles des transformations dans leur constitution chimique? Et s'il y a modifications où se font-elles? Le foie joue-t-il un rôle? Cette question sera examinée pour l'ensemble de l'ovogénèse et du cycle annuel. Pour l'instant, constatons que le poids et la composition du foie rapportés aux éléments correspondants de l'organisme global ont baissé. Ce qui n'implique nullement que cette glande soit restée inactive.

Autre fait important: d'une manière générale, pendant l'été, les indices d'iode des acides gras du corps et de ses différentes parties se sont élevés.

En résumé, la période estivale se caractérise par le développement général de l'animal et surtout par l'accroissement considérable et prépondérant des ovaires.

Hibernation. Ainsi que nous l'avons vu dans la première partie de ce travail, pendant la période hibernale, marquée par l'absence d'alimentation, la vie léthargique en milieu aquatique à basse température, le poids total de la Grenouille change peu. Bien qu'immergé, l'animal ne s'hydrate que légèrement; la teneur en eau de l'organisme global passant de 73,65% à 75,97%. Par contre, le taux des matières protéiques s'abaisse de 17,75 à 15,63 et celui des acides gras de 2,153% à 1,665%. Il y a donc perte de substance au cours de cette phase d'inanition spéciale et les dépenses comportent surtout des graisses et relativement peu d'albuminoïdes. D'après l'étude détaillée du muscle durant le cycle annuel, il est apparu que la composition chimique de l'appareil musculaire restait relativement constante et qu'en particulier à aucun moment il n'accumule de réserves grasses en quantité appréciable. Les graisses perdues par l'organisme ont donc leur origine ailleurs. Si nous remarquons que les corps adipolymphoïdes (tableau XLII) au début de la vie léthargique renferment de 1 gr. à 1,5 gr. d'acides gras par kilogr. d'animal total, et qu'ils disparaissent en hiver, nous voyons là l'origine d'une quantité appréciable de substances grasses consommées par l'organisme global pendant l'hibernation; le reste est emprunté à l'ensemble de l'individu. Constatation intéressante, ces graisses des corps adipolymphoïdes ont un indice d'iode très faible, voisin de 80. Pendant la vie léthargique à basse température, il y a donc consommation ou plutôt disparition de lipoïdes constitués par une proportion importante d'acides gras plus près de la saturation. Cependant l'indice d'iode des acides gras de l'organisme total varie peu durant cette période. Il a plutôt tendance à la baisse pour remonter à l'époque de la reproduction. Par la suite il faudra interpréter ce fait. Pendant cette phase hibernale, les œufs continuent leur développement pondéral, et l'accumulation de réserves. Malgré l'absence de nourriture, le poids de l'animal total restant sensiblement constant, le rapport $\frac{\text{Poids des ovaires}}{\text{Poids animal total}}$ progresse de 13% à 15%, mais beaucoup moins rapidement par conséquent que pendant l'été.

Par contre, les teneurs en azote et en acides gras rapportées en pour cent du poids frais semblent fléchir légèrement (fig. 2 et 5 et tableau XLI.). En réalité, la composition centésimale ne varie pas ou peu si l'on tient compte que les calculs ont été effectués sur le poids frais et que les oocytes se sont un peu hydratés, suivant en cela, mais d'une façon plus lente, le mouvement général d'hydratation de l'organisme. La teneur en eau des œufs s'élevant légèrement de 54,46% à 56,77%, les matières protéiques calculées en pour cent frais oscillant peu autour de 30%, les acides gras passant de 9,63 à 8,99 et la cholestérine elle-même présentant des variations de même ordre : 0,71 fin Octobre et 0,54 au réveil posthibernal. Il y a donc augmentation de la taille des ovaires, leur composition se modifiant peu, l'accroissement est par suite égal. Pendant toute l'hibernation, l'organisme cède ainsi aux œufs une même proportion appréciable d'eau, de matières protéiques, de substances grasses comme il ressort des variations des quantités renfermées en pour cent du contenu total de l'organisme (tableaux XXXVIII. et XLV. et graphiques n°s. 7, 8, 9 et 10). Le rôle de parasite joué par les ovaires apparaît encore nettement.

Si les œufs ont progressé, par contre le rapport $\frac{\text{Poids total du foie}}{\text{Poids animal total}}$ régresse sérieusement de 3,57% au début de l'hiver à 1,84% au réveil printanier. Aussi malgré sa teneur en eau et en cholestérine qui augmente, cette dernière suivant d'ailleurs celle de l'animal sans les œufs, son taux en acides gras qui reste à peu près stationnaire, le foie a néanmoins cédé des graisses, de la cholestérine et surtout de l'eau à l'organisme comme en témoignent les tableaux XXXVIII. et XLV. et les graphiques 7, 8, 9 et 10. C'est ainsi que la quantité d'eau renfermée dans cet organe en pour cent du contenu global de l'organisme passe de 3,1 fin Octobre à 1,6 au réveil printanier; de même pour les acides gras, baisse pareille de 2,5 à 1,2 et pour la cholestérine de 4,7 à 3,3. Le fait que les indices d'iode des acides gras de l'animal débarrassé des œufs, comme des muscles et du foie, sont particulièrement faibles devront être interprétés plus loin.

Posthibernation. Nous en arrivons au réveil printanier, à la posthibernation, de durée généralement courte mais de date variable (de fin Février au début d'Avril suivant les années). La Grenouille a repris son activité et ne s'alimente toujours pas. Pendant cette période capitale de la reproduction, la déhiscence des œufs, l'accouplement et la ponte s'effectuent en quelques jours.

Dans la première partie de ce travail nous avons fait remarquer qu'à ce moment la Grenouille augmente de poids, ce qui ne peut s'expliquer que par une hydratation et un apport d'eau extérieure. Et en effet, la progression de la teneur en eau de l'animal total apparaît nettement dans les tableaux XXXVII. XXXVIII. XLI. et les graphiques n°s. 1, et 7; elle passe de 75,97% à 76,62%. Les matières protéiques varient peu, accusant néanmoins une légère baisse; par contre, les acides gras tombent de 16,65% à 14,35%. Ainsi, les dépenses de cette époque d'activité se font encore et surtout aux dépens des graisses.

Ces variations affectent-elles de la même façon les différents organes et quel est leur comportement réciproque?

Les ovaires continuent leur progression pondérale; au moment de la déhiscence ils représentent 15% du poids de l'animal total. Puis en un ou deux jours au maximum, les œufs utérins s'entourant de l'enveloppe de mucine secrétée par les oviductes font plus que doubler leur masse qui atteint alors les 37,68% de celle de l'organisme global. Nécessairement, cette gangue mucilagineuse très avide d'eau ne renfermant pas de graisse et composée d'azote et surtout d'eau vient troubler tous les rapports précédents. Aussi, il devient intéressant et significatif d'examiner non seulement la teneur des différents constituants des œufs mais surtout le rapport des mêmes éléments rapportés à ceux de l'organisme total.

Pendant l'hiver, l'animal s'hydratait légèrement et les ovaires suivaient le mouvement mais d'une façon moins accentuée. Durant la posthibernation, la teneur en eau de la Grenouille s'élève davantage encore et celle des œufs progresse d'une façon prodigieuse de 56,77% à la fin de l'hibernation à 59,30% à la déhiscence et à 72,25% au moment de la ponte. Laissant provisoirement de côté les œufs utérins, les matières albuminoïdes comme les acides gras des œufs ovariens calculés en pour cent du poids frais semblent baisser jusqu'à la déhiscence. Mais si l'on tient compte que les ovocytes se sont hydratés et si l'on ramène les calculs au poids sec, on voit que le taux de l'azote était de 11,02% au début de la posthibernation et se trouve encore à 11,01 à la déhiscence. Par contre, le taux des acides gras rapporté au poids sec baisse de 20,80% à 20,1%. Il y a donc eu consommation de graisse et de peu d'azote. Ce résultat n'est pas autrement surprenant. Expérimentalement, j'ai montré qu'à l'époque de la ponte la maturation *in vitro* ne peut se faire qu'en présence d'oxygène; on comprendrait mal le rôle de ce gaz s'il n'agissait comme oxydant. On voit ainsi que les corps à oxyder comprennent les graisses (H. BARTHELEMY 21).

L'étude biométrique de la posthibernation a laissé entrevoir qu'à ce moment l'organisme bien que s'hydratant perd de l'eau au profit des œufs. Les tableaux XXXVII. XXXVIII. XLI. et les graphiques font mieux saisir encore l'importance du phénomène. On se rend ainsi compte que pendant la période posthibernale, malgré l'augmentation du taux de l'eau de la Grenouille, la quantité d'eau renfermée dans les œufs, (ovariens et utérins réunis) en pour cent du contenu total de l'organisme passe de 9,6 à 35,5, c'est-à-dire à presque quadruplé (tableau XXXVIII).

Un phénomène analogue se retrouve pour l'azote qui progresse de 24,8% à 40,6% alors qu'il n'y a pas de différence appréciable pour les acides gras des oocytes qui représentent les 65 pour cent du contenu de l'animal global. Pourtant, il faut remarquer qu'à l'époque de la posthibernation, la teneur en substances grasses de la Grenouille totale ayant baissé (graphique n° 5), le rapport $\frac{\text{acides gras des œufs}}{\text{acides gras de l'animal total}}$ diminuant aussi très légèrement (de 65,5 à 65%) on en déduit que pendant cette période, la perte des graisses porte à la fois sur l'organisme et sur les œufs, ce qui implique des oxydations chez ces derniers; fait important pour l'interprétation de la maturité.

Le supplément d'eau et d'azote des œufs provient surtout de l'apport de la gangue mucilagineuse secrétée par les oviductes turgides qui se flétrissent aussitôt par perte de substance (voir avant page 58). Mais cette cession de liquide aux œufs retentit aussi sur le foie et le muscle dont les teneurs en eau baissent également (Tableau XLI. et graphique n° 1). Par contre, leur teneur en acides gras a une tendance à la hausse.

Formation des œufs. Arrivés à la fin du cycle annuel nous avons vu défiler sous nos yeux tous les stades de l'ovogénèse. Il en ressort que la formation des œufs, tout en étant continue, n'est pas régulière, et s'effectue en quatre étapes nettement tranchées. C'est d'abord la période printanière de réparation et de remise en état de l'organisme pendant laquelle les jeunes oogonies varient peu et comme poids et comme composition. Au contraire, pendant la phase estivale qui suit, on assiste à un développement pondéral très rapide des ovaires en même temps qu'à leur enrichissement considérable en matières protéiques, en graisses et en cholestérine.

Durant l'hiver, si l'augmentation du poids des œufs progresse encore mais plus modérément, la composition chimique centésimale se modifie peu. Enfin pendant le temps relativement court de la posthibernation, sans doute par enrobement dans la gangue mucilagineuse, les œufs utérins triplent leur poids et modifient leurs teneurs des différents constituants, mais l'œuf dégangué et l'œuf ovarien déhiscent ont sensiblement même composition centésimale.

Fait déjà signalé par TERROINE et BARTHELEMY (295).

De cette dernière constatation il résulte donc que la simple détermination des teneurs en eau, en matières protéiques et en acides gras ne permet pas de caractériser biochimiquement l'œuf prêt à atteindre la maturité. Si nous constatons en effet jusqu'à la ponte une augmentation pondérale continue, nous ne saisissons par contre aucune évolution qualitative des œufs. Doit-on alors abandonner l'idée de relier les phénomènes accompagnant la maturité à une composition chimique déterminée et caractéristique ? Nullement. Sans conteste, des analyses limitées à l'eau, à l'azote total, aux acides gras totaux ne sont que des travaux d'approche mais qu'il faut d'abord effectuer. L'investigation plus approfondie des composés de l'œuf est indispensables : évolution dans la constitution des acides gras et des protéiques ; modifications des proportions dans lesquelles ces matières sont engagées ; variation des substances nucléiniques, etc. . . Recherches délicates et longues que nous n'avons pas encore entreprises sauf pour la détermination des indices d'iode des acides gras. Pour ces derniers, le simple examen des tableaux XL. et XLI. et des courbes de la fig. 6 montre que l'indice d'iode des œufs tout en étant toujours supérieur à celui de l'animal total et de l'organisme débarrassé des ovaires reste sensiblement constant tout au moins pendant l'hiver et la posthibernation. Il ne constitue donc pas non plus une caractéristique biochimique de la maturité.

Origine de l'eau, des matières azotées et des substances grasses et lipoïdiques de l'œuf.

L'étude des variations et des rapports des principaux constituants de l'organisme et des ovaires faite précédemment permet de constater sans discussion que les œufs se comportent comme des parasites vivant et s'enrichissant aux dépens de l'animal. En particulier pour les graisses et pendant l'hibernation qui est pourtant une période de jeûne spécial, les ovaires continuent à emmagasiner des quantités considérables de corps gras alors que le reste de l'organisme s'appauvrit d'une quantité correspondante. Ainsi que le prouvent les teneurs des différents composés de l'animal total (Tableau XLI.), durant la phase hibernale, le taux de l'azote variant peu, celui des graisses diminuant beaucoup, on peut conclure d'une manière à peu près incontestable qu'il n'y a pas formation de substances grasses aux dépens des tissus; à moins toutefois que le glycogène des différents organes ne se transforme en graisse, question qui est à examiner.

En tout cas, il n'y a pas transformation en lipoïdes des protéiques de l'organisme. D'autre part, si l'on se reporte aux chiffres d'ATHANASIU (17) insistant comme PFLUGER d'ailleurs sur la faible dépense en glycogène de *Rana fusca* femelle pendant l'hiver, on constate qu'au 11 Novembre le taux de cet hydrate de carbone s'élevant à 1,7% est encore de 1,05 en Février; par suite, on peut donc éloigner l'hypothèse de la formation de substances grasses aux dépens du glycogène pendant l'hibernation de la Grenouille.

Dès lors, il est permis d'affirmer qu'au cours de la phase hibernale, les acides gras accumulés dans les ovogonies et provenant des graisses emmagasinées dans l'organisme pendant la période d'alimentation ne tirent par leur origine d'une néoformation.

Mais est-ce à dire qu'il y a transport pur et simple et qu'il n'y a pas remaniement des substances grasses avant leur mise en dépôt dans les œufs ou même dans l'ovaire lui-même? En aucune manière. La simple constatation que les indices d'iode des acides gras de l'œuf sont *toujours* plus élevés que ceux de l'organisme lui-même, permet d'affirmer qu'il y a modification des graisses du corps avant ou pendant leur emmagasinement dans l'ovaire.

Mais alors où se fait cette transformation? Vu nos connaissances actuelles sur la fonction du foie dans la lipogénèse et le métabolisme des graisses nous serons amenés à examiner le rôle de cet organe. N'y aurait-il pas aussi des modifications des acides gras dans les œufs eux-mêmes?

Pour résoudre cette dernière question, l'étude de la surmaturation de même que celle de l'inanition sans maturation pourront peut-être nous fournir d'utiles indications. Dans l'un et l'autre cas il y aura lieu d'examiner si les œufs utérins surmatures d'une part et les œufs ovariens d'autre part, de même que l'organisme subissent des modifications ou des altérations susceptibles de nous faire saisir l'importance, la grandeur et le sens des phénomènes et du métabolisme chez les animaux normaux. Par la même occasion, par comparaison il sera possible d'examiner le rôle du foie, ce qui permettra peut-être de jeter quelque lumière sur son action pendant l'ovogénèse normale.

Auparavant, une observation des plus importantes s'impose. Dans les tableaux examinés précédemment, pour le même mois, d'années différentes, des chiffres parfois très disparates ont pu être indiqués pour les teneurs des diverses substances, ce qui peut laisser supposer que les phénomènes de maturation ne suivent pas une marche régulière. Un exemple fourni par le tableau XL. : le 11 Février 1923 la teneur en acides gras de l'animal total était de 16,65 pour mille alors que l'année suivante à la même date elle s'élève à 20,13 pour mille! Or en 1923, la ponte commençait vers le 23 Février et en 1924 elle débutait seulement fin Mars. Ainsi s'expliquent ces différences provoquées par des durées variables de l'hibernation et des froids plus ou moins intenses retentissant sur le métabolisme. Des faits analogues peuvent être constatés pour la période estivale. Comme chacun sait, dans la même région, les circonstances atmosphériques et climatériques varient énormément d'une année à l'autre: hivers plus ou moins longs et rigoureux, étés secs ou pluvieux. Toutes circonstances extérieures et facteurs de la plus haute importance sur l'alimentation, la nutrition, l'évolution et le métabolisme des Batraciens terrestres.

L'été 1924, très pluvieux, relativement tempéré dans nos contrées, a permis aux Grenouilles rousses de circuler facilement et de se nourrir plus abondamment. La même époque de 1922 fût particulièrement chaude et sèche. Beaucoup d'entre elles moururent de la chaleur trop élevée, alors que les autres terrées profondément n'avaient qu'une alimentation défectueuse qui manifeste son influence par une teneur en acides gras beaucoup moins élevée que pour les animaux de 1924 à la même date.

Il ne faut donc voir dans les chiffres fournis, que des indications générales sur l'allure de phénomènes pour une longue période sans vouloir exiger des dates fixes et immuables. Les grandes phases de l'ovogénèse et de la maturation persistent donc mais avec des variantes annuelles quant à leur durée et à leurs points de départ. Le fait généralement saillant et remarquable sur lequel nous avons déjà insisté est le suivant : quelle que soit la durée de l'hibernation normale, la ponte s'effectue toujours à la fin de l'hiver, au relèvement de la température et à ce moment, les œufs comme l'organisme ont une composition chimique bien définie.

Etat de l'organisme au moment de la ponte. Arrêtons-nous quelques instants sur la constitution de l'organisme au moment de la ponte. Ainsi qu'il ressort des tableaux XL. XLI. XLV. et des graphiques n°s. 5, 9, 10, à cette époque, l'animal débarrassé des œufs a une teneur relativement faible en acides gras, 7 gr. 60 pour mille, quantité cependant légèrement supérieure à la graisse protoplasmique, à l'élément constant (6 gr. de matières grasses par kilogr.), quantité irréductible qui constitue une constante biochimique caractéristique observée lors de la mort par inanition.

Ainsi à la fin de la reproduction, l'animal a épuisé la presque totalité de ses réserves d'acides gras dont la plus grande partie est passée dans les œufs qui en renferment 65 pour cent du contenu total de l'organisme, presque le double de la quantité renfermée dans le reste du corps.

Au moment où les Grenouilles se reproduisent, elles sont donc presque à la veille de mourir d'inanition. Et en fait, conservées encore quelque temps sans alimentation elles ne tardent pas à périr. S'il serait hasardé de tirer la conclusion que la ponte est déterminée par un appauvrissement des réserves grasses de l'animal débarrassé des ovaires, voisin de l'épuisement, on peut cependant constater que la reproduction s'effectue à l'époque où il s'est établi entre les œufs et l'organisme un rapport limite compatible avec la survie de l'animal et où tout développement ultérieur des œufs ne serait plus guère possible. —

CONCLUSIONS.

1°) *L'étude de la composition des œufs et de l'organisme de la Grenouille rousse permet de séparer le cycle annuel en deux longues phases bien distinctes :*

L'une s'étendant de la ponte précédente (Mars) au début de la mauvaise saison (fin Octobre, début Novembre) correspond à l'existence active et terrestre de l'animal. C'est la *période d'alimentation ;* l'autre lui faisant suite comprend à la fois la vie aquatique et léthargique à basse température pendant l'hiver et l'époque de la reproduction, c'est-à-dire *l'hibernation* suivie de la *posthibernation* de courte durée, caractérisées toutes deux par l'absence de nourriture.

Si au cours de la première phase, la Grenouille augmente de taille et s'enrichit énormément surtout en matières grasses, pendant la *période printanière,* les ovogonies changent peu ; c'est seulement durant la *période estivale* (de Juillet à Octobre) que la composition des œufs se modifie considérablement. La variation de cette dernière est caractérisée : par une diminution de la teneur en eau qui s'abaisse de 81 pour cent à 54 pour cent ; par une augmentation de la teneur en matières protéiques qui progresse de 13 à 32 pour cent, du taux des acides gras qui s'élèvent de 4 à 9,5 pour cent et de la cholestérine. Pendant toute cette période, l'organisme envoie donc aux ovaires plus de matières protéiques et de graisses que d'eau.

Au cours de la seconde phase, tout d'abord durant l'hibernation le poids de l'animal total change peu, mais la Grenouille s'hydrate légèrement, subit des pertes de substances particulièrement d'acides gras dont la teneur tombe de 21,53 pour mille à 16,65 pour mille. Les œufs continuent à augmenter de taille, leur masse atteignant 15 pour cent du poids du corps entier, mais leur composition ne présente plus aucune modification appréciable, l'accroissement de leurs divers constituants se poursuivant régulièremnt dans les mêmes proportions. Puis vient la posthibernation se caractérisant par l'hydratation et l'augmentation du poids de l'animal total en même temps que la teneur en acides gras s'abaisse encore. Les œufs utérins entourés de leur gangue drainent alors une grande quantité de l'eau et de l'azote de l'organisme.

2°) Le fait que seul le poids des ovaires varie pendant l'hibernation, tandis que la composition globale (eau, matières protéiques, substances grasses et lipoïdiques) et l'indice d'iode des acides gras changent peu, indique que ce n'est pas dans une proportion déterminée des éléments dosés qu'il faut rechercher un test biochimique caractéristique de l'œuf prêt à subir la maturité. La question de l'existence d'un tel test reste entièrement posée et ne sera résolue que par des investigations plus approfondies.

3°) Par l'étude comparée du contenu en matières protéiques et en substances grasses et lipoïdiques des ovaires et de l'animal d'une ponte à une autre, on constate que : les œufs se comportent comme des parasites s'enrichissant considérablement aux dépens de l'organisme même pendant l'hiver, période durant laquelle on peut suivre surtout pour les graisses l'appauvrissement du corps au fur et à mesure de l'augmentation des mêmes substances dans les ovaires. Vu ces faits, la constance de la teneur de l'organisme en glycogène, celle de la composition du muscle et la perte minime des matières protéiques de l'animal total, on peut affirmer qu'il n'y a pas de synthèse de graisses aux dépens des tissus dans le cours de l'hibernation, mais simple déplacement vers les œufs des substances grasses accumulées dans l'organisme pendant la période d'alimentation. D'autre part, l'indice d'iode des acides gras des ovaires à peu près constant et toujours plus élevé que celui du corps indique des remaniements des graisses avant ou pendant leur accumulation dans les ovocytes.

4°) L'évolution et la composition des corps adipolymphoïdes montrent que ces organes sont les premiers éléments consommés pendant l'hiver. Au moment de la ponte, l'organisme moins les ovaires ne contient plus que des quantités minimes de matières grasses. Le taux des acides gras, 7 gr. 60 par kilogr. bien que faible, est encore légèrement plus élevé que celui de l'élément constant 4 gr. 7 par kilogr. observé lors de la mort par inanition. Vu la composition du corps débarrassé des œufs, nous ne pouvons préciser le déterminisme de la ponte et nous constatons qu'elle se produit au moment où tout développement ultérieur des œufs ne serait plus guère possible, tout au moins au point de vue de la teneur en acides gras. —

CHAPITRE XIII.

RECHERCHES BIOMÉTRIQUES ET BIOCHIMIQUES SUR LA SURMATURATION DE LA GRENOUILLE ROUSSE

(*Rana fusca*).

Dans le chapitre précédent, il ne nous a pas été possible de préciser la caractéristique biochimique de l'œuf à l'époque qui précède immédiatement la ponte. Rien de net, ou plutôt aucun caractère différentiel dans la composition globale des ovaires, sauf peut-être une hydratation accentuée ne permet de faire présager la déhiscence prochaine. Au même moment, malgré la remarquable constance de composition et l'appauvrissement de l'organisme débarrassé des œufs, on ne peut cependant conclure que la reproduction est déterminée par un état voisin de l'épuisement de l'individu. Peut-être, en prolongeant artificiellement la posthibernation, en retardant et en empêchant la ponte, verra-t-on l'apparition de modifications ou d'altérations des œufs, de l'organisme et même de certains organes comme le foie; altérations telles, qu'elles permettront de saisir et de mieux préciser le sens et l'allure du métabolisme chez les animaux utérins normaux?

Un premier fait signalé au début de ce travail est le suivant: Si à la posthibernation et au moment de la maturité, la Grenouille normale s'hydrate et augmente de poids d'une quantité appréciable (malgré la perte de substances et d'acides gras en particulier), par contre, pendant la surmaturation même à basse température et dans l'eau il y a une baisse pondérale continue. A quoi est dûe cette variation? Y a-t-il déshydratation, ou perte de matières, ou l'une et l'autre à la fois? Et quels sont les organes atteints? C'est ce que les tableaux suivants vont nous indiquer.

Ainsi que chacun le sait, les Grenouilles utérines désaccouplées abandonnées au laboratoire dans l'eau ou même dans une athmosphère humide pondent néanmoins quelques jours après. Ces œufs évacués tardivement sont *surmatures* c'est-à-dire inaptes à la fécondation normale et au développement régulier. Les phénomènes de surmaturation se produisent après des délais d'autant plus longs que la température se rapproche de 0° et s'échelonnent de quelques jours à plusieurs semaines. De telles variations dans la date et le retard de la ponte des femelles surmatures laissent supposer que la chaleur exerce une influence.

Antérieurement nous avons déjà constaté que la ponte normale dans la nature n'a lieu qu'au réveil posthibernal au moment du relèvement de la température et que si le froid persiste, l'époque de la reproduction est retardée. Cet ensemble de faits permet de déduire que l'évacuation des œufs normaux ou surmatures est fonction de la chaleur. Mais comment agit ce facteur externe? Sans doute par des combustions et des oxydations plus intenses et des dépenses d'autant plus élevées que la température est plus forte comme cela a lieu chez les Poïkilothermes. Dans le chapitre précédent on a pu constater une recrudescence des combustions pendant la posthibernation et en particulier durant la maturité; allons-nous retrouver les mêmes phénomènes? Les chiffres le diront. En tous cas, pour avoir plus de marge dans l'étude des variations et pour dilater la courbe des consommations résultant des réactions chimiques, beaucoup moins intenses à basse température, l'étude de la surmaturation a été effectuée à la glacière, tantôt dans la glace fondante, tantôt à quelques degrés au-dessus de zéro. Il va de soi que pour chacune des expériences un lot d'œufs utérins de chacune des femelles a été prélevé et fécondé afin de juger de l'état d'avancement de la surmaturation.

Résultats expérimentaux. Pour les mêmes raisons énoncées précédemment il n'était pas possible de doser sur les mêmes organismes à la fois l'eau, l'azote total et les substances grasses. Pourtant, pour les œufs utérins, vu leur masse, des lots prélevés sur chacun des animaux ont permis de déterminer en même temps la teneur en eau, en azote et en acides gras. C'était un contrôle qui a donné pleins résultats. Dans ce cas encore, pour ne pas multiplier les chiffres et pour ne pas alourdir les tableaux, je n'indique que des résultats globaux et des moyennes. Comme pour l'étude précédente, les données expérimentales ont été soigneusement séparées des calculs, et autant que possible la même disposition a été adoptée de façon à faciliter les comparaisons et les rapprochements. Le tableau XLVI. renferme toutes les données numériques relatives à l'eau et à l'azote; le tableau XLVII., celles concernant les acides gras et les indices d'iode. Quant au tableau XLVIII., il permet de mieux saisir les variations des rapports des différents constituants pendant la surmaturation.

Il est à noter que les œufs utérins sont entourés de leur gangue qui intervient par suite à la fois dans toutes les déterminations et les calculs et par ses propriétés physiques et chimiques spéciales.

Discussion des Résultats. Pour pouvoir, à l'aide des valeurs expérimentales recueillies au moment de la surmaturation, discuter utilement, il

Tableau XLVI. Comparaison de la teneur en eau et en azote des œufs, du foie et du corps de la Grenouille rousse surmature ou utérine normale et de femelles venant de pondre.

Données expérimentales. Poids en grammes.

Numéros et date du commencement de l'expérience	Nombre d'animaux	Date de la mort	Nombre de jours d'expérimentation	Animaux frais au commencement de l'expérience	Animaux frais à la mort	Différence de poids des animaux au cours de l'expérience	des œufs frais: ovariens	des œufs frais: utérins	des foies frais	des œufs secs: ovariens	des œufs secs: utérins	de l'eau des œufs: ovariens	de l'eau des œufs: utérins	des foies secs	de l'eau des foies	des organismes frais débarrassés des foies et des œufs	des organismes secs débarrassés des foies et des œufs	de l'eau des organismes débarrassés des foies et des œufs	De l'N total des œufs: ovariens	De l'N total des œufs: utérins	De l'N total des foies	De l'N total des organismes débarrassés des foies et des œufs
Ia à 6b 4 mars 1923(1)	6 surmatures	25 mars 1923	21 jours	344,750	329,914	14,836	3,278	134,759	5,313	0,494	36,013	2,784	98,746	1,342	3,971	186,264	41,865	145,399	0,0718	3,6442	0,1226	6,5472
Z31 à 36 24 février 1923(2)	6 utérines normales	24 février 1923	.	220,999	220,999	.	2,007	81,304	2,811	0,361	22,774	1,646	58,530	0,602	2,209	134,877	27,846	107,031	0,0491	2,1952	0,0249	3,1988
74 à 79 3 avril 1922	6 utérines normales	3 avril 1922	.	.	155,419	.																
80 à 85 5 avril 1922(3)	6 ovariennes	5 avril 1922	.	.	99,726	.																

Calculs.

Numéros et date du commencement de l'expérience	Poids des œufs ovariens et utérins frais	Poids des animaux frais débarrassés des œufs utérins	Poids des animaux frais débarrassés des œufs ovariens et utérins	Rapport en % Poids des ovaires / Poids total des animaux frais	Rapport en % Poids des ovaires / Poids des animaux débarrassés des œufs utérins	Rapport en % Poids des œufs utérins et ovariens / Poids total des animaux frais	Rapport en % Poids des œufs utérins / Poids total des animaux frais	Rapport en % Poids des foies / Poids total des animaux frais	Rapport en % Poids des foies / Poids total des animaux moins œufs utérins	Œufs ovariens: Eau en % du poids frais	Œufs ovariens: N en % du poids sec
Ia à 6b 4 mars 1923(1)	138,037	195,155	191,877	0,95	1,67	41,83	40,88	1,54	2,61	84,92	14,53
Z31 à 36 24 février 1923(2)	83,311	139,695	137,688	0,90	1,43	37,68	36,78	1,27	2,01	63,03	14,42
74 à 79 3 avril 1922											
80 à 85 5 avril 1922(3)		99,726									

Calculs:

Numéros et date du commencement de l'expérience	Œufs utérins, Teneur en: Eau en % du poids frais	Œufs utérins: N en % du poids sec	Œufs utérins: N en % du poids frais	Œufs ovariens et utérins: Eau totale	Œufs ovariens et utérins: N total	Foie, Teneur en: Eau en % du poids frais	Foie: N en % du poids sec	Foie: N en % du poids frais	Organismes débarrassés des foies et des œufs, Teneur en: Eau en % du poids frais	Organismes: N en % du poids sec	Organismes: N en % du poids frais	Animaux totaux: Poids sec	Animaux totaux: Eau totale	Animaux totaux: N total	Animaux totaux, Teneur en: Eau en % du poids frais	Animaux totaux: N en % du poids sec	Animaux totaux: N en % du poids frais	Animaux débarrassés des œufs utérins: Poids sec	Animaux débarrassés des œufs utérins: Eau totale	Animaux débarrassés des œufs utérins: N total	Animaux débarrassés des œufs utérins, Teneur en: Eau en % du poids frais	N en % du poids sec	N en % du poids frais	Animaux débarrassés des œufs ovariens et utérins: Poids sec	Eau totale	N total	Animaux débarrassés des œufs ovariens et utérins, Teneur en: Eau en % du poids frais	N en % du poids sec	N en % du poids frais	Perte de poids en % du poids de départ
Ia à 6b 4 mars 1923(1)	73,27	10,83	2,68	101,530	3,6860	77,66	10,73	2,39	77,95	11,06	2,43	78,834	251,300	8,3558	76,11	10,60	2,53	42,801	152,554	4,7416	78,06	11,07	2,42	42,307	149,570	4,6698	77,95	11,03	2,43	4,30
Z,31 à 36 24 février 1923(2)	71,98	9,63	2,70	60,196	2,2443	78,67	12,43	2,65	79,35	11,47	2,36	51,361	169,436	5,5447	76,66	10,69	2,49	28,789	110,906	3,3195	79,38	11,52	2,37	28,448	109,240	3,2704	79,33	11,49	2,37	.
74 à 79 3 avril 1922												36,185	119,234		76,73															
80 à 85 5 avril 1922(3)												19,204	80,522		80,74			19,204	80,522		80,74									

(1) Conservées dans un … un peu d'eau, dans une … cure. Les autres femelles ont toutes pondu avant l…

(2) Quelques unes de … ont vomi quelques œufs … vité générale; c'est par … début de la maturité.

(3) Sacrifiées quelques j… ponte et après être resté… raires, dans l'eau.

Tableau XLVII. Comparaison de la teneur en acides gras et des indices d'iode, des œufs, du foie et du corps de la Grenouille rousse surmature ou utérine normale, ou venant de pondre.

Numéros et dates du commencement de l'expérience	Nombre de Grenouilles	Date de la mort	Nombre de jours d'expérimentation	Poids des animaux au début de l'expérience	Poids des animaux à la mort	Différence de poids des animaux à la suite de l'expérience	Données expérimentales. Poids en grammes.												Calculs :								
							des œufs ovariens frais	des œufs utérins frais	des foies frais	des organismes débarrassés des œufs et des foies	Acides gras totaux				Indices d'iode des acides gras				Poids des :			Rapports en pour cent :					
											des organismes débarrassés des œufs et des foies	des œufs ovariens	des œufs utérins	des foies	des organismes débarrassés des œufs et des foies	des œufs ovariens	des œufs utérins	des foies	œufs ovariens et utérins frais	animaux débarrassés des œufs utérins	animaux débarrassés des œufs ovariens et utérins	Poids des ovaires / Poids total des animaux	Poids des ovaires / Poids des animaux sans œufs utérins	Poids des œufs utér. et ovariens / Poids total des animaux	Poids des œufs utérins / Poids total des animaux	Poids des foies / Poids total des animaux	Poids des foies / Poids des animaux sans œufs utérins
51 à 56 du 10 Mars 1923. (A) 524 à 527 du 24 Mars 1922. (C) 46 à 53 des 12 et 26 Mars 1923. du 22 Mars au 3 Avril 1922. 68 à 73 des 1 et 4 Avril 1922.	6♀ surmatures. (B) 4♀ surmatures 8♀ utérines normal. 16♀ utérines normal. 5♀ ovariennes venant de pondre	11 Avril 1923 14 Avril 1922	32 21	262,843 125,500	250,779 114,600 298,311 504,320 79,544	12,064 10,900	2,445 1,143 2,970 5,291	91,021 42,135 100,110 160,744	3,496 1,413 4,361 6,734	153,617 69,869 190,930 331,551	0,8165 1,4269	0,0181 0,0643	2,2573 2,7330	0,0427 0,0565	147,6 129,5	(D) 122,8 (D) 127,8	142,3 137,1	(D) 124,6 (D) 125,3	93,466 43,278 103,080 166,035	159,758 72,465 198,201 343,576	157,313 195,231	0,97 0,99 0,99 1,04	1,53 1,49	37,26 37,73 34,54 32,92	36,29 36,76 33,55 31,88	1,39 0,99 (E) 1,44 1,33	2,18 (E) 1,97 2,17

Numéros et dates du commencement de l'expérience	Calculs :																			
	Perte de poids en % du point de départ	Acides gras, Teneur :				Animal total			animal débarrassé des œufs ovariens et utérins			Animal débarrassé des œufs utérins			Ovaires. Extrait total en % du poids frais	Ovaires. Cholestérine en % du poids frais	Oeufs utérins. Extrait total en % du poids frais	Oeufs utérins. Cholestérine en % du poids frais	Foies. Extrait total en % du poids frais	Foies. Cholestérine en % du poids frais
		des œufs ovariens par 100 gr. de poids frais	des œufs utérins par 100 gr. de poids frais	des foies par Kilogr. de poids frais	des corps débarrassés des foies et des œufs par Kilogr. de poids frais	acides gras totaux	Teneur en acides gras par Kilogr. de poids frais	Indices d'iode des acides gras	acides gras totaux	Teneur en acides gras par Kilogr. de poids frais	Indices d'iode des acides gras	Acides gras totaux	Teneur en acides gras par Kilogr. de poids frais	Indices d'iode des acides gras						
51 à 56 du 10 Mars 1923. (A) 524 à 527 du 24 Mars 1922. (C) 46 à 53 des 12 et 26 Mars 1923. du 22 Mars au 3 Avril 1922. 68 à 73 des 1 et 4 avril 1922.	4,59 8,66	1,56 2,16	2,48 2,73	13,65 12,93	5,30 7,47	3,1596 4,2811 Extrait total 0,7170 cholest. totale 0,1360	12,59 14,35 Extrait total frais par Kilogr. 9,01 cholest. par Kilogr. frais 1,71	143,1 134,2	0,8642 1,4838	5,49 7,60	146,4 129,4	0,9023 1,5481	5,64 7,81	145,4 129,3	1,65 1,69	0,01 0,19	3,93 3,84	0,24 0,33	1,46 2,24	0,26 0,31

A) Grenouilles conservées dans la glace fondante à l'obscurité. le 10 Mars, une femelle est encore ovarienne ; les autres utérines.

B) 3 femelles (51 — 52 — 53) nettement surmatures (les œufs fécondés ne se segmentent pas) ; les 3 autres (54 — 55 — 56) peu surmatures (les œufs fécondés fournissent encore un pourcentage important de divisions régulières).

C) Grenouilles conservées dans la glacière à l'obscurité.

D) Chiffres discutables, vu les petites quantités d'acides gras.

E) 2 vésicules biliaires crevées.

était nécessaire de les comparer aux valeurs des organismes et organes correspondant à l'époque de la maturité. Ici encore c'est l'allure générale des phénomènes qu'il y a lieu de considérer et il faut voir dans quel sens se font les fluctuations de substances.

1°) *Animaux totaux.* En premier lieu l'examen des tableaux XLVI. et XLVII. montre que les femelles surmatures en expérience perdent du poids. Les unes baissent de 4,30% en 21 jours, les autres de 4,59% en 32 jours. S'il n'y a pas proportionnalité dans les pertes, la raison en est à la différence de température. Les Grenouilles du lot 1a à 6b (tableau XLVI.) qui ont diminué le plus se trouvaient à l'obscurité de la glacière dans un bac à casiers avec un peu d'eau, par conséquent à quelques degrés au-dessus de zéro; alors que les animaux du lot S1 à S6 (tableau XLVII.) étaient immergés dans la même glacière, mais dans la glace fondante.

Fait frappant: bien qu'en milieu aquatique, pendant la surmaturation, l'organisme total a diminué son pourcentage d'eau qui tombe de 76,62% à 76,11%. Ceci est d'autant plus remarquable que pendant la posthibernation et la préparation à la maturité, le phénomène inverse s'était produit avec hydratation et augmentation du poids de l'animal. Pourtant, la diminution de l'eau de l'animal total, environ 5 gr. par kilogr. ne justifie pas à elle seule la baisse de poids de 4,3%; il y a donc eu d'autres pertes de substances: protéiques, graisses et vraisemblablement glycogène pour lequel aucune détermination n'a été effectuée. Pour les premières, si l'on considère le taux de l'azote en pour cent du poids frais, on constate le résultat paradoxal suivant: la teneur en albuminoïdes de l'animal a augmenté malgré l'absence de nourriture? Cette illusion provient du fait que l'animal s'étant déshydraté a perdu du poids dont l'influence se fait sentir dans le calcul du pourcentage rapporté à l'organisme frais. En réalité, comme l'indique le taux de l'azote en pour cent du poids sec, il y a perte de N qui tombe de 10,69% à 10,60%.

Quant aux acides gras, leur teneur baisse également, passant de 14 gr. 35 par kilogr. à 12 gr. 59 alors que les indices d'iode s'élèvent de 134,2 à 143,1 indiquant ainsi la disparition et la consommation de graisses en voie de saturation.

Faisons un rapprochement avec l'hibernation et la posthibernation qui s'effectuent également sans nourriture à basse température; mais généralement à plusieurs degrés au-dessus de zéro, tout au moins pendant la reproduction. Ainsi qu'en témoignent les tableaux XXXVII. et XL., de fin Octobre à Mars, époque habituelle de la ponte, soit durant à peu près 4 à 5 mois, l'animal total hibernant et maturant varie peu de poids comme nous le savons, mais augmente de 2% sa teneur en eau, alors que ses pertes s'élèvent à 0 gr. 60 de N par 100 gr. de poids sec et à environ 6 gr. d'acides gras par kilogr. d'organisme frais. Ce qui fait par mois une perte moyenne approximative de 0,12 de N en pour cent du poids sec et d'un peu plus de 1 gr. d'acides gras pour mille d'animal total frais. Et encore, dans ces chiffres moyens nous considérons les dépenses de l'hibernation équivalentes à celles de la posthibernation, ce qui n'est pas exact, puisque pendant la première période le métabolisme était moins intense, ainsi que nous l'avons vu dans le chapitre précédent.

Pendant la surmaturation, nous constatons les pertes mensuelles de $\frac{0,09 \times 30}{21}$ soit 0,13% du poids sec pour l'azote et de 1 gr. 75 d'acides gras par kilogramme frais. En somme, les dépenses en matières protéiques, diffèrent peu dans les deux cas et le métabolisme porte surtout sur les graisses qui sont consommées plus abondamment pendant la surmaturation.

2°) *Les œufs.* Pendant la surmaturation, le $\frac{\text{Poids total des œufs}}{\text{Poids animal total}}$ augmente. Puisque le poids de la Grenouille diminue, les chiffres du rapport laissent supposer ou que les œufs perdent proportionellement beaucoup moins que le reste du corps ou continuent à vivre en empruntant à l'organisme. Si cette dernière supposition peut paraître vraisemblable en ce qui concerne les ovaires qui par leurs vaisseaux sanguins restent en relations très étroites avec les organes nourriciers, il n'en est plus de même pour les œufs utérins. Emprisonnés dans les minces parois de l'utérus, et de plus entourés de leur épaisse gangue mucilagineuse à peu près dépourvue de graisse, on se représente mal le passage d'éléments nutritifs azotés ou gras dans les œufs mûrs, sans rapport direct avec les vaisseaux sanguins. Mais la mucine des œufs utérins est très avide d'eau. Sans reproduire ici le détail et les chiffres d'expériences et de déterminations portant sur une dizaine de Grenouilles qu'il me suffise de signaler qu'elle peut absorber jusqu'à 8 fois son poids d'eau. Alors les liquides organiques renfermant les substances nutritives et soustraits par intussusception par la gangue peuvent ainsi modifier les résultats des analyses d'œufs surmatures.

En effet, on constate une hydratation à la fois des ovaires et des œufs utérins dont les teneurs en eau passent respectivement de 83,03% à 84,92% pour les premiers et de 71,98% à 73,27% pour les derniers. Il est bien difficile d'admettre que les liquides organiques soustraits par les œufs sont de l'eau pure sans matières azotées et substances grasses. Le fait est qu'à l'analyse, les œufs ovariens comme les utérins accusent une augmentation de leur taux d'azote calculé *en pour cent* du poids sec (tableau XLVI.) tandis que pour les acides gras il y a diminution de la teneur (tableau XLVII.). Nous aurons à revenir sur cette baisse pour chercher à l'expliquer. Pour le moment, indiquons seulement que ces derniers chiffres sont rapportés au poids frais, ce qui, comme pour l'azote calculé sur les mêmes bases peut induire en erreur. Pour les matières protéiques contenues à la fois dans la gangue et dans l'œuf proprement dit, il est bien difficile de préciser si à côté de l'enrichissement de l'enveloppe il n'y a pas perte de N utilisé par la vie de l'œuf proprement dit.

Soulignons également que l'indice d'iode des œufs utérins a progressé. Vu les petites quantités d'acides gras des ovaires comme des foies, les déterminations de leurs indices d'iode sont trop peu précises pour pouvoir en discuter.

Enfin, la comparaison des tableaux XLVII. et XL. permet une autre constatation intéressante: d'une année à l'autre en 1923 et en 1924, quelle que soit la date de ponte, de Février à Avril, la composition des œufs mûrs comme des organismes débarrassés des œufs reste sensiblement constante, fait que nous avons déjà signalé antérieurement.

En résumé, pendant la surmaturation il y a augmentation de la teneur en eau et de l'azote en pour cent du poids sec pour les œufs ovariens et utérins en même temps que diminution du taux des acides gras qui ont tout au moins pour les œufs utérins un indice d'iode plus élevé.

3°) *Organisme débarrassé des œufs.* La déshydratation de l'organisme débarrassé des œufs est nécessairement plus accentuée que celle de l'animal total, puisque, ainsi que nous l'avons vu précédemment, les œufs se sont hydratés aux dépens des autres organes. Le taux de l'eau descend ainsi de 79,33%. au moment de la ponte à 77,95% chez les Grenouilles surmatures.

L'azote en pour cent du poids sec baisse également d'une quantité appréciable, passant de 11,49 à 11,03%. Les acides gras, surtout ont diminué beaucoup; de 7 gr. 60 par kilogr. ils tombent à 5,49; mais fait plus intéressant encore, leurs indices d'iode s'élèvent sérieusement de 129,4 à 146,4.

Cette diminution relativement considérable de la teneur en azote et en graisses de l'animal débarrassé des œufs indique une destruction considérable de substances et un métabolisme actif pendant la surmaturation.

4°) *Le foie.* D'après les tableaux XLVI. et XLVII., le rapport du poids du foie au poids de l'animal total semble varier très peu. S'il passe de 1,27% à 1,54% dans un cas, par contre dans l'autre il baisse de 1,44 à 1,39%. Pour la teneur en eau et en azote, le foie suit le mouvement général de l'organisme et subit des baisses comparables peut-être encore plus accentuées pour l'azote. Quant aux acides gras, au contraire, le foie s'enrichit de 12,93 pour mille à 13,65 pour mille. Vu la petite quantité de graisse de cet organe, les déterminations des indices d'iode sont sujettes à caution et il est préférable de ne pas nous y arrêter.

Cholestérine. En ce qui concerne la cholestérine des œufs comme du foie, les chiffres sont peu significatifs. Si le taux de cette substance est de 0,31 pour cent pour le foie, et 0,33% pour les œufs utérins normaux, il est de 0,26% et 0,24% pour les organes correspondants des femelles surmatures. Doit-on en déduire qu'il y a destruction de cette substance pendant l'inanition? Le petit nombre de déterminations ne me permet pas de conclure.

Les données expérimentales et analytiques précédentes autorisent à résumer l'histoire du métabolisme pendant la surmaturation. A l'inverse de ce qui se passe durant l'hibernation et la posthibernation, les Grenouilles rousses surmatures baissent sans cesse de poids à basse température. Malgré la vie aquatique la teneur en eau de l'animal total et surtout celle de l'organisme sans les œufs diminue, alors que celle des œufs augmente particulièrement grâce à la mucine avide de liquide. Il y a donc d'abord déshydratation de l'animal total en même temps que l'organisme cède une partie de son eau aux éléments génitaux ainsi qu'il ressort du tableau XLVIII.

La baisse de poids de l'organisme traduit en outre une perte de matières protéiques et de graisses; perte de substances qui se manifeste sur l'ensemble de l'animal et sur les œufs, mais avec des intensités différentes. On voit ainsi que l'organisme est le siège d'oxydations intenses, mais les œufs même utérins semblent aussi les subir, à un degré moindre c'est entendu. Ce qui le prouve, c'est que leur teneur en azote et en acides gras baissant, les quantités de ces matières renfermées dans les œufs en pour cent du contenu de l'animal total progresse (tableau XLVIII.). Pour les graisses, les pertes sont particulièrement sensibles, et fait curieux, l'indice d'iode des acides gras progresse d'une manière sérieuse surtout pour les graisses de l'organisme.

Tableau XLVIII. Variations de la teneur en eau, en azote et en acides gras de l'organisme, des œufs, du foie et du corps de la Grenouille rousse surmature ou utérine normale.

	Quantité en gr. contenue pour 1 Kg. d'animal total frais dans :						Quantité renfermée en % du contenu total de l'organisme dans :				
	Organisme total	les œufs ovariens	les œufs utérins	les œufs ovariens et utériens	le foie	l'organisme débarrassé des œufs	les œufs ovariens	les œufs utérins	les œufs ovariens et utérins	le foie	l'organisme débarrassé des œufs
Surmatures : eau	761,10	8,43	299,32	307,75	12,03	441,32	1,11	39,32	40,43	1,58	57,99
Utérines normales : eau	766,20	7,54	264,84	272,38	9,99	483,83	0,98	34,54	35,52	1,30	63,18
Surmatures : azote	25,32	0,21	10,95	11,16	0,37	13,79	0,85	43,25	44,10	1,46	54,44
Utérines normales : azote	24,95	0,22	9,93	10,15	0,33	14,47	0,88	39,82	40,70	1,35	57,95
Surmatures : acides gras	12,59	0,15	9,00	9,15	0,19	3,25	1,20	71,43	72,63	1,51	25,86
Utérines normales : acides gras	14,35	0,21	9,16	9,36	0,18	4,81	1,50	63,85	65,35	1,29	33,36

La baisse du taux des acides gras des œufs surmatures amène à déduire qu'il sont le siège d'oxydations importantes qui ne font que continuer la maturation pendant laquelle nous avons constaté des phénomènes pareils, surtout pendant la posthibernation à l'époque de la déhiscence et de la maturité. Ce résultat pouvait se supposer. —

Il y a déjà bien longtemps que BATAILLON (37) étudiant la durée de la vie des œufs vierges de Batraciens et la privation d'oxygène, constate à l'inverse de LOEB opérant sur les Echinodermes, un «*raccourcissement de la vie* chez les œufs privés d'oxygène. L'œuf d'Amphibiens non fécondé ne réalise pas la *condition d'anaérobiose* dont on nous parle pour les œufs d'Astéries.» Si je partage entièrement l'idée de mon Maître sur cette première partie de sa conclusion (tout en admettant fort bien que la question puisse être liée à l'état du noyau), qu'il me soit permis d'être d'un avis différent lorsqu'il dit: «on ne peut dire, qu'il (l'œuf d'Amphibiens non fécondé) *meurt de ses oxydations.*» Mon opinion se base sur les faits expérimentaux suivants: Pour des Grenouilles conservées à la glacière, la surmaturation des œufs demande pour s'effectuer un temps très long, parfois plusieurs semaines, alors que dans nos laboratoires plus chauds, après quelques jours, les œufs de femelles utérines témoins deviennent inaptes à la fécondation normale. Une telle variation dans la durée de la vie et des propriétés physiologiques de l'œuf ne peut s'expliquer que par la différence et l'élévation de température qui, chez les Poïkilothermes augmente l'intensité des oxydations au fur et à mesure qu'elle croît. De plus, on conçoit facilement que l'oxygénation et la respiration des œufs contenus dans l'utérus soit plus lente qu'à l'air libre et par suite qu'ils «s'usent» moins vite et qu'ils conservent plus longtemps leur faculté évolutive. C'est d'ailleurs ce que vérifie l'expérimentation.

Je cite encore une des nombreuses expériences de BATAILLON (loc. cit.) que je lui ai vu répéter maintes fois. «Les œufs d'une femelle désaccouplée depuis huit jours ont résisté moins de 30 heures à l'air humide, alors que chez une autre, prise accouplée, la fécondation comme la piqûre donnaient encore des évolutions normales après 85 heures. Or, *jamais je n'ai enregistré une résistance de cet ordre en l'absence d'oxygène*». Inutile d'insister, on voit par cet exemple que les œufs utérins de ces deux Grenouilles doivent être considérés comme «*à des âges différents*» et qu'il vieillissent beaucoup moins rapidement dans l'utérus qu'à l'air humide.

Il est également intéressant de constater que les indices d'iode des acides gras d'œufs utérins mis à surmaturer *in-vitro* s'élèvent aussi, comme en témoigne l'expérience suivante portant sur des prélèvements d'œufs des six Grenouilles de la série L78 à 83 du 8 Avril 1924 (Tableau XL.), et qui avaient été laissés 70 heures en chambre humide à la température du laboratoire. Après ce laps de temps, les acides gras de ces œufs nettement surmatures, ainsi qu'en témoigne leur fécondation, ont un indice d'iode de 142,3 alors qu'au départ il était de 139,9. C'est assez curieux de retrouver ce chiffre de 142,3 comme moyenne de l'indice d'iode des acides gras des œufs surmatures en 1923 (Tableau XLVII.) et en 1924.

Sans insister, retenons le fait essentiel que pendant la surmaturation, même *in-vitro,* il y a progression de l'indice d'iode des acides gras des œufs. Comme d'autre part, le pourcentage des graisses diminue et que la mort de l'œuf survient rapidement, si dans le cas des œufs surmatures séjournant dans l'utérus on peut invoquer le manque d'oxygène, pour les éléments surmatures *in-vitro* à l'air humide, il n'est pas possible de faire intervenir l'insuffisance de ce gaz. On ne peut supposer qu'une intoxication par CO^2 et d'autres déchets. L'élévation de l'indice d'iode des acides gras, tout en permettant de concevoir la combustion plus ou moins complète des lipoïdes à plus faible indice d'iode, laisse entrevoir la possibilité de la désaturation d'une partie des graisses.

D'ailleurs BIALASZEWICZ et BIELOWSKI (51) étudiant en 1915 les échanges respiratoires des œufs non-fécondés des conduits de Grenouille constatent qu'ils éliminent tout d'abord une assez grande quantité de gaz carbonique et 170 minutes après cette décharge d'acide carbonique, la respiration normale reprenant, ces œufs vierges absorbent 21,6 cm3 d'oxygène par kilogr. et par heure, soit 10 fois moins que les autres tissus de l'animal. Leur quotient respiratoire $\frac{CO^2}{O^2}$ = 0,64 à 0,60 étant très bas, alors que le Q. R. correspondant à la combustion des graisses ne descend pas au-dessous de 0,72 amène FAURE-FREMIET (120) à la conclusion que : «L'œuf serait donc au début, le siège d'oxydations incomplètes ou de processus hydrolytiques, il oxyde incomplètement, semble-t-il, ses réserves graisseuses.»

Soulignons ces résultats sans insister davantage pour le moment sur leur signification. Nous y reviendrons plus loin.

Jusqu'à un certain point on peut rapprocher l'oocyte mûr de l'animal attendant la fécondation pour pouvoir continuer son évolution normale, à la graine du végétal comptant sur les circonstances externes favorables qui lui permettront le développement. Chez celle-ci, (MAQUENNE 324) «la présence de l'air, c'est-à-dire de l'oxygène exerce aussi d'après LAURENT, une influence notable sur la conservation du pouvoir germinatif». L'air étant préjudiciable aux espèces riches en huile facilement oxydable, alors que les graines féculentes résistent mieux.

L'œuf mûr de Grenouille bourré et encombré de réserves grasses se comporte vraisemblablement comme les graines oléagineuses. Et si l'on ne saurait admettre la thèse générale de LOEB «que l'œuf non-fécondé (tout au moins l'œuf de Grenouille) est un anaérobie obligatoire», les expériences de BATAILLON (loc. cit.) le prouvent surabondamment, on constate qu'il «est fatalement tué par l'oxygène» plus ou moins rapidement suivant l'intensité de ses oxydations qui sont sous la dépendance de la température, parce qu'il s'intoxique en accumulant les déchets et le CO^2, ainsi que le prouve le Q. R. plus petit que 0,72. En somme, pourquoi vouloir ramener obligatoirement tous les phénomènes à un cadre unique? Nous pouvons fort bien concevoir, et les recherches de LOEB et de BATAILLON semblent prouver qu'en présence de l'air, les œufs comme les graines se comportent différemment suivant qu'ils renferment des réserves grasses ou en sont dépourvus. D'ailleurs, la segmentation comme le développement sont-ils pareils pour les œufs alécithiques ou télolécithiques par exemple? Certes non.

Les Cytologistes ne manqueront pas d'objecter que le noyau organe de l'assimilation, jouant le rôle capital dans la nutrition, ne change pas d'allure pendant toute la période plus ou moins longue de la surmaturation. Dans le cas particulier de l'œuf d'Amphibiens surmatures, comme HOVASSE (154) l'a constaté chez des femelles utérines conservées pendant deux mois, la figure d'émission du 2° globule polaire est restée en métaphase et les chromosomes sont restés identiques à ceux des figures normales. Ce stade de la deuxième métaphase polaire correspond ainsi que BATAILLON (36) l'a prouvé chez *l'Ascaris megalocephala* au minimum de la consommation d'oxygène et au maximum d'accumulation de CO^2. En tout cas, pour demeurer en vie, l'œuf mûr non fécondé de Grenouille a besoin d'oxygène (BATAILLON 37), il consomme, nous l'avons constaté, des matières grasses, par suite il est le siège d'oxydations, ce qui n'exclut nullement les hydrolyses qui ne nous apparaissent pas. Le maintien à l'état d'inertie apparente, en métaphase du noyau de l'œuf surmature, sur lequel nous n'avons pas à nous arrêter ici pour le moment, ne peut trouver son explication que dans les causes persistantes et s'accentuant encore davantage et qui ont provoqué l'arrêt de la division nucléaire à la maturité et que la fécondation ou l'activation quelle qu'elle soit peuvent seules faire cesser. Y a-t-il intoxication de l'œuf par les déchets non éliminés de ses oxydations? C'est très vraisemblable et à peu près certain, mais c'est une question à examiner et à discuter ailleurs.

§ IV. *CONCLUSIONS. Durant la surmaturation :*

1°) *Même à basse température, la Grenouille rousse subit une perte de poids de 4 à 5 pour cent du poids initial. A la glacière, de 0° à quelques degrés au-dessus, la surmaturation s'effectue en trois semaines à un mois.*

2°) *Malgré sa vie aquatique, l'animal total se déshydrate et diminue sa teneur en matières protéiques et en acides gras. Le taux de l'eau passe de 76,62% à 76,11, celui de l'azote de 10,69% à 10,60% ; quant aux acides gras ils tombent de 14 gr. 35 par kilogr. frais à 12,59 et leur indice d'iode s'élève de 134,2 à 143,1.*

3°) *Les œufs, surtout ceux de l'utérus s'hydratent aux dépens de l'organisme. Tout en augmentant de poids et de teneur en eau qui progresse de 1,30%, celle de l'azote varie peu, alors que les acides gras baissent de 2,73 à 2,48% attestant ainsi des combustions de graisses. En même temps l'indice d'iode est en progression.*

4°) *L'animal débarrassé des œufs outre une déshydratation appréciable consomme des matières albuminoïdes et surtout des graisses, dont la teneur tombe de 7 gr. 81 par kilogr. à 5 gr. 64, ce qui indique un métabolisme intense.*

5°) *Durant cette phase d'inanition un peu spéciale de l'existence de la Grenouille, il y a donc des oxydations importantes et de l'organisme et des œufs utérins. Ces derniers ne pouvant vivre sans oxygène semblent périr d'intoxication par leurs déchets. Pour les œufs, mais surtout pour l'organisme, l'indice d'iode des acides gras s'élevant laisse supposer que les combustions portent d'abord sur les graisses à indice d'iode moins élevé, ce qui n'exclut nullement, pour les œufs, la désaturation d'une partie des acides gras.*

CHAPITRE XIV.

RECHERCHES BIOMÉTRIQUES ET BIOCHIMIQUES SUR L'INANITION DE LA GRENOUILLE ROUSSE (*Rana fusca*)

Ainsi que nous l'avons constaté dans les chapitres précédents, les Grenouilles rousses normales hibernent sans variation appréciable de poids. Cependant au moment de la ponte, l'organisme sans les œufs, ne contient plus que des quantités minimes de réserves nutritives; en particulier les matières grasses sont à peine légèrement plus élevées que le taux de l'élément constant observé lors de la mort par inanition. Et en effet, si l'on maintient sans nourriture, à la température du laboratoire, des animaux venant de pondre, ils ne tardent pas à périr. Par contre, des Grenouilles rousses abandonnées dès le début de l'hiver sans alimentation, à 15° ou 18°, même dans l'eau, perdent sans cesse du poids. Dans certains cas la baisse pondérale atteint jusqu'à 7,10 pour cent par mois; c'est tout au moins ce qui ressort nettement de la première partie de ce travail et en particulier des tableaux X., XIV., XV. etc. . . . Une telle constatation n'est pas pour surprendre, puisque l'on sait que les Poïkilothermes consomment d'autant plus de substances que la température s'élève. Par suite, on pourrait logiquement supposer qu'au retour des beaux jours l'animal ayant vécu en inanition au laboratoire, va se trouver dans un état d'épuisement plus accentué que celui de l'hibernant à basse température qui a relativement peu consommé. Pourtant la pratique courante montre que les Grenouilles adultes n'ayant pas pondu au Printemps peuvent se conserver sans nourriture dans nos aquariums à 20° et plus durant de nombreux mois encore et même jusqu'en Septembre, ainsi que nous le constaterons d'après les résultats expérimentaux suivants.

Comment expliquer un fait aussi paradoxal? Comment, en pareille circonstance, se comportent l'organisme et les ovaires et quelles sont les relations de l'hôte et des œufs que nous avons considérés comme des parasites internes de l'animal?

Les tableaux XLIX. L. et LI. se rapportant à l'étude comparative de Grenouilles inanitiées et de Grenouilles normales à différentes époques de l'année vont nous renseigner. Sans doute, les recherches déjà anciennes de nombreux auteurs et en particulier de DUBUISSON (105), de Ch. PERREZ (242—243) ont prouvé surabondamment que les Batraciens à l'inanition consomment et résorbent leurs œufs avant de mourir. Les beaux travaux cytologiques des deux Savants précités sur lesquels je ne veux pas revenir décrivent tous les stades et toutes les phases cytologiques de la dégénérescence ovarienne. Mais c'est une étude unilatérale ne comportant que l'évolution et les modifications histologiques des œufs. Nous nous plaçons à un point de vue différent, celui de la biométrie et de la biochimie. Quand, comment, l'organisme va-t-il puiser dans les réserves accumulées dans l'œuf? Quelles sont les relations et les modifications réciproques de ces deux antagonistes: l'animal total et ses ovaires? Nous allons assister aux phénomènes inverses de ceux de la maturation pendant laquelle l'œuf parasitait l'organisme. Cette fois ce seront les œufs qui cèderont leurs matériaux à l'ensemble de l'animal pour lui permettre de vivre.

Technique et résultats expérimentaux. — Les techniques décrites antérieurement ont été utilisées et en particulier pour l'étude des graisses j'ai employé les deux méthodes de KUMAGAWA-SUTO et de LEMELAND. Pour les mêmes raisons énoncées précédemment et pour ne pas alourdir des tableaux déjà suffisamment chargés, j'ai réduit au minimum la copie des données numériques et les calculs. Souvent, les totaux et les moyennes de dosages de séries de 6 Grenouilles et même d'avantage ont été réunis. Pour plus de netteté et afin de permettre de mieux juger de l'intensité et du sens du métabolisme, j'ai mis en parallèle la composition de Grenouilles normales et d'animaux inanitiés aux périodes correspondantes.

Le tableau XLIX. se rapporte à des Grenouilles soumises à l'inanition au laboratoire à température élevée (16°, à 18°) au début de l'hiver, par conséquent à un moment où l'animal a accumulé le maximum de réserves. La mise à mort s'échelonne de Mai à Septembre, par suite elle a lieu longtemps après la ponte des Grenouilles normales.

Sur les 28 Femelles de la série I1 — I28, en inanition au laboratoire dans un aquarium renfermant du sable et une couche d'eau de quelques centimètres, aucune n'a pondu et pendant les 194 jours de l'expérience la perte de poids subie a été d'environ 25% du poids au départ. Le 9 Mai, à l'autopsie, nulle trace de corps adipolymphoïdes, ce qui ne peut surprendre, vu le rôle de ces organes. Les oviductes sont turgides et de nombreux œufs des ovaires sont grisâtres ou jaunâtres attestant des altérations manifestes.

Les 18 femelles de la série I 31 — I 48 du 17 Novembre ont subi un traitement à peu près comparable à celui des précédentes. Par

Tableau XLIX. Comparaison de la composition en eau, en azote et en acides gras des œufs, du foie, du muscle et de l'organisme de Grenouilles rousses inanitiées et des Grenouilles normales.

Numéros — Date du commencement et circonstances de l'expérience.	Nombre de Grenouilles	Date de la mort	Durée de l'expérience en jours	Poids des animaux frais à la mort	Poids des œufs frais	Poids des foies frais	Rapport en % : Poids des œufs / Poids total des animaux frais	Rapport en % : Poids des foies / Poids total des animaux frais	Oeufs : Eau en % du poids frais	Oeufs : N en % du poids sec	Oeufs : N en % du poids frais	Oeufs : Acides gras en % du poids frais	Oeufs : Indices d'iode des acides gras	Organismes débarrassés des œufs et des foies : Eau en % du poids frais	N en % du poids sec	N en % du poids frais	Acides gras en % du poids frais	Indices d'iode des acides gras
1	2	3	4	5	6	7	8	9	10	11	12	13	14	15	16	17	18	19
Grenouilles inanitiées.																		
I 1 à I 28 du 27. 10. 1923.	A) 28 ♀	9 Mai 1924.	194	834,336	164,340	9,496	19,69	1,13	58,40	11,24	4,67	8,18	137,1	79,14	9,94	2,07	3,67	132,2
I 31 à I 48 du 17. 11. 1923.	B) 18 ♀	23 Juin 1924.	218	538,996	40,839	13,973	7,57	2,59	70,04	10,23	3,06	8,22	143,0	79,53	9,99	2,04	6,08	128,4
I 68 à I 86 fin Novembre 1923.	C) 10 ♀	5 Sept. 1924.	environ 280 jours	225,612	5,997	5,787	2,65	2,56	80,71	13,72	2,63	2,14	139,4	77,78	11,28	2,50	4,27	132,4
Grenouilles normales L54—59 du 2 Novembre 1923.	6 ♀			285,993	37,799	10,638	13,24	3,72	53,89			9,63	143,7				10,64	126,9
le 20—21 Octobre (Tableau 41).							11,12 à 11,30	2,9 à 3,24	56,48	10,56	4,59	8,51	133,0	77,15	11,52	2,63		
le 19—28 Janvier (Tableau 41).							14,52	2,05 à 2,30	55,93			9,14	138,6	78,49			8,64	103,3

	Muscle : Eau en % du poids frais	Muscle : N en % du poids sec	Muscle : N en % du poids frais	Muscle : Acides gras en % du poids frais	Muscle : Indices d'iode des acides gras	Foies : Eau en % du poids frais	Foies : N en % du poids sec	Foies : N en % du poids frais	Foies : Acides gras par Kilogr. du poids frais	Foies : Indices d'iode des Acides gras	Insaponifiable X par Kilogr. du poids frais	Cholestérine par Kilogr. du poids frais	Organismes débarrassés des œufs : Eau en % du poids frais	N en % du poids sec	N en % du poids frais	Acides gras par Kilogr. du poids frais	Indices d'iode des Acides gras
	20	21	22	23	24	25	26	27	28	29	30	31	32	33	34	35	36
Grenouilles inanitiées.																	
I 1 à I 28 du 27. 10. 1923.	85,29	15,31	2,25	5,10	94,0	81,11	11,40	2,15	13,46	76,8 D	2.67	2,38	79,17	9,96	2,07	3.78	129,4
I 31 à I 48 du 17. 11. 1923.	83,94	15,17	2,43	6,79	123,9	78,74	10,59	2,25	30,25	153,7			79,52	10,00	2,05	6,66	132,0
I 68 à I 86 fin Novembre 1923.				4,27	103,1	74,93	9,52	2,37	21,59	166,6	20.13	5.90	77,72	11,22	2,50	4,73	136,5
Grenouilles normales L54—59 du 2 Novembre 1923.																	
le 20—21 Octobre (Tableau 41).	79,50	14,58	2,98	5,83	126,5	75,89	10,53	2,54	16,04	146,2	1.89	2,14	77,12	11,49	2,62	9,82	124,8
le 19—28 Janvier (Tableau 41).	80,76	15,35	2,92	6,92	147,4	77,51			14,73	100,9	1,92	2,72	78,46			8,85	103,5

	Animaux totaux : Eau en % du poids frais	Animaux totaux : N en % du poids sec	Animaux totaux : N en % du poids frais	Animaux totaux : Acides gras par Kilogr. du poids frais	Animaux totaux : Indices d'iode des Acides gras	Acides gras : Quantité renfermée dans les œufs par Kilogr. d'animal total	Acides gras : Quantité renfermée dans le corps débarrassé des œufs par Kilogr. d'animal total	Acides gras : % des quantités renfermées dans les œufs par rapport au contenu total de l'organisme	Azote : Quantité renfermée dans les œufs par Kilogr. d'animal total	Azote : Quantité renfermée dans le corps débarrassé des œufs par Kilogr. d'animal total	Azote : % des quantités renfermées dans les œufs par rapport au contenu total de l'organisme	Eau : Quantité renfermée dans les œufs par Kilogr. d'animal total	Eau : Quantité renfermée dans le corps débarrassé des œufs par Kilogr. d'animal total	Eau : % des quantités renfermées dans les œufs par rapport au contenu total de l'organisme
	37	38	39	40	41	42	43	44	45	46	47	48	49	50
Grenouilles inanitiées.														
I 1 à I 28 du 27. 10. 1923.	75,16	10,37	2,57	18,45	135,8	15,38	3,07	83,34	9,01	16 74	34,99	112,58	639,08	14,97
I 31 à I 48 du 17. 11. 1923.	78,50	10,03	2,15	11,66	137,1	6,54	7,48	46,75	3,27	18,30	15,18	74,82	710,21	9,53
I 68 à I 86 fin Novembre 1923.	77,80	11,29	2,50	5,18	136,8	0,57	4,60	11,15	0,68	24,35	2,73	20,97	757,03	2,69
Grenouilles normales L54—59 du 2 Novembre 1923.				21,53	135,8	12,74	8,79	59,1	6,5			69,9	666,6	9,4
le 20—21 Octobre (Tableau 41).	74,81	11,31	2,84	18,02	130,1	9,65	8,37	53,5	5,1	23,3	17,9	62,8	685,3	8,3
le 19—28 Janvier (Tableau 41).	75,36			19,50	124,6	11,79	7,71	60,4				72,6	681,0	9,6

A) Sur les 28 femelles, toutes ovariennes n'ayant pas pondu, 6 ont servi aux déterminations des acides gras de l'animal et de ses différentes parties, 6, pour les dosages de l'N et de l'eau des différentes parties de l'organisme, 6 pour les teneurs en eau et en azote du muscle, et 10 pour le taux des acides gras du muscle. — Perte de poids: environ 25% sur le poids au départ.

B) Sur les 18 femelles n'ayant pas pondu, 6 ont été utilisées pour les dosages de l'eau et de l'azote de l'animal, 6 pour les déterminations des acides gras de l'organisme, 6 pour les dosages de l'eau et de l'azote du muscle. Les déterminations des acides gras du muscle ont été effectuées sur 19 femelles dont les poids ne figurent pas dans ce tableau.

C) Dont 6 femelles pour les déterminations des acides gras de l'animal; 4 pour les dosages de l'azote et de l'eau. — 3 femelles et 6 mâles ont été utilisés pour les déterminations des acides gras du muscle. Les poids totaux de ces 9 derniers animaux ne figurent pas dans ce tableau.

D) Chiffre discutable, vu la petite quantité d'acide gras ayant servi pour la détermination.

suite de décès survenus en cours d'expérience, les pertes de poids n'ont pu être précisées. Je transcris quelques unes des nombreuses observations de mon cahier de recherches de l'époque: «au 23 Juin, les rates comme les foies sont très noirs, souvent la vésicule biliaire est dilatée par un liquide clair. La cavité générale renferme fréquemment un liquide noirâtre contenant des petits œufs et des fragments d'ovogonie en liquéfaction et en résorption, parfois même adhérents à l'intestin. Les ovaires, relativement petits, mais cependant plus volumineux que ceux des Grenouilles normales à la même époque, contiennent de gros oocytes blancs altérés, voisinant avec des éléments de taille plus réduite. Les utérus turgides indiquent que la mucine qu'ils contiennent n'a pas été secrétée. Parfois cependant un paquet assez volumineux de gangue mucilagineuse se localise dans l'utérus et se trouve quelquefois rejeté à l'extérieur.

Les Grenouilles de la série I 68 — I 86 capturées fin Novembre ont été conservées sans nourriture dans l'eau d'un bac en verre au laboratoire. Aucune n'a pondu. Au 5 Septembre, on se trouve tout à fait à la limite de vie de ces animaux qui ne manifestent plus que par des mouvements très ralentis; les décès deviennent fréquents.

Les observations du lot précédent concernant les foies, les ovaires, le liquide de la cavité générale et les oviductes, se retrouvent encore ici et plus accentuées. Ces considérations générales terminées, examinons plus en détail les chiffres du tableau XLIX.

En premier lieu, on est frappé, tout au moins pour la série I1 — I 28 du rapport très élevé $\frac{\text{Poids des ovaires}}{\text{Poids total des animaux}}$ qui s'élève à 19,69% au 9 Mai; le même rapport étant d'environ 15% au moment de la ponte chez les Grenouilles normales. Ce résultat biométrique expérimental laisse supposer que les œufs ont continué à vivre et à se développer aux dépens de l'organisme ou que tout au moins ils n'ont pas pris part, ou très peu, aux pertes de poids et de substances de l'animal. Quelques calculs vont permettre de préciser. Les 28 Grenouilles ayant perdu environ 25%, soit un quart de leur poids pendant la durée de l'expérience, pesaient donc le 27 Octobre 1923, au début de l'expérience, les 4/3 de 834 gr. soit $\frac{834 \times 4}{3} = 1112$ grammes.

Comme fin Octobre et au début Novembre 1923, pour les femelles témoins (série L 54 — L 59) le rapport $\frac{\text{Poids des œufs}}{\text{Poids total des animaux}}$ était de 13,24%, le poids total des œufs des 28 femelles expérimentées était donc de $\frac{13\text{ gr. }24 \times 1112}{100}$ = 147 gr. 229. Comme il est de 164 gr. 340 à la mort, il est de toute évidence que, malgré l'inanition, les œufs ont progressé et ils n'ont pu se développer qu'aux dépens de l'organisme. Nous pouvons en outre ajouter qu'ils se sont comportés dans leur développement, tout au moins au point de vue pondéral, comme les ovaires des femelles hibernantes et qu'au 5 Mai, au moment de la mise à mort, ils se trouvaient dans un état voisin et comparable à celui des œufs ovariens à l'époque de la déhiscence. En effet :

1°) Comme pendant l'hibernation normale le poids total de l'animal varie peu et comme au moment de la déhiscence le rapport $\frac{\text{Poids des ovaires}}{\text{Poids total des animaux}}$ est sensiblement égal à 15%, si les 28 femelles expérimentées avaient été laissées dans la nature, à l'époque de la reproduction, leurs ovaires auraient pesé $\frac{15\text{ gr. } \times 1112}{100}$ = 166 gr. 80, chiffre sensiblement équivalent aux 166 gr. 340 obtenus le 5 Mai 1924.

2°) Il y a plus. La composition centésimale des œufs est peu différente dans l'un et l'autre cas. Au moment de la déhiscence des œufs des animaux normaux, nous avons constaté les chiffres de 59,30% pour la teneur en eau, 4,48 pour l'azote en pour cent du poids frais et 8,20 pour le taux des acides gras (Tableau XLI.). Au 5 Mai, les analyses indiquent 58,40% pour l'eau, 4,67 pour N, et 8,18% pour les acides gras dont l'indice d'iode est de 137,1, chiffre à peu près identique à celui des acides gras des œufs au moment de la ponte.

3°) Enfin ajoutons que l'étude cytologique grossière en Février ou en Mars par exemple d'œufs ovariens de ces Grenouilles inanitiées et de Grenouilles hibernantes ne décèle aucune différence appréciable. De toutes ces constatations retenons donc le fait important suivant : *des Grenouilles prélevées au début de l'hibernation, par conséquent au moment de l'année où l'animal total a son maximum de réserves, et soumises au jeûne prolongé dans l'eau à la température du laboratoire, continuent à développer leurs ovaires aux dépens de l'organisme comme les femelles hibernantes.*

Par suite, les dépenses occasionnées nécessairement par l'inanition sont toutes à la charge des autres organes. C'est ainsi que l'animal débarrassé des œufs et des foies subit des pertes considérables d'azote mais aussi d'acides gras, dont la teneur tombe sensiblement au tiers du point de départ, alors que le taux de l'eau progresse, phénomène qui se produit chaque fois que les graisses diminuent.

Si au point de vue hydratation le muscle et le foie suivent le mouvement de progression général de l'organisme, leurs teneurs en matières protéiques et en graisse varient peu, tout en accusant néanmoins une baisse de l'azote et des acides gras calculés en pour cent du poids frais. —

L'animal débarrassé des œufs mérite une étude plus attentive. Pendant cette période de 6 mois, le taux de l'eau augmente de 2%; par contre l'azote baisse beaucoup, passant de 11,49 à 9,96% du poids sec et de 2,62 à 2,07 en pour cent du poids frais; pour les graisses la teneur en acides gras tombe de 9 gr. 02 par kilogr. à 3 gr. 78, tandis que l'indice d'iode progresse légèrement indiquant la consommation des graisses à indices les moins élevés.

Ainsi que nous l'avons fait pour les œufs, il est intéressant et suggestif de comparer la composition des organismes débarrassés des produits génitaux immédiatement après la ponte et à cette date du 9 Mai pour les animaux inanitiés. Le taux de l'eau: 79,33 dans le premier cas, 79,17 dans le second, sont sensiblement identiques; par contre, les teneurs en azote 2,07% et des acides gras 3 gr. 78 par kilogr. du poids frais chez les inanitiées sont sérieusement plus bas que leurs correspondants, 2,37% pour l' N. et 7 gr.60 d'acides gras par kilogr. chez les femelles utérines normales débarrassées des œufs. Fait curieux, l'indice d'iode (129) est exactement le même dans les deux cas. En somme, la Grenouille inanitiée, débarrassée de ses ovaires, se trouve donc dans un état d'épuisement à peu près complet et très voisin de la mort. Et pourtant elle peut vivre plusieurs mois encore. De l'examen de la composition du corps total, on constate que l'animal est relativement riche en substances nutritives, puisque les acides gras par exemple entrent pour 18 gr. 45 par kilogr. du poids frais. Mais ces réserves se trouvent principalement accumulées dans les œufs ainsi qu'en témoignent les chiffres des colonnes 42 à 50 du tableau XLIX.

Il n'est pas sans intérêt de rapprocher ces données de celles des colonnes correspondantes se rapportent à l'animal venant de pondre (tableaux XXXVIII. et XLV.). C'est ainsi que l'on constate qu'immédiatement après la ponte, pour les acides gras par exemple, la quantité renfermée dans les œufs par kilogramme d'animal total est seulement de 0 gr. 36 et la quantité renfermée en pour cent du contenu total de l'organisme 4,4, alors qu'au 5 Mai, les ovaires de la femelle inanitiée contiennent 15 gr. 38 d'acides gras par kilogr. d'animal total et 83,34% du contenu global de la Grenouille.

Ces données analytiques suffisent à expliquer pourquoi l'animal venant de pondre possédant un organisme presque épuisé et ne pouvant compter sur les réserves insignifiantes de ses ovaires ne tarde pas à périr, alors que la femelle inanitiée n'ayant pas pondu et malgré un organisme plus affaibli encore, peut continuer à vivre de nombreux mois, grâce aux réserves très abondantes accumulées dans ses œufs. C'est la réponse à faire à OTT M. D. (237) qui, à propos de l'étude de l'inanition et de l'hibernation de *Rana pipiens* constate que la plus grande mortalité a lieu après l'hibernation et ajoute «pour laquelle il n'a pas été donné d'explication adéquate».

Nous allons assister au phénomène inverse de celui de la phase précédente; les réserves contenues dans les ovaires vont intervenir. Dans la lutte pour la vie, l'organisme réagit, va puiser dans les organes reproducteurs les matériaux nécessaires à son métabolisme. Il se restaure d'abord, rétablit son équilibre chimique, puis continue à tirer des ovaires les substances nécessaires à l'entretien de l'individu.

La série I 31 — I 38 du 17 Novembre 1923 (du tableau XLIX.) confirme ces affirmations. Ce lot est encore constitué par des Grenouilles mises à l'inanition au laboratoire un peu plus tard, mais néanmoins au début de l'hiver. Par conséquent, autant il est permis d'en juger d'après l'étude de l'hibernation, leur composition au départ ayant peu varié est à peu de chose près sensiblement pareille à celle des animaux de la série I 1 — I 28 du 27 Octobre 1923. Cette fois, les animaux sont sacrifiés le 23 Juin, soit environ un mois et demi après ceux du lot précédent. S'il n'y a pas eu de pesées au début de l'expérimentation, d'après les données biométriques de la première partie de ce travail, nous savons qu'en pareille circonstance les animaux ont subi des grandes pertes de poids que nous pouvons évaluer à plus de 25 pour cent. Quoiqu'il en soit, le premier point frappant est la baisse remarquable du rapport $\frac{\text{Poids des ovaires}}{\text{Poids total des animaux}}$ qui de 19,69% le 5 Mai est tombé à 7,57% le 23 Juin, diminuant ainsi de plus de moitié.

Comparativement aux Grenouilles inanitiées sacrifiées en Mai, celles de Juin ont pour leur organisme débarrassé des ovaires et des foies de même que pour les muscles et pour l'animal sans les œufs une composition à peu près semblable, sauf toutefois pour les acides gras, qui progressent légèrement. Non seulement l'ensemble de l'organisme proprement dit, c'est-à-dire sans les ovaires, ne s'est pas appauvri davantage, mais il s'est restauré, remonté aux dépens des œufs dont la masse a régressé d'une quantité appréciable. Ces derniers, tout en augmentant leur teneur en eau, ont diminué d'une façon sensible leur composition en azote, alors que le taux des acides gras n'a pas ou peu varié. En réalité, tenant compte de l'hydratation des ovaires, les calculs effectués sur les poids frais ne sont pas tout à fait comparables dans les deux cas. La comparaison ne peut être réellement précise que sur des chiffres ramenés en pour cent du poids sec. En tout cas, les œufs ont fait les frais des dépenses de cette période et ont perdu plus de la moitié de leurs substances albuminoïdes, de leurs matières grasses et même de leur eau, malgré l'hydratation apparente. Pour s'en convaincre il suffit de comparer les chiffres correspondants des colonnes 42, 44, 45, 47, 48, 50 du tableau XLIX, pour les série I 1 — I 28 et I 31 à I 48. C'est ainsi que l'on constate que la quantité d'acides gras renfermés dans les œufs par kilogr. d'animal total qui était de 15 gr. 38 au 5 mai n'est plus que de 6 gr. 54 au 23 juin ; de même pour l'azote et l'eau les chiffres baissent respectivement de 9,01 à 3,27 et de 112,58 à 74,82. La comparaison des pourcentages des quantités des mêmes substances renfermées dans les œufs par rapport au contenu total de l'animal (colonnes 44, 47, 50) signifie nettement que toutes les dépenses ont été effectuées aux détriments des œufs.

Il n'y a pas lieu d'insister sur les chiffres se rapportant aux animaux totaux qui, nécessairement, doivent diminuer par suite des pertes subies par les œufs. Soulignons cependant la baisse énorme des acides gras qui sont tombés de 18 gr. 45 par kilogr. à 11,66.

Cette réaction de l'organisme sur les œufs va se continuer et apparaîtra nettement encore dans la série I 68 — I 86. Bien que mises en inanition fin novembre, vu le peu de variations dans le premier mois de l'hibernation, nous pouvons néanmoins comparer cette série aux précédentes.

Lors de leur mise à mort ces Grenouilles sont tout à fait à la limite de résistance. Elles ont épuisé à peu près complètement toutes leurs réserves, la composition de l'animal total l'indique d'ailleurs, surtout en ce qui concerne les acides gras dont la teneur n'est plus que 5 gr. 18 par kilogr. de poids frais.

Si par comparaison avec la série I 31 — I 48, les teneurs des différentes matières de l'organisme débarrassé des œufs ou sans les ovaires et le foie ont peu varié de juin à septembre, par contre des changements des plus importants se sont produits dans les ovaires.

C'est d'abord le rapport $\frac{\text{Poids des œufs}}{\text{Poids total des animaux}}$ qui n'est plus que de 2,65% à peine supérieur à celui des mêmes éléments aussitôt après la ponte. La résorption des œufs s'est donc produite activement. La comparaison s'étend beaucoup plus loin. La presque similitude de composition est très frappante. L'hydratation des œufs inanitiés est peut-être un peu moins accusée et la teneur de l'azote un peu plus élevée, mais le taux des acides gras et leurs indices d'iode sont les mêmes dans les deux cas. On voit ainsi qu'immédiatement après la ponte, l'ovaire se trouve dans un état d'épuisement complet, toutes ses réserves ayant été cédées aux œufs déhiscés.

En résumé, on arrive aux constatations suivantes :

1°) *Des Grenouilles mises à l'inanition au début de l'hiver avec leur maximum de réserves continuent néanmoins le développement de leurs ovaires. Lorsque l'organisme est épuisé, par un phénomène inverse les matériaux des œufs sont utilisés pour subvenir à l'entretien de la vie de l'individu.*

2°) *En fin de résistance et sur le point de périr, les ovaires de l'animal épuisé ont une composition très voisine de celle des mêmes organes de la femelle venant de pondre. Fait remarquable, l'indice d'iode des acides gras des œufs varie peu durant toute cette période.*

3°)*Pendant l'inanition, la teneur en substances grasses de l'organisme débarrassé des œufs s'abaisse progressivement, alors que l'indice d'iode des acides gras s'élève de plus en plus pour atteindre un chiffre voisin de celui des graisses des œufs. Sur la fin de la vie, le taux des acides gras de l'animal total,* 5 *gr.* 18 *par kilogr. du poids frais, bien que faible, est encore plus élevé que celui de l'organisme débarrassé des œufs qui atteint à peine* 4 *gr.* 73 *par kilogr. Cette différence provient de la richesse relative en corps gras des ovaires qui même réduits apportent un appoint appréciable pour les calculs de la teneur totale. Aussi est-il nécessaire et indispensable dans toute expérimentation sérieuse de préciser le sexe des individus étudiés.*

4°) *Il est remarquable qu'à partir du moment où les ovaires ont acquis leur maximum de développement et durant la résorption de ces organes, le rapport* $\frac{\textit{Poids des foies}}{\textit{Poids total des animaux}}$ *d'abord très faible va en progressant en même temps que leur teneur en acides gras et leur indice d'iode augmente beaucoup ainsi que l'insaponifiable X et la cholestérine.*

Tableau L. Comparaison de la composition en acides gras, cholestérine et insaponifiable X de l'organisme total, des œufs, du foie des Grenouilles inanitiées et des Grenouilles normales.

Numéros, date des commencement et circonstances de l'expérience	Nombre d'animaux	Date de la mort	Durée de l'expérience	Poids des animaux frais à la mort	Poids des œufs frais	Poids des foies frais	Rapport Poids des œufs / Poids total des animaux frais	Rapport Poids des foies / Poids total des animaux frais	œufs: Acides gras en °/₀ du poids frais	œufs: Indice d'iode des acides gras	œufs: Insaponifiable X en °/₀ du poids frais	œufs: Cholestérine en °/₀ du poids frais	foies: Acides gras par Kgr de poids frais	foies: Indice d'iode des acides gras	foies: Insaponifiable X par Kgr poids frais	foies: Cholestérine par Kgr de poids frais	Organismes débarrassés des œu[fs] et des foies: Acides gras par Kgr de poids frais	Organismes débarrassés des œu[fs] et des foies: Indice d'iode des acides gras	Organismes débarrassés des œu[fs] et des foies: Insaponifiable X par Kgr de poids frais	Cho- tér- par K poids
	1	2	3	4	5	6	7	8	9	10	11	12	13	14	15	16	17	18	19	2
Inanitées.																				
A 1 à A 7 du 9 janvier 1925.	14 ♀	2 juillet 1925.	174 j.	296,416	8,445	8,923	2,84 %	3,01 %	3,29	121,4	0,78	0,47	20,1	157,10	12,6	4,7	3,59	136,5	2,47	0,
A 8 à A 14 du 17 novembre 1924.	7 ♀	2 juillet 1925.	227 j.	327,504	31,629	8,896	9,65 %	2,71 %	5,60	121,6	0,82	0,82	22,2	130,15	12,3	2,5	5,47	124,6	2,31	0,
A 15 à A 21 du 17 novembre 1924.	7 ♀	3 juillet 1925.	228 j.	229,279	5,442	4,562	2,37 %	1,98 %	4,22	138,1	0,94	0,94	27,2	150,16	20,7	5,0	4,36	129,3	2,48	0,
Normales.																				
L 54 à L 59 2 novembre 1923 (Tableaux 40 et 45)	6 ♀			285,393	37,799	10,638	13,24 %	3,72 %	9,63	143,7	..	A) 0,71	15,32	138,7	1,72	2,12	10,64	126,5	..	
L 66 à L 71 19 janvier 1924. (Tableaux 40 et 45)	6 ♀			224,116	28,875	4,600	12,88 %	2,05 %	9,14	138,6	..	0,64 A)	14,73	100,9	1,92	2,72	8,64	103,3	..	

	Organismes débarrassés des œufs: Acides gras par Kgr du poids frais	Organismes débarrassés des œufs: Indice d'iode des acides gras	Organismes débarrassés des œufs: Insaponifiable p. Kgr du poids frais	Organismes débarrassés des œufs: Cholestérine par Kgr du poids frais	Animaux totaux: Acides gras par Kgr du poids frais	Animaux totaux: Indice d'iode des acides gras	Animaux totaux: Insaponifiable X par Kgr du poids frais	Animaux totaux: Cholestérine par Kgr du poids frais	Acides gras: quantité renfermée dans les œufs par Kilogr. d'animal total	Acides gras: quantité renfermée dans le corps débarrassé des œufs par Kgr d'animal total	Acides gras: °/₀ des quantités renfermées dans les œufs par rapport au contenu total de l'organisme	Cholestérine: Quantité renfermée dans les œufs par Kilogr. d'animal total	Cholestérine: Quantité renfermée dans le corps débarrassé des œufs par Kgr d'animal total	Cholestérine: °/₀ des quantités renfermées dans les œufs par rapport au contenu total de l'organisme	Insaponifiable x: Quantité renfermée dans les œufs par Kilogr. d'animal total	Insaponifiable x: Quantité renfermée dans le corps débarrassé des œufs par Kgr d'animal total	Insaponifiable x: °/₀ des quantités renfermées dans les œufs par rapport au contenu total de l'organisme
	21	22	23	24	25	26	27	28	29	30	31	32	33	34	35	36	37
Inanitées.																	
A 1 à A 7 du 9 janvier 1925.	4,10	139,6	2,79	0,74	4,92	136,2	2,93	0,86	0,93	3,91	19,03	0,01	0,72	15,68	0,22	2,71	7,60
A 8 à A 14 du 17 novembre 1924.	5,97	125,2	2,61	0,59	10,81	123,4	3,16	0,87	5,41	5,40	50,07	0,34	0,53	39,02	0,80	2,35	25,44
A 15 à A 21 du 17 novembre 1924.	4,82	131,6	2,85	0,82	5,71	132,8	3,00	1,00	1,00	4,71	17,55	0,19	0,88	19,00	0,22	2,78	7,40
Normales.																	
2 novembre 1923 (Tableaux 40 et 45)	10,77	125,8		A) 0,97	21,53	135,8		A) 1,60	12,74	8,79	59,1	A) 0,73	A) 0,86	A) 45,92			
19 janvier 1924. (Tableaux 40 et 45)	8,85	103,5		A) 0,84	19,50	124,6		A) 1,50	11,79	7,21	60,4	A) 0,74	A) 0,75	A) 49,71			

(A) Chiffres empruntés à *Terroine et Barthélemy* (297)

A première vue, les chiffres du tableau L. paraissent déconcertants. Pour la même date de mise à mort, comparativement aux Grenouilles en inanition depuis le 17 Novembre 1924, on pourrait s'attendre à ce que les animaux expérimentés en Janvier 1925 aient au 2 Juillet une teneur plus élevée des divers constituants. Pour les lots A 8 — A 14 et A 15 — A 21, la composition chimique devrait être pareille à la mort; d'autant plus que les Grenouilles des trois séries ont été abandonnées sans nourriture à la même époque dans le même laboratoire. Aussi quelques explications indispensables sur le protocole expérimental permettront de faire saisir l'importance des circonstances extérieures et en particulier l'influence du mouvement sur le métabolisme pendant l'inanition. Les recherches biométriques de la premières partie de ce travail ont déjà montré comment les pertes de poids sont plus considérables chez les animaux pouvant circuler librement dans les bassins à expérience. Ici, on va voir les modifications qu'entraîne ce facteur expérimental sur la composition chimique de l'organisme.

Malheureusement, les Grenouilles du lot A1 à A7 recueillies dans la nature dans les premiers jours de 1925 n'ont pas été pesées au départ. Le 9 Janvier elles sont abandonnées au laboratoire sans nourriture, dans un vaste aquarium renfermant du sable recouvert par une mince couche d'eau. Aucune n'a pondu. A l'autopsie on fait les constatations signalées pour les autres lots précédents inanitiés: foies très noirs, œufs en pleine résorption, liquide visqueux abondant dans la cavité générale, conduits génitaux relativement turgides.

Du 17 Novembre jusqu'à la mise à mort, les Grenouilles du lot A 8 — A 14 ont été maintenues en captivité et entassées dans un panier en fil de fer immergé dans l'eau d'un bac au laboratoire; leurs mouvements étaient par conséquent des plus réduits. Les pertes de poids ont été d'environ 25%. du poids initial.

Quant aux animaux de la série A 15 — A 21, ils ont été abandonnés en liberté dans un vaste aquarium rempli d'eau à la température du laboratoire. Tenant compte des décès survenus en cours d'expérience et d'après calculs, la perte de poids fût approximativement de 32%. Comme pour les lots précédents, aucune femelle n'a pondu et à l'autopsie on retrouve les mêmes particularités.

Une remarque est à souligner: les expériences relatées dans le tableau L. ont été effectuées dans le même laboratoire, à peu près aux mêmes époques et une année après celles du tableau XLIX., par conséquent dans des conditions de température sensiblement pareilles. A part quelques variations que nous signalerons au passage, les résultats globaux se confirment d'une année à l'autre, attestant la généralité des phénomènes étudiés dans l'inanition durant l'hiver. C'est d'abord l'appauvrissement de l'organisme et seulement après survenant l'épuisement des réserves des œufs.

Nous ne nous arrêterons pas à discuter longuement les résultats analytiques de la série A 1 — A 7, comprenant des Grenouilles mises en inanition assez tardivement, le 9 Janvier, et qui indiquent qu'au 2 Juillet les individus sont très voisins de l'épuisement. En effet, tous les chiffres des déterminations sont très bas:

$$\text{rapport} \quad \frac{\text{Poids des œufs frais}}{\text{Poids total des animaux}} = 2{,}84\%$$

teneur en acides gras des ovaires comme de l'organisme. Cependant, il y a lieu de souligner le foie avec ses teneurs en cholestérine et en acides gras avec leurs indices d'iode plus élevés que pour les animaux normaux; fait déjà constaté dans le tableau précédent.

L'examen des deux séries parallèles A 8 — A 14 et A 15 — A 21 du 17 Novembre sera beaucoup plus significative.

Au 2 Juillet, alors que pour les Grenouilles du lot A 15 — A 21, libres de leurs mouvements, le rapport $\frac{\text{Poids des œufs frais}}{\text{Poids total des animaux}}$ n'est plus que de 2,37%; pour A 8 — A 14 il s'élève encore à 9,65%. De même la teneur en acides gras des œufs des premières 4,22% est inférieure à celle des secondes 5,60%. Observations semblables pour la composition de l'organisme débarrassé des œufs et du foie, de l'animal moins les ovaires et surtout des animaux totaux. Pour ce dernier cas, 5 gr. 71 d'acides gras par kilogr. de poids frais, chiffre très bas, indique que les animaux de la série A 15 — A 21 sont bien près de la mort par inanition; tandis que les femelles du lot A 8 — A 14 ont encore une teneur en graisse sensiblement double et un indice d'iode des acides gras beaucoup plus bas.

En somme, pour le même temps, la perte de poids plus élevée des animaux du lot A 15 — A 21 circulant librement se traduit également par une disparition de substances grasses plus accentuée. C'est la vérification du fait classique connu que le mouvement nécessite une consommation supplémentaire d'énergie et dans le cas particulier les graisses ont contribué largement pour combler cet excédent de dépenses.

Une autre remarque s'impose: dans la partie biométrique de ce travail il a été constaté que les Grenouilles en inanition dans un bac renfermant beaucoup d'eau perdent moins de poids que les mêmes animaux séjournant librement dans une couche de 1 à 2 cm de liquide. Sans

Tableau LI. Comparaison de la composition en eau, en extrait total et en cholestérine des œufs et des organismes débarrassés des œufs, des Grenouilles rousses inanitées et des Grenouilles normales.

Numéros, Date du commencement et circonstances de l'expérience	Nombre de Grenouilles	Date de la mort	Durée de l'expérience, en jours	Poids des animaux frais à la mort	Poids des œufs frais	Poids des foies frais	Rapport en °/₀ Poids des œufs frais / Poids total des animaux frais	Rapport en °/₀ Poids des foies frais / Poids total des animaux frais	Oeufs: Eau en °/₀ du poids frais	Oeufs: N en °/₀ du poids sec	Oeufs: N en °/₀ du poids frais	Oeufs: Extrait total en °/₀ du poids frais	Oeufs: Cholestérine en °/₀ du poids frais
	1	2	3	4	5	6	7	8	9	10	11	12	13
Inanitiées													
S1 à S6 — S9 à S14 du 7. octobre 1921.	A) 12	27 février 1922	143	287,508	32,377	4,456	11,26	1,55	60,83	11,49	4,50	7,91	0,66
S54 du 7 octobre 1921.	1	17 juin 1922	253	17,966	0,623	0,328	3,72	1,90				5,70	0,44
S55 (ayant pondu laissée dans l'eau au laboratoire)	1 (meurt naturellement)	18 juin 1922	90 à 100	11,527	0,222	0,162	1,05	1,40				2,43	,,
S34 à S45 fin septembre 1921.	B) 12	3 mai 1922	environ 220	212,359	21,333	4,645	10,04	2,18	67,99	11,41	3,64	6,50	0,94
S20 à S23 du 26 novembre 1921.	C) 4	15 avril 1922	140	100,592	14,931	1,408	14,84	1,40	58,88	11,25	4,65	7,20	,,
S51 à S53 du 30 Décembre 1921.	3	7 juin 1922	159	65,024	14,261	0,887	21,94	1,36	71,11	10,48	3,02	6,58	1,24
Normales.													
6 et 8 septembre 1922.	21			588,876	45,049	24,144	7,65	4,10	63,56			8,01	0,41
23 septembre 1921.	24			627,093	50,047		7,98		62,70	11,14	4,15	8,80	0,83
8 et 10 octobre 1921.	12			387,955	37,891		9,76		59,04	11,45	4,68	8,77	0,54
25 à 37 du 28 — 29 novembre 1921.	12			441,623	54,661		12,37		55,91	11,25	4,96	9,68	0,47
31 à 42 du 31 Décembre 1921.	10			344,932	40,324		11,69		56,31	11,36	4,96	9,65	0,62
25 à 30 E du 12 février 1930.	6			270,189	35,050	4,274	12,97	1,58	56,77				
43 à 48 N, — 50 à 55 G du 4 — 5 mars 1922.	12			341,675	45,509	4,920	13,32	1,44	58,87	11,40		7,91	0,66

	Organisme débarrassé des œufs: Eau en °/₀ du poids frais	Organisme débarrassé des œufs: Extrait total en gr. par Kilogr. frais	Organisme débarrassé des œufs: Cholestérine en gr. par Kilogr frais	Animaux totaux: Eau en °/₀ du poids frais	Animaux totaux: Extrait total en gr. par Kilogr. frais	Animaux totaux: Cholestérine en gr. par Kilogr. frais	Extrait total: Quantité renfermée dans les œufs par Kilogr. d'animal total	Extrait total: Quantité renfermée dans le corps débarrassé des œufs par Kilogr. d'animal total	Extrait total: °/₀ des quantités renfermées dans les œufs par rapport au contenu total de l'organisme	Cholestérine: Quantité renfermée dans les œufs par Kilogr. d'animal total	Cholestérine: Quantité renfermée dans le corps débarrassé des œufs par Kilogr. d'animal total	Cholestérine: °/₀ des quantités renfermées dans les œufs p. rapport au contenu total de l'organisme	N ovarien par Kilogr. d'animal total frais
	14	15	16	17	18	19	20	21	22	23	24	25	26
Inanitées.													
S1 à S6—S9 à S14 du 7 octobre 1921.		5,62	1,12		13,46	1,71	8,44	5,02	62,85	0,71	1,00	41,53	5,37
S54 du 7 octobre 1921.		6,79	1,42		7,60	1,51	1,04	6,56	13,65	0,08	1,37	5,47	0,25
S55 ♀ ayant pondu.		4,86	1,88		5,23	,,	0,46	4,77	9,00	,,	1,83	,,	,,
S34 à S45 fin septembre 1921.	78,42	7,24	1,14	77,06	12,84	1,94	6,30	6,53	49,07	0,91	1,03	46,72	1,57 4,91
S20 à S23 26 novembre 1921	78,97	5,63	0,82	76,44	16,52	,,	11,80	4,70	71,50	,,	0,68	,,	4,65
S51—S53 30 décembre 1921.		6,73	1,32		19,70	0,37	14,43	5,26	73,31	0,72	1,03	72,75	6,62
Normales:													
6—8 septembre 1922.	77,56	17,93	0,85	76,53	22,78	1,11	6,24	16,53	27,42	0,32	0,78	29,31	3,56
23 septembre 1921.		11,49	0,83		17,70	1,45	7,14	10,56	40,36	0,67	0,78	46,34	3,26
8 — 10 octobre 1921.		9,32	0,72		16,57	1,16	8,11	8,46	48,93	0,50	0,65	43,46	4,82
28 — 29 novembre 1921.		10,15	0,75		20,85	1,24	11,95	8,90	57,30	0,58	0,65	47,02	6,16
31 décembre 1921.		11,84	0,84		21,94	1,48	11,51	10,43	52,45	0,74	0,74	50,05	5,68
12 février 1923.				75,97									
4 — 5 mars 1922.		7,27	0,92		16,72	1,68	10,39	6,33	62,19	0,87	0,80	51,97	6,34

A) 6 ♀ pour déterminations de la teneur en graisses et 6 pour l'eau et l'azote.
B) 6 ♀ ——— d° ——— 6 ——— d° ———
C) 2 ♀ ——— d° ——— 2 ——— d° ———

insister sur le détail, la comparaison des séries A1 — A7 et A 15 — A 21 prouve que la perte de poids plus accentuée pour les animaux circulant dans une faible couche d'eau se traduit également par une baisse plus rapide et plus prononcée de la teneur en acides gras.

Il est à noter également que le taux de la cholestérine de l'animal total inanitié ne dépasse pas 1 gr. par kilogr. du poids global frais, alors que chez les sujets normaux pris dans la nature il s'échelonne de 1 gr. 16 à 2 gr. 45 par kilogr. suivant les diverses périodes de l'année, mais il est toujours supérieur à 1 pour mille (chiffres de l'animal normal empruntés à TERROINE et BARTHELEMY (297). *Il y a donc destruction de cholestérine pendant l'inanition; le taux pour l'organisme total baisse de moitié.* La consommation de cette substance apparaît nettement par la comparaison des chiffres des colonnes 32, 33, 34, du tableau L. où l'on constate que ce sont surtout les œufs qui font les frais de la dépense. Mais fait curieux, le foie de la Grenouille inanitiée renferme un pourcentage relativement élevé de cholestérine, jusqu'à 5 gr. par kilogr., quantité double de la teneur du même produit dans le même organe de l'animal normal.

Enfin constatons et soulignons une fois de plus, pendant l'inanition, la hausse du chiffre de l'indice d'iode des acides gras de l'organisme débarrassé des œufs.

Alors que la plupart des résultats signalés dans tous les tableaux précédents ont été obtenus par le procédé de LEMELAND, les chiffres de celui-ci proviennent de l'application de la méthode de KUMAGAWA-SUTO, qui fournit l'extrait lipoïdique total, c'est-à-dire la somme de la totalité des acides gras sans considération des combinaisons diverses dans lesquelles ils étaient engagés et de la totalité des substances dites insaponifiables sans égard à leur diversité possible de constitution.

Au 30 Octobre 1921, les Grenouilles rousses n'étaient pas encore entrées en hibernation dans la nature. Les lots mis en expérience le 7 Octobre et fin Septembre comprennent donc des animaux qui n'ont pas encore terminé la période estivale et qui, par suite n'ont pas encore accumulé le maximum de réserves nutritives. Il sera curieux de voir leur comportement pendant l'inanition, qui dans toutes ces différentes séries d'expériences a eu lieu dans l'eau des bacs du laboratoire.

Une première question se pose. Est-ce que des Grenouilles capturées au début d'Octobre, par conséquent avant la fin de la période alimentaire, et par suite avant qu'elles ne soient gorgées de réserves vont continuer le développement de leurs ovaires? La réponse est fournie par les séries S 1 à S 6 et S 9 à S 14. Les femelles de ce lot abandonnées au laboratoire dans un bac à casiers rempli d'eau et par suite aux mouvements réduits ont été pesées individuellement à intervalles réguliers. Je néglige les détails pour signaler qu'au 27 Février 1922 l'ensemble avait perdu 19,90%, soit en chiffres ronds 20% de son poids. A ce moment, le rapport $\frac{\text{Poids des ovaires frais}}{\text{Poids total des animaux}}$ est égal à 11,26%, alors qu'à la même date il est de 12,97% soit 13% chez les Grenouilles normales hibernant.

Le même raisonnement et les mêmes calculs déjà appliqués précédemment conduisent aux constatations suivantes:

Les Grenouilles de l'expérience ayant perdu 20% de leur masse pesaient donc au départ le 7 Octobre $\frac{100 \text{ gr. x } 287,5}{80} = 359 \text{ gr. } 3.$

A ce moment, le rapport $\frac{\text{Poids des ovaires frais}}{\text{Poids total des animaux}}$ étant de 9,76% les ovaires pesaient 9 gr. 76 x 3,6 = 35 gr. 136 chiffre légèrement supérieur au poids des œufs frais 32 gr. 377 au moment de la mise à mort. Or, à l'autopsie les ovocytes des animaux inanitiés présentent l'allure générale des œufs normaux sans aucune indication d'altération. C'est donc dire qu'il n'y a pas encore résorption des éléments ovariens, résorption qui se manifesterait par une teinte, des modifications macroscopiques des plus nettes. D'ailleurs, leur composition est sensiblement pareille à celle des œufs à la même date, de femelles hibernant.

Cet ensemble de constatations permet de conclure que durant cette longue période de 143 jours d'inanition, les ovaires sont restés à peu près stationnaires et n'ont pas continué leur développement aux dépens de l'animal. Ils ont plutôt perdu un peu de substance pour l'entretien de leur vie propre; affirmation vérifiée par la comparaison des compositions des œufs du lot S 1 à S 6, S 9 à S 14 au 27 Février et des ovaires normaux les 8, 10 Octobre 1921. —

C'est encore l'organisme débarrassé des œufs qui a dû assumer les dépenses d'entretien et cela se traduit par une baisse de l'extrait total de 9 gr. 32 à 5 gr. 62 par kilogr., ce dernier chiffre assez voisin de celui constaté lors de la mort par inanition.

Le manque de nourriture persistant, l'organisme épuisé va comme dans le cas précédent s'attaquer aux réserves des ovocytes. C'est ainsi qu'au 17 Juin pour la femelle inanitiée S 54 du même lot et qui a perdu 38,68% de son poids, le rapport $\frac{\text{Poids des ovaires frais}}{\text{Poids total de l'animal}}$ n'est plus que de 3,72% et la teneur en extrait total des œufs a baissé de 7,91% à 5,70%. L'épuisement n'est pas encore tout à fait complet. Par comparaison, dans le tableau LI. figure la composition d'une femelle normale ayant pondu et laissée en inanition dans l'eau au laboratoire jusqu'à sa mort par épuisement, survenue le 18 Juin. Tous les chiffres sont très faibles: Rapport $\frac{\text{Poids des ovaires frais}}{\text{Poids total de l'animal}}$ à peine supérieur à 1%, extrait total des œufs égal à 2,43%, alors que les mêmes substances ne comptent plus que pour 4 gr. 86 et 5 gr. 23 par kilogr. d'organisme débarrassé des œufs ou d'animal total.

La série S 34 — S 45 mise à l'inanition dans un aquarium au laboratoire un peu plus tôt, fin Septembre, corrobore les affirmations précédentes. Malheureusement les Grenouilles ne furent pas pesées au début de l'expérience. A l'autopsie aucune n'a pondu, les oviductes sont turgides, la rate est noirâtre, la vésicule biliaire volumineuse est gonflée par un liquide clair et les œufs grisâtres et jaunâtres en voie d'altération indiquent leur résorption; et en effet le rapport

$\frac{\text{Poids des ovaires frais}}{\text{Poids total des animaux}}$ n'est déjà plus que de 10,04%, les œufs s'hydratent et leurs teneurs en extrait total comme en azote calculées en pour cent du poids frais baissent.

Quant aux séries S 20 à S 23 et S 51 à S 53, comprenant des animaux soumis à l'inanition dans l'eau des bacs du laboratoire après un début d'hibernation, elles confirment pleinement les expériences du même genre du tableau XLIX. faites une année après; attestant une fois de plus la généralité des phénomènes. Nous ne nous y arrêterons donc pas.

A première vue, les chiffres de la cholestérine paraissent déconcertants, en particulier ceux se rapportant aux animaux totaux soumis à l'inanition avant la fin de la période alimentaire. A leur mise à mort, ces Grenouilles ont un taux en cholestérine supérieur à celui qu'elles avaient au début de l'expérience; mais pourtant, ainsi qu'en témoigne la colonne 25, le pour cent des quantités renfermées dans les œufs par rapport au contenu total de l'organisme a peu varié. Il semblerait donc que dans ce cas particulier, non seulement il n'y a pas eu consommation de ce produit, mais l'organisme s'est enrichi en cette substance. Faits en contradiction avec les résultats obtenus et signalés dans le tableau L.

Les séries S 1 à S 6 et S 9 à S 14 du 7 Octobre 1921, (tableau LI) vont peut-être fournir quelques précisions et un peu de clarté sur cette anomalie. En effet, le 27 Février à la mise à mort, les animaux totaux de ce lot ont une teneur en cholestérine de 1 gr. 71 par kilogr. frais, alors qu'au début de l'expérience, le 7 Octobre, des Grenouilles témoins n'en ont que 1 gr. 16 pour mille. Pendant la période expérimentale, les femelles inanitiées, ayant perdu 20% de leur poids, si l'on suppose qu'il n'y a eu ni consommation, ni formation de cholestérine, on obtiendrait par calculs un taux de 1,36 pour mille, chiffre supérieur à celui des témoins. Ce qui permet de dire que non-seulement pendant toute cette période il n'y a pas eu consommation, mais probablement formation de cholestérine. Comment interpréter ces résultats en contradiction avec ceux du tableau L. ? Dira-t-on que la cholestérine n'est utilisée et détruite qu'à la phase finale de l'inanition, lorsque l'animal est presque complètement épuisé? C'est ce qui semblerait ressortir de la comparaison des tableaux L. et LI. La faible teneur en cholestérine du premier correspond à des animaux dont le taux des graisses est voisin de celui de l'élément constant. Les Grenouilles du deuxième sont encore relativement riches en matières grasses. Faut-il voir également un rapport étroit, soit constant, soit proportionnel (directement ou inversement) entre les différents lipoïdes de l'organisme total pendant les différentes phases de la vie normale, de l'hibernation ou de l'inanition? Vu le petit nombre de déterminations effectuées, je ne chercherai pas à résoudre ces questions que je ne fais que signaler au passage et qui sont en dehors du cadre de ce travail.

CONCLUSIONS: Les travaux sur l'inanition abondent. Sur les Batraciens, ceux de OTT (237) et de LIBRACH (182) relativement récents sont très intéressants. Mon intention n'est pas de les analyser pas plus que de liquider la question de l'inanition des Grenouilles et d'étudier les modifications cytologiques dûes au jeûne prolongé.

Les données expérimentales et biochimiques précédentes constituent quelques jalons nouveaux qui ont surtout pour but de permettre la comparaison de deux états biologiques assez voisins: l'hibernation et l'inanition et de déduire s'il y a lieu quelques suggestions qui faciliteront peut-être la compréhension et l'interprétation de l'hibernation et de la maturation normale.

De cette étude très réduite de l'inanition de la Grenouille rousse, nous pouvons cependant tirer quelques résultats significatifs:

1) *C'est d'abord la baisse de poids continue de l'animal soumis au jeûne à la température de nos laboratoires, même en milieu aquatique, fait déjà précisé avec beaucoup plus de détails dans la première partie de ce travail.*

2) *En même temps, cette régression pondérale s'accompagne d'une hydratation de l'animal et d'une perte énorme en albuminoïdes et en substances grasses.* Nous nous sommes étendus plus spécialement sur l'étude des graisses qui diminuent considérablement pendant l'inanition, mais un simple coup d'œil sur la teneur comparative en azote d'animaux normaux ou inanitiés permet de constater la disparition d'une quantité appréciable de cette substance. Perte qui apparaîtrait plus nettement encore si l'on transformait les chiffres de l'azote en protéine en les multipliant par le coëfficient 6,25 et si l'on tient compte de la baisse de poids de l'animal. *On aurait ainsi confirmation des résultats de* LIBRACH (182) *prouvant que le métabolisme d'inanition des Amphibiens est d'un caractère protéique prédominant, c'est-à-dire que les protéiques participent essentiellement à ce métabolisme.* Le même fait a d'ailleurs été démontré par BIALASZEWICZ pour *Hirudo medicinalis* et depuis plus longtemps encore par MIESCHER, REUSS, WEINLAND, et SCHUTZ chez les Poissons.

3) Si, comme l'a montré OTT (237), pendant l'inanition, les organes de *Rana pipiens* diminuent de poids, mais pas tous également et parallèlement, il y a des restrictions à faire lorsqu'il s'agit des ovaires des animaux femelles. C'est ainsi qu'il a été donné de constater que parfois dans certaines circonstances à préciser, les œufs augmentent de poids pendant la période de jeûne. *La Grenouille rousse, privée de nourriture, immédiatement après la fin de la période estivale continue néanmoins le développement de ses ovaires; au contraire, durant l'inanition commencée dans le courant de la période d'alimentation, tout au moins les premiers temps, les ovocytes restent stationnaires. Mais quelle que soit l'époque du jeûne, les dépenses de substances et d'énergie sont d'abord fournies par l'organisme débarrassé des œufs et plus tard seulement, lorsque celui-ci est épuisé, les ovaires contribuent par leur résorption, qui n'est jamais complète, à l'entretien de la vie de l'individu. C'est ce qui explique pourquoi une Grenouille venant de pondre, privée de ses œufs par conséquent, meurt plus rapidement d'inanition qu'une femelle n'ayant pas pondu et au jeûne depuis plusieurs mois.*

4) *La composition et l'indice d'iode des acides gras des œufs comme le rapport de leur poids à celui de l'animal total, sont très voisins chez les Grenouilles venant de pondre ou sur le point de mourir par épuisement.*

5) *Alors que pendant l'inanition, l'indice d'iode des acides gras de l'organisme débarrassé des ovaires progresse régulièrement, pour atteindre un chiffre voisin du même indice des graisses des œufs, son taux en substances grasses est toujours plus bas que celui de l'animal total, par suite de l'apport relativement considérable fourni par les ovaires, d'où la nécessité dans l'expérimentation de préciser le sexe de l'individu; c'est d'autant plus indispensable et important que les expériences sont de longue durée.*

6) *Même lorsque les pertes de poids ont pu être évaluées, nous n'atteignons pas les chiffres élevés de 60 pour cent signalés par* OTT (237) *chez Rana pipiens et de 54 pour cent fournis par* LIBRACH (182) *pour Rana esculenta lors de la mort par inanition. Les animaux expérimentés par ces auteurs étaient des mâles chez lesquels à aucun moment de l'année les variations de poids des testicules relativement peu volumineux rapportés au poids de l'animal global influent peu sur la masse totale de la Grenouille.*

Il n'en est plus de même pour les femelles, dont les ovaires bourrés de réserves, sans compter les oviductes, représentent à l'époque de la reproduction, 15% *et jusqu'à* 37% *du poids de l'individu. Il faut donc tenir compte du poids très appréciable des œufs qui modifient forcément les calculs des différents rapports. En réalité pour la comparaison rigoureuse de tous les résultats il faudrait tabler et calculer d'après les poids des animaux débarrassés des organes génitaux. Cette remarque permet d'insister une fois de plus sur la nécessité de la plus grande précision dans le détail, la description, les conditions expérimentales: espèce, sexe, dates, températures, mouvements, immersion, oxygénation, alimentation, état général de l'individu etc. etc. . . . C'est à ces conditions seulement que les résultats de savants différents pourront être comparables et bien des constestations seront ainsi évitées.*

7) *Il semble bien que pendant l'inanition le rapport du poids du foie à celui de l'animal total, ainsi que la teneur en acides gras et en cholestérine, de même que l'indice d'iode, progressent seulement quand la résorption des œufs commence.*

8) *Les résultats contradictoires du taux de la cholestérine de l'animal total aux différentes périodes de l'inanition peuvent-ils être interprétés par une destruction in extremis de ce lipoïde? C'est une question à laquelle nous ne pouvons répondre par suite du nombre insuffisant de résultats expérimentaux.*

TROISIEME PARTIE.

Considérations sur l'hibernation de la Grenouille rousse femelle d'après les résultats biométriques, biochimiques de la maturation des réserves, de l'hibernation, de la surmaturation et de l'inanition.

CHAPITRE XV.

L'étude biométrique comme les résultats biochimiques de l'hibernation et de la maturation des réserves n'ont pu nous fournir des indications suffisantes pour préciser d'abord le déterminisme du déclenchement de la maturité, puis celui de la ponte.

Sans doute, des chiffres très intéressants ont été obtenus tant pour la constitution chimique que pour les relations de l'organisme et de l'ovaire au moment de la déhiscence. C'est ainsi qu'à l'époque de la maturité nous avons pu constater d'une part une composition centésimale précise et fixe à la fois des œufs et de l'animal producteur, d'autre part, des rapports constants des poids et des constituants de l'organisme et des ovaires.

On peut donc dire avec BRACHET (58) que «l'analyse a permis de retrouver le lien chimique qui unit les substances contenues dans l'oogonie et dans le milieu où elle baigne à celles que renferme l'oocyte qui a fini de s'accroître ; il y a donc dans l'oocyte une véritable élaboration présentant tous les caractères des réactions chimiques et se déroulant dans un ordre rigoureux. Ces réactions, diverses de par la variété des substances qu'elles utilisent et de celles qui en proviennent, s'arrêtent, tout naturellement quand leurs vitesses s'égalisent et il s'établit alors un état d'équilibre pendant lequel l'œuf, ayant atteint sa taille définitive, reste inerte. Nous nous expliquons ainsi, et c'est loin d'être négligeable, pourquoi la période d'accroissement de l'œuf est limitée, et pourquoi, quand il a fabriqué certaines substances et acquis un certain volume il ne va pas plus loin.»

Cette conception de l'esprit, intéressante, exacte en elle-même et basée sur des faits, pas plus que le terme d'équilibre de maturité employé par FAURE-FREMIET ne fixent d'une façon précise les déterminismes de la déhiscence et de la ponte et ne satisfont pas complètement notre besoin de précision.

Les objections surgissent. Pourquoi la Grenouille inanitiée ne pond-elle pas ? N'existerait-il pas, à un moment donné, entre son organisme et ses œufs, cet équilibre des réactions chimiques ou tout au moins l'oocyte ne peut-il atteindre sa taille définitive aboutissant à l'équilibre de maturité au moment de la déhiscence ou de la ponte ?

Revoyons-donc plus en détail, d'une part les caractéristiques et les conditions de la maturation des réserves et de l'hibernation, d'autre part les modifications qui surviennent au cours de l'inanition et enfin le comportement de la Grenouille et de ses organes dans ces différents états physiologiques. La comparaison peut être fructueuse et s'établir sur deux séries d'animaux de même origine pris fin Octobre et placés dans l'eau, les premiers en hibernation, les seconds à l'inanition. A ce moment, les organismes des uns et des autres ont leur maximum de réserves et durant la période expérimentale aucune nourriture extérieure n'est absorbée. Milieu aquatique, organisme bourré de réserves, absence d'alimentation, telles sont les conditions expérimentales communes aux deux lots. De suite, une différence très nette apparaît. Dans un cas, comme nous le savons, l'hibernation, la maturation des réserves et la déhiscence des œufs ne peuvent se faire qu'au dessous de 10° ; dans l'autre, une température plus élevée aboutit à l'inanition proprement dite ; non seulement la ponte n'a pas lieu, mais si l'état de jeûne persiste, les ovocytes sont résorbés. Il faut bien remarquer et insister sur ce point que dans les deux cas, les animaux sont à proprement parler soumis à l'inanition, en ce sens qu'ils n'absorbent aucun aliment extérieur. Mais comme nous l'avons déjà fait observer, l'hibernation est une inanition spéciale s'effectuant en particulier à basse température et sur des animaux se trouvant dans des conditions physiologiques tout à fait spéciales : léthargie et corps bourré de réserves.

D'après les données classiques connues on sait que chez les Poïkilothermes le métabolisme est d'autant plus intense que la température progresse. Comme dans l'hibernation et dans l'inanition à température élevée, les résultats définitifs sont si disparates : poids constant de l'organisme et ponte d'une part, perte de poids et résorption des œufs d'autre part, on pourrait alors supposer et tirer la conclusion que pour les mêmes animaux, suivant la température, le métabolisme est variable, non seulement en quantité mais aussi en qualité. En d'autres termes, que les mêmes substances de constitution et de réserves de l'organisme sont utilisées et transformées autrement d'après la température du milieu extérieur pour aboutir à un résultat bien différent.

Cependant, H. BARTHELEMY et R. BONNET (23) étudiant l'influence de la température sur l'utilisation de l'énergie au cours du développement de l'œuf de Grenouille rousse, arrivent à ces conclusions : « 1°) la température agit sur la vitesse du développement, mais n'agit en aucune manière sur la transformation des réserves, ni sur le rendement des processus qui président à ces transformations. 2°) La loi de TERROINE-WURMSER, d'après laquelle l'énergie utilisable des réactions impliquées dans les phénomènes biologiques ne varie pas sensiblement dans l'intervalle de température compatible avec la vie, a le caractère d'une loi générale s'appliquant aussi bien aux végétaux qu'aux animaux. »

Donc, quelle que soit la température du milieu extérieur, le métabolisme des constituants de l'organisme à l'inanition est le même. Il faut donc rechercher ailleurs la différence dans les résultats expérimentaux obtenus chez les hibernants et chez les inanitiés à température élevée. Est-ce dû à un état physiologique initial tout à fait spécial ? En effet, au début de l'hibernation la Grenouille est gorgée de réserves. Il semble même que c'est là une des conditions nécessaires et indispensables pour que l'animal puisse rester engourdi et en torpeur, état se manifestant par l'inertie et en même temps que par le ralentissement des mouvements respiratoires et de l'activité circulatoire.

Je n'ai aucune expérience personnelle à l'appui, mais il est très probable qu'une Grenouille amaigrie, dépourvue de réserves, placée dans l'eau à l'obscurité et à basse température, ne s'engourdirait pas, n'hibernerait pas par conséquent. Cette affirmation est d'autant plus vraisemblable que dans d'autres groupes zoologiques, chez les Insectes par exemple, comme la *Chrysomèle* de la Pomme de terre (*Leptinotarsa decemlineata* SAY) ainsi que l'a prouvé FINK (121), il y a nécessité d'une alimentation abondante en Pomme de terre avant l'hibernation. L'accumulation de réserves précédant le sommeil.

D'après SACC, cité par R. DUBOIS (101), «il y a un frappant rapport entre l'intensité de la léthargie et la richesse en graisse, car le sommeil des Marmottes maigres est bien moins profond et soutenu que celui des Marmottes grasses.» De même que «le sommeil hivernal n'est produit que par la fatigue et l'obésité, comme celui des serpents chargés de graisse et des bestiaux gras.» D'ailleurs, dès 1852, pour LEUCKART les réserves joueraient un rôle considérable dans divers états physiologiques spéciaux comme le sommeil hibernal ou estival.

La conception précédente est encore renforcée par l'étude de la surmaturation à la glacière, pendant laquelle l'organisme proprement dit, dépourvu de réserves abondantes n'est plus engourdi. Il semble donc y avoir un métabolisme spécial chez les Grenouilles hibernantes et différent de celui des animaux inanitiés quel que soit dans ce deuxième cas la température du milieu extérieur. Examinons donc plus en détail ce métabolisme dans l'un et dans l'autre cas.

I°) HIBERNATION.

Ainsi que nous l'avons constaté précédemment, au commencement de l'hiver, c'est-à-dire fin Octobre, début de Novembre, la Grenouille rousse a sensiblement le poids le plus élevé en même temps qu'elle renferme le maximum de réserves. (Tableau XLI). A ce moment, ses teneurs sont: eau 73,93%, matières protéiques vers 17,75%, acides gras 2,153%. Or, pendant toute l'hibernation l'animal en léthargie ne consomme aucune nourriture extérieure et vit sur lui-même. Son poids total varie peu. En outre, il y a déplacement des réserves vers les produits génitaux qui seront évacués peu de temps après le réveil printanier. La ponte est par conséquent une perte sèche pour l'organisme proprement dit. Aussi, la partie de la Grenouille paraissant intéressante à considérer est l'animal débarrassé des œufs. Au début de la période de torpeur hibernale, sa teneur en eau est de 76,79%, celle des acides gras 1,077%, et celle des matières protéiques se trouve dans le voisinage de 16,37%. (Tableau XLI.). Au moment de la ponte, les chiffres calculés comme précédemment en pour cent du poids frais s'élèvent à 79,33 pour l'eau, 0,760 pour les acides gras, et 14,81 pour les matières protéiques. Durant l'hibernation le taux en protides a donc baissé de 1,56% celui des acides gras de 0,76% alors que l'eau a progressé de 2,54%. On est évidemment tenté de tabler sur ces chiffres pour calculer le métabolisme de l'hibernation. Calcul qui serait erroné, car si pendant la mauvaise saison, la Grenouille rousse femelle hibernant ne varie pas sensiblement de poids, il y a cependant, comme nous l'avons vu précédemment, déplacement très appréciable des constituants du soma vers les ovaires. Aussi les pertes de l'organisme proprement dit, c'est-à-dire du corps débarrassé des œufs, doivent être calculées d'après les chiffres des tableaux XXXVIII et XLV qui nous indiquent les variations des constituants pendant l'hibernation et par kilogr. d'animal total dont le poids n'a que peu changé.

Nous constatons ainsi que durant l'hiver et jusqu'à la ponte, par kilogr. d'animal total frais, il y a pour l'organisme débarrassé des ovaires une perte de 8 gr., 79 — 5 gr., 01 = 3 gr., 78 d'acides gras, 23 gr., 3 — 14 gr. 8 = 8 gr., 5 d'azote et de 666 gr., 6 — 483 gr., 9 = 182 gr., 7 d'eau.

En somme, durant cette période, l'animal sans les œufs a perdu 43% de ses acides gras; 36,4% de son azote et malgré l'hydratation apparente de ses tissus somatiques il y a également disparition de 27,4% de l'eau initiale.

Vu les pertes relatives et simultanées des constituants essentiels de l'organisme on peut donc affirmer que *pendant l'hibernation le métabolisme porte surtout sur les acides gras.* Mais est-ce à dire que toutes ces substances: graisses, protéides, eau ont été brûlées et consommées par l'organisme? Elles sont perdues pour lui, mais elles n'ont pas été détruites entièrement; une partie a été déplacée vers les organes génitaux: ovaires et conduits. Pour ces derniers, nous le savons, peu de temps avant la ponte, il y a appel d'eau vers les oviductes, lesquels par secrétion de la gangue mucilagineuse cèdent en grande abondance eau et azote aux enveloppes des œufs utérins.

Aussi, pour avoir une idée précise et nette du métabolisme pendant l'hibernation et la posthibernation, il faut considérer les pertes de l'animal total y compris les organes génitaux.

Au moment de la ponte, avec ses œufs utérins, sa teneur en eau est de 76,62 pour cent, son taux en matières protéiques 15,56 et en acides gras 1,435 (Tableau XLI.). Pour 100 grammes d'animal total frais, les variations durant l'hibernation et la posthibernation jusqu'à la ponte sont ainsi de 0 gr, 718 comme perte pour les acides gras et de 2 gr, 21 pour les protides, alors que l'eau a progressé de 3 grammes. En somme, la Grenouille a consommé le tiers de ses graisses totales et seulement le huitième de ses matières albuminoïdes. Ce qui confirme une fois de plus l'opinion émise que le métabolisme pendant l'hibernation et la posthibernation porte surtout sur les graisses. Ce fait n'exclut nullement une dépense énergétique très importante produite par la disparition des protides. En effet, si l'on applique le coefficient 1,046 de KUMAGAWA pour le calcul des graisses neutres, et si l'on prend les valeurs 5,65 et 9,4 comme chaleur de combustion par gramme de protide et de graisse, on trouve que l'énergie perdue par 100 grammes d'animal total est de 19 calories 48, dont 7 seulement pour les graisses. —

Soulignons donc la disparition de la plus grande partie des acides gras, tout au moins de réserves durant l'hibernation et la période post-hibernale très courte qui lui fait suite.

L'eau doit aussi attirer et retenir l'attention. Ses variations sont de la plus grande importance pour l'explication d'un grand nombre de phénomène biologiques. —

Ainsi que l'indiquent le tableau XLI. et les courbes 1, 3, 7, 8, c'est à la fin de la période estivale que l'animal total comme l'organisme débarrassé des ovaires, et même les œufs ont leur teneur minima en eau : 73,65 pour cent dans le premier cas, 76,79 pour cent dans le second et 54,46 pour cent dans le dernier. Durant tout l'hiver et jusqu'à la ponte, le taux de l'eau progresse sans cesse, alors que pendant l'été la baisse est continue.

Déjà en 1902, RULOT (276) conclut que pendant l'hibernation chez les Chauves-Souris «la proportion d'eau va en augmentant de Novembre à Avril, mais que, pourtant, il y a perte absolue d'eau, celle-ci étant plus forte à la fin du sommeil hibernal qu'au début.»

Par conséquent, soulignons encore le fait que l'hibernation débute au moment où la Grenouille est en quelque sorte déshydratée. Cette constatation n'est pas unique. Sans nous y arrêter longuement, signalons au passage que ROUBAUD (272) étudiant le cycle évolutif de la Pyrale du Maïs (*Pyrausta nubilalis*, HUBN.)constate que l'anhydrobiose «facteur d'arrêt évolutif» imposant la mise au repos forcé de la Chenille est nécessaire pour une bonne évolution. Cependant, comme le fait remarquer ce Chercheur, dans le cycle hivernal du parasite, les effets de l'anhydrobiose peuvent être supplés par ceux de leur équivalent physiologique l'athermobiose. C'est ainsi que «des larves maintenues à basse température pendant plusieurs mois, sans avoir subi l'anhydrobiose ont pu reprendre leur évolution.» Pour le même Savant, (ROUBAUD 266) l'anhydrobiose diminuant le taux et la valeur des échanges respiratoires aboutit nécessairement à la toxicité du milieu sanguin et le repos hibernal apparaît comme une période obligatoire d'épuration physiologique correspondant à une vraie cure d'excrétion.

Il est fort regrettable que F. PICARD (248) n'ait pas précisé d'avantage les conditions du cycle évolutif de *l'Haltica ampelophaga*

Guer. pour lequel «ce n'est pas l'action du froid qui déclanche l'hivernage», car «ce Coléoptère hiverne à l'état adulte, mais il tombe en diapause dès septembre, par une température encore élevée, supérieure le plus souvent à celle qui semble déterminer son réveil en avril.»

Dans l'étude des métamorphoses des Coccidies du groupe des Margarodes, P. MARCHAL (198) a montré que l'on peut sous l'influence de la sécheresse arrêter pendant des années les phénomènes internes du métabolisme. L'Insecte se trouve dans les conditions d'un véritable Kyste et ajoute se Savant: «Chez le *Neomargarodes Trabuti,* cet arrêt m'a paru se confondre avec la période de l'hibernation.»

Chez la Chrysomèle de la Pomme de terre, ainsi que FINK (121) l'a démontré, la période d'alimentation intensive précédant l'engourdissement et pendant laquelle le tissu adipeux se gorge de réserves grasses (jusqu'à 29 pour cent) est suivie par une phase de préhibernation à activité métabolique diminuée, alors que la teneur en eau baisse de 20 pour cent.

Dans d'autres groupes zoologiques, chez les Mollusques par exemple, dans une série de travaux sur l'Escargot, Melle. BELLION (45) démontre nettement le rôle de la déshydratation dans la torpeur de l'animal. Elle ajoute, en insistant à plusieurs reprises que: «de ces recherches dont les résultats concordent avec ceux fournis par des recherches antérieures sur l'hibernation des Vertébrés à sang chaud, le Professeur R. DUBOIS conclut que les causes essentielles de la torpeur hivernale ou estivale sont l'accumulation de gaz carbonique et la diminution de l'eau dans la substance vivante.» D'ailleurs, chez les êtres inférieurs et chez les Plantes, l'enkystement et la graine après une déshydratation préalable de l'organisme ne sont-ils pas des formes de vie ralentie comparables à l'hibernation des animaux supérieurs? Constatation déjà signalée par R. DUBOIS pour lequel «une graine sèche est un organisme en état de vie latente qui ne peut passer à l'état de vie manifestée que si elle reprend de l'eau».

Chez les Crustacés, le cas des œufs des Apus qui peuvent subir une dessication prolongée et par suite subsister dans des vases desséchées après le retrait des eaux se développant alors en masse dès que celles-ci reviennent, ne rentre-t-il pas dans la même catégorie des phénomènes biologiques?

On pourrait encore multiplier les exemples de ce genre. GIARD (128) fournit toute une liste de végétaux et d'animaux susceptibles d'aboutir à un état d'anhydrobiose ou vie latente par déssèchement. Déjà en 1894, ce Savant insistait sur l'importance de la déshydratation dans l'hibernation. «Peut-être même, écrivait-il, n'a-t-on pas assez tenu compte du rôle que joue la déshydratation dans le sommeil hivernal de beaucoup d'animaux de notre région.» Retenons également du même travail et ceci aura une grande importance pour la recherche des causes de l'hibernation et de la torpeur hibernale que la déshydratation lente et progressive sans danger pour l'être vivant, diminue les échanges respiratoires, (bien que ce ne soit pas l'avis de ILZUKA *Naohiko* 155) et en même temps tous les phénomènes vitaux.

Cette constatation est générale. Récemment encore, JACQUOT (R.) et MAYER (André) (156) ont montré que chez les graines «les oxydations ne deviennent mesurables que quand une certaine teneur en eau caractéristique de l'espèce est atteinte». . . . . «les oxydations augmentent progressivement quand augmente la teneur en eau.»

Nous sommes ainsi amenés à faire l'étude plus serrée des phénomènes vitaux durant l'hibernation de la Grenouille rousse.

On sait depuis longtemps que les fonctions organiques: respiration, circulation, secrétion, ... sont très amoindries chez les animaux dans l'état de torpeur.

Il y a plus de 100 ans que W. F. EDWARDS (108) a étudié la résistance à l'asphyxie des Grenouilles aux différentes périodes de l'année. Ce travail des plus intéressants manque parfois de précisions pour certains détails (sexe, espèce, température, état physiologique de l'animal, etc. . .). Néanmoins nous recueillons dans cette œuvre une foule de renseignements suggestifs.

C'est ainsi par exemple que ce Savant nous signale que le 7 Novembre 1817 la vie des Grenouilles immergées dans l'eau a varié de 2 heures, 5 minutes à 5 heures, 35 minutes. «Ce qui fait plus du double de la durée de leur vie en été dans l'eau au même degré (15° à 17°).» Les raisons données pour expliquer cette différence de résistance ne nous satisfont pas: «Si les animaux ont plus résisté en novembre, c'est qu'ils avaient subi avant une température plus basse.» La vérité est toute autre. Les Grenouilles expérimentées, très vraisemblablement recueillies dans la nature peu de temps auparavant commençaient leur hibernation et avaient leur maximum de réserves en même temps que le minimum de leur teneur en eau. Cette plus faible hydratation, ou plus exactement cette déshydratation légère des tissus de l'animal provoquant, comme nous le savons, un ralentissement des échanges respiratoires.

Son frère H. MILNE EDWARDS (226). rappelle que les animaux à sang froid résistent mieux à l'asphyxie lorsqu'ils sont soumis au refroidissement que quand la température est normale et que «les hibernants tombés en léthargie sous l'influence du froid ne respirent plus.»

Depuis ces travaux déjà anciens, les recherches se sont multipliées et on sait que chez les êtres en torpeur hibernale les mouvements respiratoires sont considérablement réduits. Dans sa remarquable «Etude sur le mécanisme de la thermogénèse et du sommeil chez les Mammifères» R. DUBOIS (101) souligne à propos de la Marmotte que «dans la période d'état de profonde léthargie, quand le sommeil n'est pas troublé, il n'y a par minute que 1, 2, 3 à 4 mouvements respiratoires et ils sont si faibles qu'il est impossible de les enregistrer.» De même, la circulation et d'autant moins rapide que le sommeil hivernal est plus profond. Les battements du cœur sont rares et faibles et on parvient souvent à en compter 3 ou 4 par minute.

Plus récemment, JOHNSON (157) signale que le Tamia plongé dans le sommeil hibernal à une température inférieure à 10°, au lieu de 200 inspirations à la minute n'en exécute plus que le quart. Parfois même, dans des conditions identiques de torpeur, ce Rongeur ne respire pas pendant 5 minutes. De même, les pulsations cardiaques tombent de 207 — 350 à 17 — 5 par minute. Cette dépendance de l'appareil circulatoire et de l'appareil respiratoire ne doit pas nous surprendre. Dans le règne animal l'anatomie et la physiologie comparées fournissent de nombreux exemples de relations très étroites dans le fonctionnement et l'organisation de ces deux systèmes d'appareils.

Déjà en 1892, E. BATAILLON (26) dans ses recherches sur les métamorphoses des Amphibiens anoures et des Vers à soie, qui, à plus d'un point de vue, seraient à rapprocher de l'hivernation, insistait sur les troubles circulatoires et respiratoires (asphyxiques avec accroissement progressif de la teneur en CO^2) qui accompagnent les phénomènes si complexes des métamorphoses.

Des points de vue physiologique et histologique nous retrouvons des relations analogues entre la composition du sang et l'activité respiratoire. C'est ainsi que pendant l'hibernation il y a en même temps que ralentissement des phénomènes respiratoires, diminution du nombre des globules sanguins, une véritable déglobulisation par conséquent. Chez la Marmotte en torpeur par exemple, le nombre des hématies par mm cube de sang peut tomber de 7 millions à 2 millions (R. DUBOIS). Pour les Poissons, SCHAEFER (Arthur A.) (277) a trouvé que chez l'*Eupomotus gibbosus*, le nombre des globules rouges passe de 2.400.000 par mm cube en Octobre à moins de 400.000 en Janvier pour revenir au chiffre d'Octobre en Avril. L'hibernation s'accompagne donc d'anémie, mais elle est suivie au Printemps d'un retour à la normale, même en l'absence de nourriture.

Etudiant les différents Batraciens des environs de Bonn, HEESEN (144) signale que le nombre de leurs globules rouges et blancs varie d'une manière périodique suivant les saisons; un maximum très net coïncide chaque fois avec l'époque de la reproduction. Alors que pour les globules blancs le minimum se trouve chez toutes les formes à la fin du sommeil hivernal, peu avant le réveil; pour les hématies le minimum est toujours dans la période qui suit immédiatement la ponte. Arrêtons-nous plus longuement et plus spécialement au travail de l'auteur sur *Rana fusca* confirmant les recherches antérieures de ZEPP.

Pour cette espèce d'Amphibiens, le nombre maximum de globules rouges, 551.900 par mm cube au début de la période de ponte, tombe déjà en Mars, suivi d'une chute considérable, puisque en Avril le chiffre des hématies n'est plus que de 392,600 par mm cube. Ce minimum persiste plusieurs mois et c'est seulement en Juillet avec 461.500 globules rouges par mm cube que la courbe remonte pour atteindre environ 500.000 pendant l'été. «Avec la recherche des quartiers d'hiver dans l'eau fin Octobre, une nouvelle chute se fait remarquer dans le nombre des globules rouges» qui tombe à 396.900 en Novembre. Sans preuve aucune, l'auteur attribue cette baisse à la dilution du sang et à l'arrêt de la nutrition. Nous ne discuterons pas cette conception, mais faisons remarquer que PARNAS J. K. (239) prétend que les Grenouilles maintiennent leur teneur en sel et leur pression osmotique constantes et que le point de congélation de leur sang, $\Delta = 0°,465$ reste inchangé pendant l'hiver alors que l'animal ne s'alimente plus. Par ailleurs, on a pu constater (Tableau XLI. et courbes 1, 3, 7, 8) que pendant les premiers mois de l'hibernation et malgré le passage de la vie terrestre à la vie aquatique, la teneur en eau de l'organisme total ne varie pas dans de telles proportions qu'elle puisse entraîner la dilution du sang presque du simple au double comme l'indique la proportion des globules rouges pendant ces deux périodes de l'existence de l'animal.

Retenons donc seulement que pendant le cycle annuel, le nombre des hématies de la Grenouille rousse présente un seul maximum au début de la ponte et deux minima, l'un après la reproduction et l'autre au début du repos hibernal. On s'imagine aisément la courbe représentative de ces variations. Le point essentiel à souligner est la faible teneur du sang en globules rouges pendant l'hibernation suivie d'une recrudescence de leur nombre pendant la posthibernation, phénomène parallèle à l'intensité et au nombre des mouvements respiratoires de même qu'à la rapidité de combustion des acides gras, des protéines et du glycogène de l'organisme pendant les mêmes périodes.

Nombreux sont les chercheurs qui se sont occupés de l'étude des échanges respiratoires des Grenouilles pendant les différentes époques de l'année. Malheureusement trop souvent ils ont négligé de préciser certaines conditions ou circonstances expérimentales qui sont cependant de la plus grande importance, telles que espèces, sexe de l'animal, époque de l'année, température du milieu, état physiologique et de nutrition etc. etc. . . C'est pourquoi bien peu de résultats sont susceptibles d'être utilisés pour l'étude qui nous intéresse.

Laissant de côté les travaux déjà anciens de REGNAULT et REISET, de MOLESCHOTT, de KLUG etc. cependant intéressants pour l'époque et à leurs points de vue, nous commencerons au début de ce siècle avec les recherches d'ATHANASIU (J.) (15) et de COUVREUR (72—73). De ce dernier Savant nous retiendrons que si la respiration pulmonaire de la Grenouille est la plus importante, la respiration cutanée n'est suffisante qu'en hiver.

ATHANASIU traite du quotient respiratoire chez les Grenouilles aux différentes périodes de l'année et opère tantôt sur *Rana fusca* tantôt sur *Rana esculenta*. Il constate que le Q. R. présente les plus grandes valeurs pendant les mois d'automne et d'hiver et que souvent il dépasse même l'unité, malgré qu'à ce moment ces animaux consomment leurs graisses ce qui devrait correspondre à un quotient plus petit que pendant la belle saison où la consommation des hydro-carbones prédomine. L'auteur interprète cette anomalie de la façon suivante: En été, les Grenouilles absorbant plus d'oxygène qu'il ne leur en faut emmagasinent l'excédent dans leurs tissus. Cette réserve gazeuse serait alors consommée durant l'Hiver. Ainsi s'expliquerait l'augmentation du Q. R. pendant la saison où les graisses sont brûlées.

Sans insister longuement sur la valeur et l'interprètation de ces résultats expérimentaux, signalons qu'ATHANASIU opérait toujours sur des mâles et que même en Hiver les animaux examinés, recueillis au dehors séjournaient d'abord pendant un certain temps, non précisé, dans un aquarium du laboratoire. Enfin les expériences durant de 11 à 24 heures s'effectuaient à des températures de 11° à 17°.

Si l'on tient compte du fait classique que l'élévation de température a pour effet d'augmenter les échanges respiratoires, et d'autre part de toutes les conditions et circonstances expérimentales, il ne nous est pas possible d'utiliser les résultats précédents pour l'étude des Grenouilles femelles en hibernation laquelle a lieu à une température toujours inférieure à 10°.

Récemment ILZUKA (Naohiko) (155) a étudié les variations saisonnières des échanges respiratoires chez la Grenouille. Il a fait un certain nombre de déterminations sur ces Batraciens normaux maintenus à température à peu près constante à diverses époques de l'année. Pour d'autres expériences il s'est surtout attaché à modifier le moins possible la température à laquelle se trouvaient naturellement les animaux, opérant ainsi parfois dans la glacière. Malheureusement l'étude a porté sur *Rana esculenta*, le sexe n'est pas indiqué ce qui a une très grande importance pour l'accumulation des réserves. Quoiqu'il en soit, il confirme qu'il y a variation des échanges respiratoires suivant la saison et la température, fait déjà signalé par ses devanciers; mais ses résultats sont en désaccord avec ceux obtenus par ATHANASIU.

D'après ILZUKA, on trouve le plus souvent des quotients respiratoires très bas pour des Grenouilles laissées immobiles en Hiver, au jeûne et au froid. C'est ainsi par exemple qu'à 6°, le Q. R. a été de 0,38 en Janvier et de 0,48 en Février. En été, les animaux expérimentés s'agitant, le Q. R. monte à 0,75 et parfois à 1. En tout cas, il souligne que le quotient respiratoire s'élève quand on échauffe la Grenouille ou si elle se meut. Fait vrai en été et en hiver et confirmé par KAYSER (Ch.) et GINGLINGER (A.) (158) pour lesquels «Chez les Poïkilothermes, chez les Homéothermes imparfaits ou parfaits, la valeur du quotient respiratoire est fonction de la température et augmente avec elle. Ce phénomène est indépendant de la grandeur des échanges dont les variations avec la température sont de sens opposés chez les Homéothermes et les Poïkilothermes».

Soulignons donc que pour la Grenouille verte (*Rana esculenta*) pendant l'Hiver, le quotient respiratoire est très bas. D'ailleurs, d'après HARI (142), il n'est pas douteux que pendant le sommeil hibernal le Q. R. est inférieur à 0,7 qui est le chiffre le plus bas de la bête à l'état de veille; alors qu'au réveil d'un animal hibernant il peut être plus grand que celui d'un animal inanitié mais non engourdi. D'après R. DUBOIS (101), chez la Marmotte engourdie, REGNAULT et REISET l'ont vu descendre à 0,4. «Tous les auteurs sont d'accord pour déclarer qu'il y a pendant le sommeil profond plus d'oxygène absorbé qu'on n'en retrouve dans l'acide carbonique éliminé. L'abaissement du quotient $\frac{CO^2}{O^2}$ est d'autant plus prononcé que la torpeur est plus profonde, ou ce qui revient au même, que la température interne est plus basse.»

Comment expliquer ces faits paradoxaux? Les avis sont partagés. Bien des auteurs attribuent la baisse du Q. R. pendant l'hibernation à la formation de glycogène aux dépens des graisses et inversement le Q. R. plus élevé au réveil à la combustion rapide du glycogène formé précédemment. C'est la théorie de BOUCHARD et CHAUVEAU sur la production de glycogène par oxydation incomplète des graisses avec fixation d'oxygène sur la molécule. En effet, la transformation d'acides gras en amidon exige une fixation d'O^2. Par suite, une certaine quantité de ce gaz absorbé pour des fins respiratoires n'apparaît donc plus ni à l'état de gaz carbonique, ni à l'état d'eau et le quotient respiratoire $\frac{CO^2}{O^2}$ doit nécessairement se trouver abaissé. Théorie édifiée à l'époque (1896) où R. DUBOIS a vu coïncider chez la Marmotte à l'état de torpeur, l'amaigrissement avec une accumulation de glycogène dans les muscles; en même temps que REGNAULT et REISET montraient que ce même Rongeur en hibernation peut présenter des augmentations de poids dûes à une fixation d'oxygène. Par la suite COUVREUR et MARCHAND étudiant l'évolution des réserves de graisses et de glycogène chez le Ver à soie au début du filage et chez la Moule au commencement de l'été présentaient des arguments en faveur de cette transformation.

Si pour HARI (142) l'accumulation du glycogène pendant le sommeil hibernal n'a justement pas été prouvé, il semblerait cependant acquis d'après MAIGNON (195) que la production de glucides aux dépens des graisses puisse se faire chez les végétaux, les Poïkilothermes et les Homéothermes hibernants en état de torpeur. Mais «Chez les Homéothermes, tant chez les sujets sains que dans la très grande majorité des diabétiques, la transformation des graisses, ou plus exactement des acides gras en glucides n'existe pas.» Pourtant CALVO-CRIADO (63) opérant sur des Rats, démontre qu'il y a formation de sucre à partir de graisses et que cette transformation est facilitée en rendant par de petites quantités de sucre le foie apte à fonctionner normalement.

Y aurait-il donc chez *Rana fusca* en torpeur hibernale une telle production de glycogène aux dépens des graisses?

L'étude de la teneur en glycogène du corps ou des organes de la Grenouille a été entreprise depuis longtemps par de nombreux Savants comme Cl. BERNARD, LUCHSINGER, KULZ, V. WITTICH, BUNGE, POLIMANTI, PFLUGER, etc. C'est seulement en 1899 que ATHANASIU (17) en a fait l'étude chez l'animal total pendant les diffé-

Tableau LII. Teneur en glycogène des œufs, du foie et de l'organisme de la Grenouille rousse aux différentes périodes de l'année.

(D'après **BLEIBTREU** . . . (53)

(Chaque expérience est de 10 Grenouilles, sauf l'expérience IV qui est de 11 Grenouilles.)

Numéros des Expériences	Jour de l'expérience 1910	100 grammes de Grenouille contiennent :					
		Poids des organes		Glycogène :			
		foie	ovaires et œufs	foie	ovaires et œufs	Reste du corps	Total
IV	28 Mars au 8 Avril	2,24	1,38	0,0668	0,0010	0,3895	0,4573
V	4 Juin	3,16	1,54	0,1439	0,0017	0,1385	0,2841
VI	8 Juillet	3,56	2,76	0,1340	0,0087	0,2180	0,3607
VII	9 Août	4,29	4,82	0,2437	0,0227	0,2328	0,4992
VIII	3 Septembre	3,49	8,63	0,1965	0,0806	0,2828	0,5599
IX	18 Octobre	3,66	11,08	0,5246	0,2020	0,6873	1,4139
X	23 Décembre	2,33	11,98	0,2823	0,2439	0,4802	1,0064
I	15 Janvier	2,035	12,39	0,2516	0,2434	0,4829	0,9797
II	9 Février	1,605	10,94	0,1704	0,2730	0,4764	0,9198
III	24 Mars	1,45	32,00	0,1075	0,2790	0,4357	0,8212
IV	28 Mars au 8 Avril	1,56	31,55	0,0464	0,2844	0,2703	0,6011

rentes saisons; malheureusement, ses déterminations portent indifférem-ment sur des mâles ou sur des femelles de *Rana fusca* ou de *Rana esculenta*. Néanmoins, les résultats sont significatifs. L'examen de la courbe et des chiffres fournis par cet auteur nous montre que le glycogène est en moins grande quantité pendant l'été avec un minimum de 0,4 à 0,5 pour cent que pendant l'hiver où il se maintient dans le voisinage de 1 pour cent après avoir eu son maximum en automne avec 1,40 pour cent. Au moment de la reproduction, la Grenouille contient encore une notable quantité de cet hydrate de carbone (0,99 pour cent chez des mâles de *Rana fusca*).

Ce Savant conclut: «que le glycogène qu'on trouve à la fin du sommeil hibernal dans le corps de la Grenouille n'est qu'un reste des réserves qui est à attribuer à la petite consommation par l'organisme pendant l'Hiver.»

En 1908, MANGOLD (197) reprend la question mais s'occupe plus spécialement de la teneur du foie et des rapports de cet organe avec l'organisme total. Il confirme les résultats de ses devanciers en particulier ceux de Cl. BERNARD et d'ATHANASIU et termine en concluant que: «Le foie contient toujours plus de la moitié du glycogène total du corps.»

Deux ans plus tard, son Maître BLEIBTREU (53) étudie pendant toute une année la teneur en glycogène du foie, de l'ovaire et du reste du corps de *Rana fusca*. Nous nous arrêterons longuement à ce travail remarquable et nous lui ferons de larges emprunts.

Les résultats de 10 séries d'expériences de chacune 10 femelles sont consignés dans le tableau LII indiquant, dans le cycle annuel, d'une ponte à la suivante, pour 100 grammes de Grenouille fraîche, la teneur en glycogène du foie, des œufs, du reste du corps et de l'animal total. Le graphique n° 11 reproduit quelques uns de ces résultats les plus intéressants.

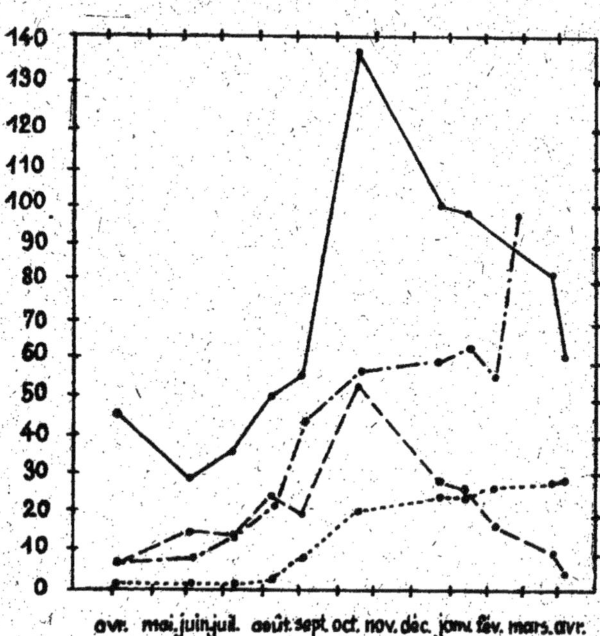

Fig. 11, (D'après BLEIBTREU.) Teneur en glycogène au cours de l'année : Quantités en centigrammes pour 100 grammes de Grenouille totale, renfermées dans les œufs . . . ., dans les foies — — — —, dans l'animal total ————.

Le poids des œufs —.—.—.— est rapporté à 100 grammes de Grenouille totale. (Pour la courbe du poids des œufs, 10 divisions représentent 2 grammes.)

Dans la figure 11, l'abcisse représente le temps, l'ordonnée la teneur en centigrammes de glycogène par 100 grammes de Grenouille fraîche. On voit ainsi que le glycogène total diminue à partir de l'époque de la ponte et tombe à son minimum en Juin. Il remonte ensuite fortement pour atteindre son maximum en Octobre ; puis il baisse durant l'Hiver tout en conservant une valeur relativement élevée, même à l'époque de la ponte.

Le glycogène du foie en petite quantité au moment de la reproduction progresse d'une façon continue pendant le Printemps et l'Été. En Automne il est à son maximum et diminue régulièrement et sans cesse jusqu'à la ponte où il atteint une valeur très faible.

L'ovaire de la Grenouille ayant pondu n'a plus qu'une toute petite quantité de glycogène qui augmente lentement jusqu'en Juillet. A partir de ce moment la courbe commence une ascension continue, d'abord relativement rapide, jusqu'à l'approche de la mauvaise saison, mais plus lente pendant l'hibernation et jusqu'à la fin de la période sexuelle.

La fig. 11 permet aussi de comparer la croissance de l'ovaire avec l'augmentation continue de sa teneur en glycogène. Les deux courbes sont rapportées à 100 grammes de Grenouille fraîche. Dans le graphique du poids de l'organe, 100 divisions d'ordonnées représentent 20 grammes d'ovaire ou d'œuf.

On voit ainsi la croissance continue du poids des ovaires et de leur teneur en glycogène. Cette progression d'abord lente pendant les premiers mois de la vie active s'accentue surtout durant l'Été et l'Automne pour se continuer, mais plus lentement, pendant l'Hiver. Pour compléter ces données, ajoutons les chiffres du cycle annuel pour le pourcentage de la teneur de l'ovaire en glycogène et qui sont de : Avril, 0,07 %, — Juin, 0,11 %, — Juillet, 0,31 %, — Août, 0,47 %, — Septembre, 0,93 %, — Octobre, 1,82 %, — Décembre, 2,04 %, — Janvier, 1,96 %, — Février, 2,50 %. —

En terminant BLEIBTREU souligne que : «*depuis Octobre jusqu'à la fin de la période annuelle, le foie diminue en poids comme aussi de teneur en glycogène, tandis que l'ovaire continue à augmenter en poids et en teneur en glycogène. C'est donc que l'ovaire augmente pendant toute cette période aux dépens du foie.*»

Il est des plus intéressant de rapprocher cet ensemble de résultats expérimentaux des teneurs correspondantes en acides gras. (Voir graphiques n°s 5, 9, 10). C'est ainsi qu'il apparaît que pendant l'hibernation les courbes du pourcentage par kilogr. d'animal des acides gras et du glycogène des ovaires d'une part, du foie, et de l'organisme total d'autre part ont la même allure. Dans les deux cas, alors que les œufs s'enrichissent, l'organisme et le foie subissent des pertes continues. Pendant la période estivale également, pour ces deux constituants, l'enrichissement des ovaires très lent jusqu'en Juillet, monte brusquement à ce moment de l'année. Pour le foie et l'organisme total, le maximum de la teneur en acides gras se trouve aussi en Juillet, c'est-à-dire plus tôt que leur maximum en glycogène.

Tous les faits précédents ont été confirmés récemment par GOLDFEDEROWA (132) qui constate que chez la Grenouille adulte la teneur en glycogène est maxima en Hiver pour diminuer jusqu'à l'été avec la plus forte baisse à l'époque de la reproduction et en même temps que la diminution saisonnière du glycogène est parallèle à une diminution en acides gras. Cependant le chiffre de 5 pour cent donné par l'auteur pour la quantité maxima de graisses chez la femelle de *Rana fusca* me paraît très élevé. Je ne l'ai jamais rencontré dans aucune des centaines de déterminations que j'ai effectuées.

Par conséquent, de cet ensemble de résultats expérimentaux, il semble bien résulter que durant l'hibernation de la Grenouille rousse, non seulement il n'y a pas accumulation de glycogène dans le corps de l'animal, mais consommation de cet hydrate de carbone dont le taux baisse sans cesse dans l'organisme total en même temps que déplacement d'une partie vers les ovaires. Par suite, l'explication du Q. R. très bas pendant cette période doit être recherchée ailleurs que dans la transformation des graisses en glycogène.

Ne serait-elle pas purement physique ainsi que le fait remarquer HARI qui s'appuye sur des expériences de LINDSTEDT sur les Poissons? Des recherches sur ces animaux aquatiques il résulte qu'à + 3°, + 4° le quotient respiratoire bas provient simplement du fait que les liquides tissulaires sont capables d'absorber avec l'abaissement de température des quantités croissantes de gaz. Or, c'est une donnée classique que le CO^2 est incomparablement plus soluble que l'O^2 Ainsi à + 4°, + 5° la solubilité du premier gaz dans l'eau est environ 35 fois plus élevée que celle du second. Ajoutons également qu'on admet parfois sans preuve aucune, des combinaisons multiples du CO^2 (carbonates et bicarbonates alcalins et alcalino-terreux par exemple) fixées aux protéiques du sérum, aux globules sanguins et à l'alcali enlevé aux globulinates alcalins. Si nous nous reportons aux conditions de vie des Grenouilles en hibernation, on peut faire état de la remarque de HARI.

Pendant cette période de l'année, en effet, elles séjournent ou dans la vase, ou entassées dans les cavités aquatiques, par suite dans un milieu asphyxique, peu aéré, renfermant des quantités minimes d'oxygène. Comme d'autre part, la respiratoin pulmonaire est à peu près inexistante, et la cutanée peu intense, il n'y a pas lieu d'être surpris si le CO^2 résultant des combustions internes ralenties reste dissous dans les liquides tissulaires, alors qu'il y a peu d'O^2 absorbé. Il semble donc bien qu'il faut rechercher dans les conditions asphyxiques de l'habitat l'explication des causes du Q. R. très bas pendant l'hibernation. —

D'ailleurs, dans son étude sur la Marmotte en torpeur R. DUBOIS souligne également l'augmentation du gaz carbonique du sang avec l'abaissement de la température, le ralentissement de la circulation et les phénomènes concomitants. Mlle BELLION (45) constate aussi que pendant l'hivernage de l'Escargot (*Hélix pomatia L.*) il y a accumulation de CO^2 dans les tissus. Comme le fait judicieusement remarquer R. DUBOIS (104) : «De longues années d'études et de recherches expérimentales m'ont convaincu que l'action physiologique générale de l'acide carbonique a été méconnue : on a eu tort de considérer ce gaz comme un simple déchet de la nutrition, alors qu'en réalité son rôle est plus important encore que celui qui a été assigné par LAVOISIER à l'oxygène. C'est à lui qu'appartient le premier rang puisqu'il est le grand Maître de nos combustions, l'antipyrétique normal, l'universel autorégulateur des phénomènes de la vie.»

L'étude biochimique de l'hibernation faite précédemment a montré que durant cette période il y a consommation d'acides gras et de matières azotées en même temps que les recherches d'ATHANASIU, de MANGOLD, de BLEIBTREU, de GOLDFEDEROWA et d'autres encore ont prouvé la disparition d'une partie du glycogène de l'organisme.

Il est classique que le quotient respiratoire correspondant aux combustions de ces trois groupes de substances s'accomplissant suivant le type généralement admis peut-être compris entre 0,67 et 1,00. Comme d'autre part, nous n'avons pu constater pendant la même période la transformation de graisses en glycogène, transformation correspondant à un Q. R. de 0,23, on peut se demander si le rapport $\frac{CO^2}{C^2}$ remarquablement bas pendant l'hibernation ne serait pas dû à une oxydation incomplète des acides gras fournissant des graisses ou une série de corps intermédiaires avant d'aboutir à la décomposition en acide carbonique et en eau ?

Reportons-nous donc aux tableaux XL. XLI. XLV. et aux courbes 5, 6, 9, 10 des variations de la teneur en acides gras et des indices d'iode de ces acides du corps sans ovaires, des œufs, du foie et de l'animal total durant l'hibernation.

Pour la Grenouille entière, malgré une disparition appréciable des acides gras, leur indice d'iode varie très peu, se tenant dans le voisinage de 130—135, ayant plutôt une tendance à la baisse vers le milieu de la période hibernale pour remonter à l'époque de la ponte. Or, à la mort par inanition de la Grenouille rousse femelle, la teneur en acides gras de l'organisme global, représentant l'élément constant n'est plus que 4,4 pour mille du poids frais avec un indice d'iode de 158, lequel caractéristique de l'espèce, ainsi qu'on le sait, ne varie pas quelle que soit l'alimentation. (BELIN, et BARTHELEMY, cité par BELIN 42). Chez les mâles de *Rana fusca,* le taux des acides gras de l'élément constant n'est que 0,22% soit 2,2 pour mille avec un indice d'iode de 132 seulement. —

Sans insister de nouveau, (il y aurait cependant de nombreuses remarques à faire), on voit combien il est nécessaire de préciser le sexe des animaux expérimentés. —

Il s'ensuit que les graisses de dépôt ou élément variable de la Grenouille femelle, les seules consommées pendant le jeûne, ont nécessairement un indice d'iode plus faible que 158. C'est d'ailleurs ce que nous avons constaté pour les corps adipolymphoïdes par exemple, organes de réserve les plus typiques et les plus visibles, représentant une quantité appréciable (1 gr. 50 d'acides gras par kilogr. d'animal total, soit environ 1/14 à 1/15 des graisses de l'organisme global et le 1/11 des graisses de dépôt) dont l'indice d'iode est voisin de 80. Comme pendant l'inanition il y a perte d'acides gras en même temps que disparition à peu près complète des corps adipolymphoïdes et par suite avec eux de graisses plus près de la saturation, on devrait donc durant la torpeur hibernale voir s'élever l'indice d'iode de l'organisme global; ce qu'un calcul simple permettrait de fixer approximativement. Le contraire survenant, on est amené à déduire que pendant l'hibernation, outre les graisses disparues pour l'entretien de la vie et brûlées complètement par conséquent, il y a eu en outre saturation d'une partie des acides gras restant; c'est-à-dire transformation en acides gras à indice d'iode plus bas. Cette saturation ou oxydation incomplète des graisses absorbe de l'oxygène respiratoire qui ne réapparaît pas sous forme de CO^2 et contribue par conséquent à abaisser le Q. R. —

D'ailleurs, on sait depuis longtemps, REGNAULT et REISET l'avaient déjà noté et le fait a été confirmé et admis depuis, que pendant le jeûne, le Q. R. s'abaisse parfois. Cela tient à ce que pendant cet état d'inanition l'organisme rejette par l'urine des quantités importantes de carbone sous forme d'acides acétoniques, ce qui diminue d'autant la quantité d'acide carbonique éliminée par le poumon et abaisse par conséquent la valeur du Q.R. Si l'on considère l'hibernation comme une inanition un peu spéciale, s'effectuant à basse température chez un animal engourdi avec des fonctions physiologiques ralenties, on peut se demander s'il ne faut pas rechercher dans ce phénomène l'explication du Q. R. anormalement bas chez la Grenouille en torpeur hibernale ? Pourtant, d'après MARES (200) «Chez la Grenouille d'hiver l'indigo carmin injecté dans la lymphe n'est excrété ni par le foie, ni par les reins ; le pigment reste dans les vaissaux capillaires, de sorte qu'il se produit une injection naturelle de ces vaissaux ; la secrétion glandulaire est suspendue». Mais récemment HAAN et BARKER (141) étudiant les fonctions rénales des Grenouilles en Eté et en Hiver admettent l'excrétion des colorants diffusibles en Hiver, mais à un taux beaucoup plus faible qu'en Eté ; bien que PRZYLECKI J. — OPIENSKA, — et GREDROYE (251) déclarent que : «il est bien possible que souvent dans les conditions de la vie normale des Grenouilles, (basses températures), le rôle prépondérant dans les processus d'excrétion soit joué par la peau, les reins ne participant presque pas à ce travail.» Quelle que soit l'interprétation adoptée, le résultat global, mathématique, incontestable est que pendant l'hibernation, la baisse de l'indice d'iode des acides gras de l'organisme global indique comme phénomène prédominant une oxydation incomplète d'une certaine quantité appréciable de graisse. Mais ceci n'exclut nullement des désaturations locales des acides gras de tissus ou dépôts au profit de certains organes. En a-t-on des preuves ? Examinons l'évolution des ovaires pendant l'hibernation.

Ainsi que nous l'avons constaté précédemment (tableaux XL. XLI. XLV) malgré l'absence d'alimentation durant la torpeur hibernale, les ovaires augmentent sans cesse de poids et leur teneur en acides gras, bien que leur taux demeure à peu près constant ainsi que l'indice d'iode toujours voisin de 140. Il est à remarquer également que pour une Grenouille normale, quelle que soit la période de l'année, l'indice d'iode des acides gras des œufs varie peu, mais il est toujours de beaucoup plus élevé que celui de l'animal total et même de la femelle débarrassée de ses ovaires. Comme durant l'hibernation, les œufs ne peuvent s'enrichir qu'aux dépens de l'organisme proprement dit, celui-ci cède donc une partie de ses graisses de dépôt aux organes génitaux où on les retrouve avec un indice d'iode beaucoup plus élevé. Ce qui implique une désaturation. Phénomène que nous pouvons schématiquement représenter par la formule suivante :

$$C^n H^{2n} O^2 = C^n H^{2n-2} O^2 + H^2$$

acide gras saturé = acide gras non saturé + H^2

Cet hydrogène libéré va absorber de l'oxygène, car en effet la désaturation est une oxydation pour constituer de l'eau. Voilà donc encore de l'oxygène respiratoire qui forme de l'eau restant vraisemblablement dans l'organisme qui ainsi que nous l'avons constaté auparavant s'hydrate durant l'hiver, en même temps que cet O^2 ne réapparaît pas sous forme de CO^2 et contribue par conséquent à abaisser encore le Q. R. Reste à savoir où se fait cette désaturation? Dans l'ovaire lui-même ou dans un autre organe tel que le foie?

BELIN (42) a montré que lors d'une alimentation hydrocarbonée, l'indice d'iode des graisses de l'œuf de Poule est presque identique à celui des graisses de dépôt d'un sujet de même espèce recevant la même alimentation, «preuve d'une absence complète d'un travail de remaniement par l'ovaire des graisses qui lui sont envoyées par l'organisme, tout au moins lorsque ces graisses sont entièrement fabriquées aux dépens des hydrates de carbone».

Par contre, pour le même animal nourri avec du Chènevis: «la matière grasse de l'œuf est incontestablement sous la dépendance des graisses ingérées, mais non point sous une dépendance absolue, puisque son indice d'iode reste toujours très nettement inférieur à celui des acides gras de la ration.» Dans ce cas, tout en faisant remarquer la plasticité beaucoup plus grande chez les graisses de dépôt que chez celles de l'œuf, ce chercheur conclut à un remaniement préalable avant l'incorporation dans l'ovaire mais sans pouvoir en préciser le lieu.

Si de cette intéressante étude nous devons souligner la plasticité plus grande des graisses de dépôt et l'absence complète de remaniement des acides gras par l'ovaire, lors d'une alimentation hydrocarbonée, il faut néanmoins constater que le cas de l'œuf de Poule est bien différent de celui de l'œuf de Grenouille. D'une part, nous avons à faire à un Homéotherme à l'état de veille et s'alimentant; d'autre part à un Poïkilotherme en torpeur hibernale, vivant uniquement sur ses réserves, lesquelles ont toujours même composition chez toutes les femelles comparées au même moment de la période hibernale.

L'on admet généralement que les graisses sont conduites d'une manière constante vers le foie, qui par un travail chimique spécial prépare les acides gras à la combustion ou à leurs transformations. Il est également reconnu que chez les animaux hibernants, avant l'hibernation, cet organe s'enrichit en graisse et que durant la torpeur hibernale la graisse accumulée dans le foie disparaît peu à peu tout comme le glycogène: ces deux éléments remplaçant la nourriture que les animaux ne reçoivent plus. En outre, cette glande agit aussi sur les acides gras transformant les saturés comme les acides palmitiques et stéariques en non-saturés du type de l'acide oléique beaucoup plus facilement oxydables. Ces derniers constituent en effet au moins la moitié des acides gras du foie. De plus, la dégradation des acides gras se continuant dans cet organe les transforme en produits cétoniques, acide acétyl-acétique ou diacétique et acétone auxquels il faut rattacher l'acide β oxybutyrique.

Examinons-donc le rôle du foie chez la Grenouille en hibernation et consultons les tableaux XL. XLI. XLIV. et XLV. et les graphiques 4, 5, 6. Si pendant la période estivale, cette glande progresse en poids et s'enrichit considérablement en graisse dont l'indice d'iode monte progressivement, durant la torpeur hibernale le phénomène inverse se produit: c'est d'abord une perte de poids de moitié, puis une diminution appréciable du taux des acides gras et de leur quantité par kilogramme d'animal total, et enfin c'est surtout la baisse continue et considérable de l'indice d'iode des acides gras qui tombe de 146 à 86. Une baisse parallèle mais de moins grande amplitude se manifeste également pendant la même période pour l'indice d'iode des acides gras de l'organisme sans les ovaires.

D'une part, enrichissement des ovaires en graisse avec indice d'iode élevé et constant; d'autre part, perte d'acides gras les moins saturés du foie et de l'organisme. On ne saurait guère interpréter ce phénomène que de la façon suivante et supposer le passage des acides gras à indice d'iode élevé du corps et du foie dans les œufs. Vu le rôle généralement attribué au foie, si une légère désaturation doit s'effectuer, c'est là qu'elle se fait.

De cet ensemble de constatations il résulte donc que la valeur très faible du quotient respiratoire pendant la torpeur hibernale se justifie à la fois par des oxydations incomplètes des graisses produisant des corps acétoniques et par désaturation d'une autre partie des acides gras, phénomène qui est aussi une oxydation. Mais ce n'est pas tout. Vu les conditions asphyxiques de l'habitat durant l'hibernation naturelle et les observations que nous avons signalées il n'est pas douteux que l'explication physique de l'absorption des gaz et surtout du CO_2 par les tissus et les liquides organiques de même que les combinaisons multiples peu stables des protéiques du sérum par exemple contribuent pour une large part à l'abaissement du Q. R. Cette dernière manière de voir s'étaye encore par l'étude de la posthibernation et de la maturation proprement dite que nous allons examiner.

II° POSTHIBERNATION.

Le quotient respiratoire élevé au réveil printanier peut se justifier assez facilement. A ce moment, la température augmente, la Grenouille renaît à la vie active, la circulation et la respiration deviennent plus intenses, toutes circonstances qui entraînent un métabolisme plus considérable. D'ailleurs en fait, les courbes comme les tableaux des divers constituants essentiels de l'organisme : acides gras, matières protéiques, glycogène, indiquent nettement qu'au réveil il y a consommation et destruction intensive de ces matériaux et surtout de glycogène, constituants dont les quotients respiratoires correspondant à leurs combustions sont compris entre 0,67 et 1,00.

Si pendant cette période le Q. R. est parfois plus grand que celui d'un animal inanitié mais à l'état de veille, l'explication peut être fournie par les remarques suivantes :

Il semble bien que pendant la torpeur hibernale il y a accumulation de CO_2 dans les liquides de l'organisme ; le fait a été constaté et démontré par R. DUBOIS pour le sang de la Marmotte en hibernation. D'autre part, de nombreux auteurs et en particuliers WEISS ont prouvé que l'augmentation de la fréquence et de la profondeur des mouvements respiratoires, phénomènes très visibles au réveil printanier amène le rejet du CO_2 accumulé dans le sang et les liquides de l'organisme et par là même augmente le Q. R. Pour la Marmotte, R. DUBOIS a constaté que le gaz carbonique contenu dans le sang diminue au réveil. Ainsi s'expliquerait également pour la Grenouille rousse le quotient respiratoire anormalement élevé constaté aux premiers temps de la posthibernation. —

III° SURMATURATION.

Nous avons souligné précédemment les caractères essentiels de la surmaturation. Le fait le plus frappant est le suivant : quelle que soit la température, même à la glacière, condition pareille à celle de l'hibernation, la Grenouille surmature subit une perte de poids relativement considérable, alors que pendant la mauvaise saison les variations pondérales étaient insignifiantes et qu'il y avait même une augmentation de poids au début de la posthibernation au moment de la reproduction. Puis c'est durant la surmaturation la perte d'une quantité appréciable de substances protéiques et d'un pourcentage relativement élevé de la teneur en acides gras qui s'effectue à la fois sur l'organisme et sur les œufs, en même temps que l'on constate le relèvement de l'indice d'iode des graisses de l'animal total et des produits sexuels, impliquant par conséquent la combustion complète et la disparition de graisses de dépôt plus près de la saturation. Enfin c'est surtout la diminution du taux de l'eau de l'animal total. Tous ces résultats paradoxaux doivent retenir l'attention, d'autant plus qu'à première vue les conditions externes: milieu aquatique, basse température, absence d'alimentation, paraissent identiques dans les deux cas de l'hiberntaion et de la surmaturation. —

Cependant un observateur attentif et minutieux relève déjà une première différence essentielle. Même à la température relativement basse de la glacière et en milieu humide ou sec, les femelles surmatures ne sont plus engourdies. A quelle cause attribuer ce résultat? La raison ne peut en être que dans le faible taux des réserves nettement caractérisé dans le cas de la surmaturation. Voilà un fait qui n'est pas unique et qui vient militer avec ceux déjà signalés avant en faveur de la nécessité de réserves abondantes pour que l'hibernation, c'est-à-dire la torpeur hibernale puisse s'effectuer.

Je trouve encore dans le merveilleux travail de R. DUBOIS, sur la Marmotte, un modèle du genre, des exemples à l'appui de cette manière de voir. Le Savant lyonnais constate que ce Rongeur hibernant se réveille d'autant plus facilement sous les conditions les plus diverses que l'on approche de plus en plus du printemps, c'est-à-dire du moment où il aboutit à l'épuisement de ses réserves. «A la fin de l'hibernation, les phases de sommeil deviennent de plus en plus courtes et celui-ci, de moins en moins profond, passe insensiblement de la forme hivernale à celle du sommeil ordinaire. C'est, par conséquent, le contraire de ce qui arrive au début de l'hiver où le sommeil ordinaire se transforme progressivement en léthargie.»

Chez les Chauves-Souris en hibernation, RULOT (276) conclut également que: «le sommeil est plus profond au début qu'à la fin de l'Hiver.»

Je n'ai aucune indication sur le nombre des mouvements respiratoires ou des battements du cœur, pas plus que sur l'intensité des échanges gazeux et sur l'activité circulatoire pendant la surmaturation à température basse ou élevée. Mais vu le métabolisme intense, même à la glacière, des constituants de la femelle surmature, tout laisse supposer que la disparition importante des matériaux de l'organisme nécessite des combustions internes qui ne peuvent s'effectuer sans l'apport d'oxygène extérieur et par suite d'une notable activité respiratoire (cutanée et pulmonaire) et circulatoire.

Si dans le rapprochement fait précédemment (p. 131) entre l'hibernation et la posthibernation d'une part, la surmaturation d'autre part, nous avons constaté que le métabolisme azoté varie peu dans les deux cas, par contre nous avons vu que à temps égal la consommation des acides gras est de beaucoup supérieure dans la surmaturation, presque double de celle de l'hibernation.

Combustions qui nécessitent par conséquent une consommation presque double d'oxygène et par suite une respiration variant dans les mêmes proportions.

Ne nous arrêtons pas d'avantage sur cette perte de matières qui justifie en partie, mais non complètement, la baisse considérable de poids de l'animal total pendant la surmaturation, baisse dûe également à la diminution de la teneur en eau. Ce dernier phénomène nous paraît particulièrement paradoxal. Alors que pendant l'hibernation et même durant la posthibernation, malgré la régression du taux des protéiques, des graisses, du glycogène, la teneur en eau progresse; pendant la surmaturation, dans les mêmes conditions physiques: milieu aquatique, température et combustions intenses des constituants principaux de l'organisme, le taux de l'eau baisse d'une façon appréciable. Quelles peuvent être les raisons de ces différences?

Dans les nombreux tableaux figurant dans la première partie de ce travail, on a pu constater que des Grenouilles femelles en hibernation reportées au laboratoire subissent très rapidement des pertes de poids considérables qui ne peuvent être imputées uniquement aux combustions des constituants de l'organisme plus importantes cependant comme on le sait à la température plus élevée du laborataire. D'ailleurs, pour les mêmes animaux séjournant ensuite au même laboratoire, les baisses de poids ultérieures sont relativement moins considérables qu'immédiatement après le retour à cette température élevée.

OTT (237) faisant l'étude des changements de poids des différents organes de la Grenouille Léopard (*Rana pipiens*) aux divers stades d'inanition est surpris « de trouver que les Grenouilles placées dans un endroit frais montraient une perte progressive de poids, » alors que d'autres augmentaient! Phénomène dû, vraisemblablement d'après l'auteur, à de l'eau principalement dans les espaces des tissus et les sacs lymphatiques. «Cette absorption d'eau étant probablement en corrélation avec la température plus basse.» Il constate également que si les Grenouilles s'étant hydratées pendant l'hibernation sont reportées dans l'eau à une température plus élevée, elles perdent relativement beaucoup de poids et que l'eau absorbée antérieurement est rapidement excrétée. C'est ainsi qu'après 9 jours de retour dans une eau plus chaude, une femelle perd 12 gr. 5 sur 67 gr. de poids initial.

D'après les observations précédentes il ressort nettement qu'il y a hydratation de l'animal pendant l'hibernation et déshydratation lorsque l'on fait cesser la torpeur hibernale par une élévation sérieuse de température ou pendant la surmaturation, même à la glacière.

Ces résultats opposés ne peuvent provenir que d'une différence d'activité physiologique de l'individu : la perte d'eau apparente étant la caractéristique et le résultat de la vie active sans alimentation, même en milieu aquatique, alors que l'hibernation, période de léthargie avec ralentissement de tous les phénomènes vitaux (circulation, respiration, etc. . . .) accumule l'eau dans l'organisme. Or, précédemment l'étude du métabolisme et en particulier du quotient respiratoire pendant l'hibernation nous a amenés à conclure que pendant cette période les liquides tissulaires accumulaient l'acide carbonique soit gazeux, soit à l'état de composés divers. On connaît l'affinité de ce gaz pour l'eau et le complexe peu stable s'unit vraisemblablement au plasma des cellules et des liquides de l'organisme pour former des gels réversibles. C'est ainsi que l'eau et le CO^2 seraient immobilisés pendant l'hibernation. Il y aurait sans doute lieu de rechercher l'origine exogène ou endogène de cette hydratation tissulaire hibernale. Ce liquide provient-il des combustions plus ou moins complètes des constituants de l'organisme ou plutôt, l'eau résultant de ces oxydations internes est-elle suffisante pour justifier le taux de l'hydratation hibernale et n'est-il pas nécessaire de faire pour le compléter un emprunt au milieu extérieur aquatique ? Un calcul relativement facile permettrait de résoudre cette question secondaire. —

Le réveil provoqué par l'épuisement des réserves et certainement par l'élévation de température amène avec lui le retour à la vie active et en particulier une respiration plus intense qui élimine ainsi que WEISS l'a montré, le CO^2 accumulé auparavant. Le complexe instable : eau, gaz carbonique, protoplasme se trouve rompu libérant l'eau qui peut alors être rejetée. Il en est ainsi lorsque dans le courant de l'hiver une Grenouille en torpeur est reportée à la température plus élevée de nos laboratoires.

Reste le cas de la posthibernation et de la maturité.
A ce moment, d'après le raisonnement précédent on devrait s'attendre à une déshydratation de l'animal, alors qu'en réalité l'hydratation progresse. La vérité est que le liquide libéré par la dislocation du complexus eau, acide carbonique, protoplasme est accaparé de suite par la

gangue mucilagineuse des œufs utérins très avide d'eau en même temps que de l'eau extérieure ainsi que nous l'avons prouvé dans la première partie de ce travail est absorbée par la même substance.

Avidité de la gangue, de même que conditions asphyxiques des mêmes œufs utérins qui ont un Q. R. au-dessous de 0,72 attestant ainsi une accumulation de CO^2 sont suffisantes pour justifier la nouvelle hausse de l'hydratation de l'animal total au moment de la maturité. Comme on l'a vu précédemment dans les tableaux et les courbes, cette hydratation s'est faite au profit des éléments génitaux et aux détriments de l'organisme proprement dit débarrassé des œufs, lequel organisme se déshydrate. (Tableau XXXVIII.)

IV° INANITION.

Même en milieu aquatique, le caractère saillant est la perte de poids continue et considérable des Grenouilles soumises au jeûne prolongé ; perte accompagnée d'une baisse énorme des protéiques et des graisses. Si la teneur en eau augmente, il n'en persiste pas moins une perte absolue de liquide par rapport au contenu de l'organisme global au début de l'expérimentation : fait déjà constaté par MORGULIS (232) qui soumettait des Urodèles (*Diemyctylus viridescens*) à un jeûne prolongé. Après avoir déterminé les quantités d'eau, de substances sèches, de cendres et de matières organiques qui composent l'animal normal, il reprend toutes ces déterminations aux différents stades d'une inanition prolongée jusqu'à 125 jours. Sa conclusion générale est que l'animal perd constamment de l'eau. Si au début, le pourcentage d'eau par rapport au poids total de l'animal est légèrement accru, dans la suite, la perte de ce liquide est sensiblement proportionnelle à la perte du poids du corps. Voilà une deuxième caractéristique très nette et différentielle de l'hivernation pendant laquelle le poids total augmente ou tout au moins varie peu, alors qu'il y a progression de la teneur et de la quantité globale de l'eau de la Grenouille entière.

D'après le travail de LIBRACH (182), chez les Amphibiens, le métabolisme d'inanition est d'un caractère protéique prédominant. Les protéines constituant à peu près les 9/10e de la matière organique totale du corps, le reste représentant les graisses et les hydrocarbonés, chez *Rana fusca* mâle, la participation des composés organiques du corps au métabolisme pendant l'inanition est de : protéines, 84,4 à 85,3%, graisses de 6,6 à 6,9%, matières organiques non azotées de 6,7 à 8%, Ce qui permet à l'auteur d'affirmer et de conclure que : «Donc les composés azotés et non azotés participent au métabolisme d'inanition suivant les mêmes proportions que celles dans lesquelles ils se trouvent dans le corps des animaux. » Résultats d'ailleurs en accord avec ceux obtenus en 1919 par BIALAZEWICZ sur le métabolisme *d'Hirudo medicinalis*. —

Sans doute, comme l'ont signalé PRZYLECKI et OPIENSKA 256) si chez la Grenouille on peut diviser la période d'inanition en deux stades : le premier caractérisé par l'absorption prépondérante des substances grasses de réserve, le second par la dégradation intense des protéines, il n'en demeure pas moins vrai que chez ces Batraciens le premier stade est beaucoup plus court en même temps que les protéiques y ont une part plus active dans le métabolisme. Cet ordre de disparition des constituants n'est pas surprenant et il est conforme aux suppositions que l'on pourrait faire. Il paraît assez naturel que les graisses de réserve qui sont l'aliment énergétique par excellence disparaissent les premières. D'ailleurs, dans le jeûne, l'ordre de destruction des tissus n'est pas quelconque. Depuis longtemps, LOOS l'indique comme le suivant : réserves grasses, musculature, glandes sexuelles, etc. . ., le tube digestif ne serait atteint qu'en dernier lieu. Récemment, avec de nombreux chiffres à l'appui, OTT (237) prouve que suivant l'état de l'inanition, les organes diminuent, mais pas tous également et parallèlement. Pour D'ANCONA (82) l'atrophie de l'organisme produite par le jeûne est dûe à la diminution de taille des cellules mais non à leur diminution numérique. Il constate également que les substances de réserves disparaissent les premières ; puis la matière vivante elle-même se trouve attaquée : les modifications cytoplasmiques se traduisant par une diminution de colorabilité, par la vacuolisation et l'aspect granuleux et par l'effacement des limites cellulaires. —

Sans conteste, un des faits les plus intéressants de l'inanition qui la différencie nettement de l'hibernation est le comportement des œufs durant l'hiver et leurs rapports avec l'organisme. Alors que dans un cas la maturation et la déhiscence s'effectuent au retour de la belle saison, dans l'autre, les mêmes phénomènes n'ont pas lieu et sont remplacés et suivis par la résorption des éléments génitaux.

Cependant nous avons constaté qu'avant d'être résorbés, les ovaires de la Grenouille inanitiée augmentent d'abord aux dépens des autres organes de l'animal leur poids et leurs teneurs en matériaux de réserves. C'est ainsi qu'au 9 Mai la composition centésimale et les indices d'iode des acides gras des œufs ovariens de femelles jeûnant au laboratoire depuis le 27 Octobre ou de Grenouilles normales ou moment de la déhiscence sont sensiblement pareils. Bien que ces analyses et caractéristiques chimiques, indications grossières et approximatives de la constitution, n'impliquent pas nécessairement la similitude complète de composition de l'œuf, le fait n'en est pas moins intéressant à souligner et laisse supposer que les causes de la déhiscence et par suite de la maturité doivent être recherchées ailleurs que dans les chiffres fournis par une analyse élémentaire en eau, matières protéiques et substances grasses. Très vraisemblablement, il y a lieu de tenir également compte du milieu intérieur et du mode de vie de l'animal. Si au moment de la ponte, l'indice d'iode des acides gras de la Grenouille normale débarrassée des œufs est exactement le même, (129) que celui de la femelle inanitiée au 9 Mai, il n'en reste pas moins vrai que ce chiffre est supérieur à celui de l'animal hibernant au moment du réveil. Ce qui prouve que pendant la posthibernation et durant l'inanition il y a disparition d'une quantité appréciable de graisses à indices d'iode faibles brûlées complètement. Vu la température relativement élevée de l'habitat, l'activité des fonctions organiques (respiration, circulation, etc.) de la Grenouille dans les deux cas et surtout pendant toute l'inanition, les déchets formés et en particulier le gaz carbonique sont éliminés et l'animal ne se trouve nullement dans les conditions asphyxiques signalées lors de l'hibernation. Fait de la plus grande importance pour l'interprètation de la déhiscence et de la maturité des œufs qui seront examinées dans le chapitre suivant.

CONCLUSIONS.

De cette comparaison suggestive des différents états physiologiques de la Grenouille normale hibernant, maturant et surmaturant et de la femelle en inanition à température plus élevée on peut déduire et résumer les caractéristiques de l'hibernation :

1°) *Outre la nécessité d'une température inférieure à 10° et l'influence de certains facteurs physiques (obscurité, immobilité, etc..) démontrées dans la première partie de ce travail, la torpeur hibernale exige auparavant une accumulation suffisante de réserves.* —

2°) *L'hibernation débute au moment où la teneur en eau de l'organisme total est minima.* —

3°) *Pendant la période d'engourdissement il y a ralentissement des phénomènes vitaux (respiration, circulation, excrétion, etc.) en même temps que déglobulisation du sang, un quotient respiratoire très bas, inférieur à 0,70 et une résistance plus grande de l'animal à l'asphyxie.*

4°) *Malgré la faible intensité des échanges de l'organisme, on constate néanmoins la disparition d'une quantité appréciable des constituants. La teneur en acides gras baissant de un tiers et celle des matières protéiques seulement d'un huitième, on peut dire que le métabolisme de l'hibernation est surtout celui des graisses.* —

5°) *Une quantité notable de glycogène est consommée pendant le sommeil hibernal, néanmoins durant cette période, cet hydrate de carbone ne se forme pas aux dépens des graisses.*

6°) *Malgré la disparition d'une partie appréciable des constituants de l'organisme, le poids total de l'animal en torpeur varie peu, le taux de l'eau augmente en même temps que la quantité globale de ce liquide. L'hibernation se caractérise donc par une hydratation réelle de la Grenouille.* —

7°) *La femelle hibernant reportée au laboratoire, perdant rapidement du poids et de l'eau accumulée dans ses tissus, on est amené à déduire que durant le sommeil hibernal l'eau d'hydratation se trouve en combinaisons instables avec les constituants plasmatiques et avec le gaz carbonique résultant des combustions internes. Hypothèse d'autant plus vraisemblable que le CO^2 se retrouve en quantité plus grande dans le sang des animaux en léthargie.* —

8°) *L'indice d'iode des acides gras de la Grenouille totale normale baissant légèrement pendant la torpeur de l'hiver indique la saturation ou plutôt l'oxydation incomplète d'une partie des acides gras de l'organisme, ce qui contribue avec le gaz carbonique restant dissous dans les tissus à l'abaissement constaté du quotient respiratoire.* —

9°) *Bien que dépourvu d'alimentation, pendant l'hibernation l'organisme et en particulier le foie cède sans cesse aux œufs ses constituants essentiels : eau, matières protéiques, glycogène, substances grasses. Pour ces dernières il y a vraisemblablement remaniement par désaturation qui s'effectue très probablement dans le foie, nécessitant une absorption d'oxygène qui ne réapparaît pas dans le Q. R. et contribue encore à l'abaisser.* —

10°) *Vu l'habitat confiné, la faiblesse du nombre des mouvements et des échanges respiratoires, de même que le quotient respiratoire très bas résultant de combustions incomplètes et des combinaisons* *instables du CO^2 avec le sang et les tissus, on peut en conclure que l'hibernation s'effectue dans des conditions asphyxiques.* —

11°) *L'hibernation de la Grenouille rousse femelle cesse par l'élévation de la température au dessus de 10° et normalement dans la nature au relèvement printanier de la température et avant l'épuisement complet des réserves de l'organisme, même débarrassé des produits génitaux, lesquels se sont comportés en parasites et ont accumulé la plus grande partie des matériaux nutritifs.* —

Ainsi donc, au réveil printanier, la femelle n'est pas complètement épuisée; elle possède encore des réserves. La vie active reprend en même temps que l'animal se désintoxique. Même avec l'absence de nourriture qui se continue, le métabolisme redevient intense: le glycogène, les matières protéiques et surtout les graisses sont consommées abondamment, en même temps que la globulisation du sang atteint son maximum et que la respiration et la circulation reprennent de l'ampleur. Toutes causes qui contribuent à assurer des combustions complètes des constituants de l'organisme et en particulier des acides gras dont l'indice d'iode progresse en même temps que les déchets et surtout le gaz carbonique produit pendant l'hibernation sont éliminés provoquant alors un quotient respiratoire parfois plus grand que l'unité. —

Activité physiologique, oxygénation intense, désintoxication de l'organisme, telles sont les caractéristiques essentielles de cette période de *posthibernation,* pendant laquelle le poids de l'animal augmentant légèrement, la maturité des œufs s'effectue provoquant une hydratation sérieuse de l'organisme total et des œufs utérins en même temps qu'une déshydratation des autres tissus.

Continuant la phase précédente, la *surmaturation* expérimentale se manifeste sans doute encore par l'absence d'engourdissement et par une vie active, même à basse température, produisant un métabolisme intense en particulier des graisses de l'organisme dont l'indice d'iode s'élève encore attestant ainsi des combustions complètes. Mais les faits marquants, tranchant nettement sur toutes les périodes antérieures sont la perte de poids continue de l'animal total, la baisse progressive des substances de réserves: matières protéiques, et surtout acides gras dont le taux et la qualité voisinent de plus en plus de l'élément constant en même temps que la teneur en eau diminue également. Toutes caractéristiques qui rapprochent la surmaturation de *l'inanition* proprement dite pour laquelle on retrouve aussi des baisses continues du poids, des constituants et même de l'eau, malgré pour cette dernière un taux plus élevé en apparence; et enfin un métabolisme intense s'accompagnant de combustions complètes tout au moins pour la plus grande partie des graisses.

Pour terminer, nous pouvons donc dire avec MARES (200) que «la cause de l'hibernation est située dans l'organisation de l'animal même.»

CHAPITRE XVI.

CONSIDÉRATIONS SUR LA MATURATION ET LA MATURITÉ DE LA GRENOUILLE ROUSSE ET DE SES OEUFS D'APRÈS LES RÉSULTATS BIOMÉTRIQUES ET BIOCHIMIQUES DE LA MATURATION DES RÉSERVES, DE L'HIBERNATION, DE LA SURMATURATION ET DE L'INANITION.

Il n'est pas dans mes intentions de décrire en détail et de suivre pas à pas la morphologie et les modifications cytologiques du jeune ovocyte à l'ovule mûr prêt à être fécondé. De telles études ont été entreprises depuis longtemps par O. SCHULTZE, G. BORN, DUBUISSON, Melle. LOYEZ, et plus récemment par KONOPACKI et KONOPACKA.—CARNOY et LEBRUN, BATAILLON, HOVASSE, se sont surtout occupés des mouvements karyocinétiques de l'oocyte à l'époque de la maturation proprement dite qui pour LEBRUN (172) «commence au moment précis de la déhiscence de l'œuf.»

Rappelons brièvement qu'à ce moment la membrane nucléaire disparaît et que tous les stades de l'émission du premier globule polaire et de la formation du deuxième fuseau polaire s'effectuent dans la cavité générale et dans les conduits, si bien que les œufs séjournant dans l'utérus ont tous leur noyau en arrêt à la métaphase de la seconde cinèse maturative. Mais comme le fait remarquer BATAILLON (35), «la marche des phénomènes d'émission paraît être fonction du temps écoulé depuis la déhiscence» et non pas du cheminement aux différents points des conduits.

Laissant de côté la partie cytologique, nous examinerons avec plus de soin les phénomènes physiologiques et les variations physicochimiques de l'œuf durant la maturation de ses réserves, surtout pendant l'hibernation et la posthibernation.

Il a été constaté antérieurement que durant le cycle annuel l'oocyte se comportant comme un parasite croît continuellement mais irrégulièrement aux dépens de l'organisme. Son accroissement s'effectue surtout d'Août à Octobre, mais il n'en subsiste pas moins que durant la mauvaise saison et malgré la torpeur hibernale et l'absence de nourriture, son poids comme la teneur de ses différents constituants progressent sans cesse, alors que si les variations pondérales de la Grenouille totale sont insignifiantes, le taux des matières protéiques comme des substances grasses de l'animal global ou débarrassé des ovaires va en diminuant.

Les variations des constituants essentiels de l'œuf doivent retenir quelques instants toute notre attention. Si pendant les périodes printanière et estivale le taux des protéiques, des graisses et du glycogène va sans cesse en augmentant; durant l'hibernation le pourcentage des mêmes substances change peu malgré une teneur globale plus élevée. Fait curieux, alors que depuis la ponte et jusqu'en Eté le rapport du taux $\frac{\text{matières protéiques}}{\text{acides gras}}$ est assez variable puisqu'il passe de 7,1 immédiatement après la reproduction par 3,00 fin Juillet, à 3,68 fin Août, 3,74 fin Septembre, durant l'hibernation il reste à peu près constant, se maintenant aux environs de 3,35. C'est ainsi qu'au 20 Octobre il est de 3,37, au 3 Novembre de 3,33, au 24 Décembre 3,35, mi-Février 3,31 et au moment de la déhiscence 3,40. Un autre phénomène également remarquable réside dans la presque constance de l'indice d'iode des acides gras des œufs. A part la période estivale de grande accumulation de graisses plus rapprochées de la saturation, durant l'hibernation, et même au moment de la ponte, l'indice d'iode des acides gras des œufs ovariens ou utérins se tient dans le voisinage de 139—140. En tout cas comme nous l'avons remarqué précédemment, cet indice est toujours plus élevé que celui de l'animal total.

Si les variations du cycle annuel de la teneur en cholestérine de l'œuf ne disent pas grand'chose, il n'en est pas de même de la teneur en eau. Très élevé immédiatement après la ponte, le taux de ce liquide va sans cesse en diminuant, mais très irrégulièrement. C'est surtout en Eté, au moment de l'accumulation des réserves qu'il baisse le plus, pour être minimum au début de l'hibernation, pendant laquelle il progresse de nouveau. Fait signalé également par HIBBARD (152) qui étudiant par des méthodes histochimiques usuelles ou raffinées l'ovogénèse du *Discoglossus pictus* a montré que la formation du vitellus s'accompagne d'une déshydratation et qu'inversement une réimbibition marche de pair avec son utilisation. Déjà, à propos de l'hibernation, nous avons souligné l'importance de l'accumulation des réserves, de la déshydratation de l'animal en même temps que de l'abaissement de la température sur l'intensité des échanges respiratoires et sur la durée du sommeil hibernal. «L'accumulation des réserves traduisant le ralentissement du métabolisme actif» et «l'anhydrobiose aboutissant nécessairement à la toxicité du milieu sanguin,» tout comme chez les *Muscides* étudiées par ROUBAUD. (266)

Les ovaires, partie active et vivante des plus importantes de l'animal, subissent nécessairement le sort de l'organisme global et sont par conséquent comme lui, durant l'hiver le siège d'une respiration peu intense. Le Q. R. très faible signalé pendant la torpeur hibernale a forcément ses répercussions sur l'œuf qui, lui aussi, se trouve dans des conditions asphyxiques et s'intoxique d'autant plus qu'il continue à emmagasiner des réserves. Les mêmes raisonnements que nous avons faits pour expliquer le métabolisme de la Grenouille en hibernation s'appliquent également pour le cas de l'œuf.

Cependant il faut bien constater qu'au réveil printanier normal, l'organisme débarrassé des ovaires est relativement pauvre en matériaux nutritifs, il se trouve dans un état voisin de l'épuisement, alors que les œufs contiennent leur maximum de réserves particulièrement en acides gras.

Une remarque préliminaire s'impose: Les connaissances actuelles sur les graisses de l'organisme acquises et précisées surtout grâce aux travaux de E. F. TERROINE et de ses élèves les classent en 1°) *graisses de réserve* ou *de dépôt* ou *élément variable* portant visiblement la marque alimentaire et ne faisant pas partie intégrante des tissus, 2°) en *graisses protoplasmiques* ou *élément constant* non immédiatement visible, inclus dans le protoplasme, indépendant de l'alimentation. La première catégorie de corps gras s'accroissant en qualité et en quantité au cours de l'alimentation surabondante est consommée par l'organisme dans l'inanition; la seconde fraction constituante des tissus, constante cellulaire ne se modifie ni par l'alimentation ni par le jeûne.

Or, pendant l'hibernation et même la posthibernation, si l'on tient compte de la légère hydratation des éléments génitaux, la constance à la fois du taux et de l'indice d'iode des acides gras des œufs ovariens ou utérins toujours plus élevés que celui de l'organisme, laisse supposer que les graisses des oocytes, grandes cellules gorgées de réserves font partie intégrante du protoplasma et représente l'élément constant, invariable, fixe et prévu d'avance pour chaque stade de l'évolution des oogonies. Nous avons vu que à la maturité, les différents constituants de l'œuf: eau, protéines, hydrates de carbone, matières grasses, etc., ont un taux bien déterminé et un rapport constant non seulement entre eux, mais aussi avec les mêmes éléments de l'organisme. Il semble donc que l'on peut employer l'expression *d'équilibre de maturité* de FAURE-FREMIET désignant cet état où plutôt cette composition physico-chimique spéciale de l'œuf mûr apte à la fécondation. Ainsi que nous avons calculé précédemment au moment de la reproduction, le rapport $\frac{\text{taux des matières protéiques de l'œuf}}{\text{taux des acides gras de l'œuf}} = 3{,}40$, $\frac{\text{taux de l'eau de l'œuf}}{\text{taux des acides gras de l'oeuf}} = 7{,}23$ etc. . . .

Par l'observation on sait que d'une femelle à l'autre la taille des œufs mûrs varie presque du simple au double, d'autre part pendant toute l'hibernation et la posthibernation, le rapport $\frac{\text{matières protéiques de l'œuf}}{\text{acides gras de l'œuf}}$ est sensiblement constant. Dès lors on pourrait supposer que dès fin Octobre, la déhiscence devrait s'effectuer. Il n'en est rien. Si l'équilibre de maturité est réalisé pour le rapport $\frac{\text{protéines}}{\text{acides gras,}}$ tout en admettant que les termes protéines, acides gras, ne représentent qu'une approximation très grossière de la constitution d'une cellule ou d'un organisme et ne préjugent en rien sur la nature et la fonction des composants, il n'en demeure pas moins vrai que le rapport $\frac{\text{taux de l'eau}}{\text{taux des acides gras}}$ varie sans cesse durant toute l'hibernation. C'est ainsi qu'étant de 5,65 au 3 Novembre, il monte à 6 au 24 Décembre, puis à 6,3 mi-Février et à 7,23 au moment de la reproduction. Nous avions déjà constaté l'hydratation continue des œufs durant la torpeur et au réveil printanier, elle apparaît encore ici.

Ainsi que nous l'avons admis et constaté indirectement dans l'hibernation de la Grenouille rousse, l'eau d'hydratation de l'animal se charge de CO_2 et des déchets des combustions incomplètes. Ici encore les œufs vont se comporter comme l'organisme dont ils sont étroitement solidaires et avec la hausse du taux de l'eau il y aura également et parallèlement accumulation dans l'oocyte du CO_2 et des déchets organiques jusqu'à une véritable saturation carbonique, «saturation spéciale» (BATAILLON 36) provoquant un changement d'état qui se manifeste par la liquéfaction du stroma ovulaire et de la membrane nucléaire de la vésicule germinative, rappelant la destruction asphyxique des parois cellulaires signalées par LOEB et BUDGETT ou nucléaires étudiées par BATAILLON (loc. cit.) chez *l'Ascaris megalocephela*, soumis au gaz carbonique.

La preuve du déterminisme de la déhiscence et par suite de la ponte dûes à ces causes internes asphyxiques est fournie par les faits suivants : nous savons que l'hibernation cesse aussitôt que l'on élève suffisamment la température extérieure, mais la maturation proprement dite n'a lieu que si ce changement de milieu s'effectue à une période relativement proche de l'époque de la ponte. Voici comment j'interprète les phénomènes : Par l'élévation de température, les combustions internes redevenant plus actives et plus intenses et par suite les tissus et les ovaires de l'animal dégageant plus de CO^2, s'intoxiquent encore d'avantage arrivent au quorum d'asphyxie voulu pour provoquer la liquéfaction du stroma ovulaire avant que l'intensité et la rapidité des mouvements respiratoires n'aient pu provoquer la décharge carbonique. Ainsi s'expliquerait l'accélération de la ponte provoquée artificiellement en plaçant au laboratoire des Grenouilles sur le point de terminer l'hibernation normale.

Inversement on sait, et nous l'avons constaté dans la première partie de ce travail, qu'à l'eau, à la température constante d'une glacière, la maturité sexuelle se produit fatalement, mais plus tardivement, bien qu'il n'y ait aucun relèvement de la température extérieure. Cette observation vient renforcer encore l'hypothèse émise que le déterminisme de la déhiscence et de la maturation proprement dite est provoquée, non pas nécessairement par le relèvement de la température, mais par des facteurs internes résultant d'un métabolisme ralenti, aboutissant infailliblement à des conditions asphyxiques et à une intoxication de plus en plus accentuées.

Une autre preuve indirecte de cette affirmation nous est fournie par l'étude grossière et rapide du métabolisme de l'inanition durant l'hiver, montrant que les ovaires continuent à progresser aux dépens de l'organisme, tout au moins pendant un certain temps et à la fois en poids et en teneur des principaux constituants et cependant la ponte n'a pas lieu.

Il y a plus, au 9 Mai, les œufs ovariens de Grenouilles inanitiées au laboratoire durant 194 jours (tableau XLIX) avec un $\frac{\text{Poids total des ovaires}}{\text{Poids total de l'animal}} = 19{,}69\%$ très supérieur au même rapport d'œufs normaux au moment de la déhiscence ont par contre une composition centésimale très voisine de celle des oocytes normaux à la fin de l'hibernation. Pour ces produits sexuels d'animaux au jeûne, à cette date, les rapports $\frac{\text{taux des protéines}}{\text{taux des acides gras}}$ et $\frac{\text{taux de l'eau}}{\text{taux des acides gras}}$ sont respectivement de 3,56 pour le premier, 7,14 pour le second, chiffres relativement rapprochés des nombres correspondants 3,40 et 7,23 des œufs sur le point de déhiscer. Alors qu'au début de l'expérimentation, le 27 Octobre, les mêmes rapports étaient sensiblement égaux à 3,33 et à 5,65, on peut logiquement supposer que nécessairement, à un moment donné, les deux rapports considérés des œufs inanitiés, variant de 3,33 à 3,56 et de 5,65 à 7,14, passeront par des rapports correspondants à ceux des œufs normaux déhiscents et que la maturité se fera. Pratiquement et expérimentalement à aucun moment on ne voit survenir la ponte chez des femelles au jeûne depuis longtemps à température élevée. C'est donc qu'une composition chimique centésimale déterminée et fixe cependant nécessaire est néanmoins insuffisante pour provoquer la déhiscence. D'autres causes internes, peut-être dans l'arrangement et le groupement des constituants doivent intervenir. En tout cas une différence biologique essentielle, constatable entre l'inanition expérimentale et l'hibernation se manifeste par la grandeur et l'intensité des échanges respiratoires. Dans le premier état physiologique, c'est une respiration active dans un milieu abondamment pourvu d'O^2 et aéré, provoquant sans doute une légère baisse du Q. R. par production d'acides acétoniques évacués par l'urine, mais il n'y a aucune intoxication carbonique, ce gaz étant rejeté par les mouvements respiratoires intenses. Dans le second, au contraire, la vie en milieu confiné et à basse température surajoute à la production d'acides acétoniques de tout animal au jeûne, l'intoxication par le gaz carbonique et les déchets des combustions incomplètes.

De l'exposé précédent, il est essentiel de retenir et de souligner que :

Si l'élévation de température est suffisante mais parfois pas indispensable (à la fin de l'hiver par exemple) pour faire cesser à n'importe quel moment l'hibernation de la Grenouille ; la déhiscence et la maturation proprement dite de l'œuf accompagnant normalement dans la nature la fin de ce phénomène physiologique, ne peuvent se produire que sous certaines conditions qui sont :

1°) *Une accumulation dans les oocytes de réserves empruntées à l'organisme aboutissant à une composition fixe et à des rapports constants biométriques et biochimiques à la fois de l'animal et de ses ovaires.* —

2°) *Avec des rapports bien déterminés des différents constituants de l'œuf et une hydratation suffisante adéquate, un état d'intoxication provenant de conditions semi asphyxiques réalisées pendant une longue période par le milieu paraissent nécessaires.*

Les faits antérieurs permettent de comprendre pourquoi dans l'étude de la maturation proprement dite, *in vitro* des œufs ovariens de *Rana fusca* au moment de la ponte ou dans le courant de l'hiver, telle que je l'ai décrite en 1922 (H. BARTHELEMY 21) parfois le résultat est négatif. De mes nombreuses expériences je concluais: «. . . . . . . à l'époque de la ponte, la maturation *in vitro* des œufs ovariens de la Grenouille rousse peut se produire dans la plupart des cas en présence de l'oxygène de l'air, soit en chambre humide, soit dans le sérum aéré de l'animal, ou dans les solutions aérées de NaCl à 7 pour mille dans l'eau distillée. L'absence d'oxygène et les solutions hypertoniques ou hypotoniques même aérées, ne la provoquent pas.»

Dans le courant de l'hiver, les ovocytes des femelles hibernantes ou à l'époque de la ponte les œufs ovariens de certaines Grenouilles sortant de torpeur ou inanitiées au laboratoire ne déhiscent pas et ne mûrissent pas, parce que les conditions de leur composition chimique et surtout d'hydratation et d'intoxication signalées précédemment ne sont pas réalisées. Elles ne sont pas encore «au point» ou pour parler plus scientifiquement l'équilibre de maturité, tel que nous l'avons défini et précisé, n'est pas encore réalisé. Aussi, d'après ce qui a été décrit précédemment: taille variable des œufs, composition chimique, rapports des différents constituants entre-eux, degré d'hydratation, intoxication, etc. . . , expérimentalement on doit pouvoir activer et devancer la déhiscence. Il s'agira avant tout d'hydrater l'œuf, tout en l'intoxiquant, par conséquent c'est une question de tatonnement, de dose et de choix judicieux des réactifs. C'est dans ce sens qu'il faudra diriger toutes les recherches ultérieures.

En tout cas on ne saurait trop insister sur le fait que pendant l'hibernation de la Grenouille rousse il y a hydratation progressive et continue de l'œuf en même temps que les condiions asphyxiques s'accentuent de plus en plus.

A la déhiscence normale et naturelle qui se fait au réveil printanier au retour à la vie active avec l'appel d'eau extérieure il y a nécessité d'une oxygénation intense pour brasser, brûler et éliminer les déchets de l'œuf.

Ces opinions ne sont pas nouvelles et ont déjà été émises depuis longtemps, quoique basées sur des observations de nature différente. Les analyses et études expérimentales précédentes ne font que les confirmer.

C'est d'abord CARNOY et LEBRUN (65, — 172, — 173) qui, par l'étude cytologique des œufs ovariens de *Rana temporaria* (= *fusca*) en déhiscence insistent et écrivent : «c'est dans l'ovaire que la vésicule germinative disparaît, ainsi que l'avait déjà observé NEWPORT, et sa disparition précède de quelques minutes seulement la déhiscence des œufs qui tombent de l'ovaire dans le péritoine.» Plus loin (172) «c'est au moment précis de la déhiscence de l'œuf que la maturation commence.» On voit ainsi quel sens ces deux Savants attribuent au mot maturation.

Par ailleurs, LEBRUN (173) recherchant «l'influence de l'alimentation sur le moment de la maturation» (ce dernier mot dans le sens précisé dans les lignes précédentes) se demande «si les conditions de nutrition défavorables (état semi-asphyxique) n'auraient pas quelques rapports avec le changement physique du milieu extérieur»... «Cet état semi-asphyxique est réalisé sans aucun doute chez *Rana* et *Bufo*, espèces qui pondent dès le premier jour de leur sortie de l'hibernation ; il a existé pendant tout l'hiver. Quand les animaux étaient en terre, l'oxydation du sang a été ralentie dans des proportions considérables, puisqu'elle s'accomplissait par la peau, la respiration pulmonaire étant entièrement suspendue. L'œuf a, pendant cette vie latente subi aussi une déshydratation lente, puisqu'il a réagi contre cette action par la construction d'une membrane épaisse, comparable à la coque des Protozoaires qui s'enkystent pour résister à la dessiccation. Cet état très accentué déjà passe à l'état aigü par le fait de l'accouplement.». . . «La membrane du noyau se résorbe sous l'action du cytoplasme chargé d'acide carbonique.» . . . «Cette action dissolvante ne se manifeste pas seulement à l'intérieur de l'œuf, mais aussi sur le follicule ovarique qui se brise et la déhiscence générale de tous les œufs mûrs se produit presque simultanément.» Puis il conclut : «Il est bien prouvé, par l'étude comparative que nous venons de faire, que ces trois facteurs : alimentation insuffisante, état asphyxique, déshydratation, exercent sur la marche de la maturation une action profonde.» Pourtant le cas de certains Batraciens en particulier des Urodèles embarrasse l'auteur. «Chez *Diemyctilus*, il y a aussi un accouplement prolongé qui se produit dans l'eau ; l'action déshydratante ne se conçoit pas fort bien ; il faudrait donc, dans cette espèce, reconnaître une influence prépondérante à l'état asphyxique et à l'alimentation.»

A la lumière des faits nouveaux acquis depuis cette époque, mettons les choses au point et rectifions les imperfections de la théorie de LEBRUN basée uniquement sur l'étude cytologique.

Sans doute l'oocyte est une «cellule affamée» mais pas inanitiée et pas en voie de dépérissement comme on pourrait le croire, en ce sens que, non seulement, comme nous l'avons vu durant l'hibernation et malgré l'absence de nourriture de la Grenouille il ne périclite pas, mais il augmente de poids, attirant à lui, accaparant les constituants, épuisant l'organisme producteur. Que l'on me permette l'expression: c'est une «cellule vorace» qui a besoin d'une grande abondance de matériaux nutritifs pour arriver à son plein développement, c'est-à-dire à l'équilibre de maturité.

Le cas de *Diemyctilus* s'accouplant à l'eau si embarrassant à interprèter pour LEBRUN, rentre cependant dans le cadre général des autres Batraciens. *Bufo*, tout au moins *Bufo vulgaris* hiberne habituellement dans la terre, parfois dans la vase, de même pour les *Tritons*; *Rana fusca* passe généralement la mauvaise saison dans les cavités aquatiques, mais elle peut cependant hiberner dans la terre. Dans tous ces cas d'hibernation terrestre, il y a non seulement perte de poids considérable de l'animal ainsi que nous l'avons constaté expérimentalement dans la première partie de ce travail pour *Bufo vulgaris* et *Rana fusca*, mais aussi déshydratation de l'organisme qui retentit nécessairement sur les oocytes, et nous partageons complètement l'opinion de LEBRUN qui voit dans cette hibernation «à sec» une déshydratation.

Mais chacun a pu observer ces longs défilés de Crapauds vulgaires émigrant vers les mares par les belles soirées tièdes du mois de Mars. Si l'hibernation s'est faite «à sec» dans la terre, la maturité et surtout la ponte n'a lieu que dans l'eau; doù cette migration vers les lieux aquatiques. Au début de ce mémoire (page 54) on a pu vérifier qu'aussi bien pour *Rana fusca* que pour *Bufo vulgaris* l'hibernation pouvait s'effectuer dans la terre légèrement humide, mais la ponte n'est possible qu'après hydratation de l'animal par le retour à l'eau. —

D'ailleurs déjà à l'époque des travaux de CARNOY et de LEBRUN, BATAILLON (29 — 32) poursuivant des «études expérimentales sur l'évolution des Amphibiens, les degrés de maturation de l'œuf et la morphogénèse» émettait l'hypothèse que «l'œuf au cours de sa maturation, subit des variations de pression osmotique et de turgescence.». . . . «Entre l'œuf ovarien et l'œuf mûr la pression osmotique présente une différence sensible.» La dilatation considérable des œufs ovariens jetés dans l'eau comme celle des œufs immatures de la cavité générale et des conduits, portait ce Savant à leur attribuer une pression osmotique supérieure à celle de l'œuf mûr. En 1928 encore, à la suite de nombreuses recherches et études nouvelles, il insiste de nouveau en concluant que «Tous ces faits d'observation et d'expérience appuient *l'idée d'une hypertension osmotique des œufs immatures,* que j'ai adoptée comme hypothèse de travail il y a plus de 25 ans.» (BATAILLON 41).

Ces remarques sont générales et ne s'appliquent pas seulement aux œufs de Batraciens. On sait depuis longtemps, et les travaux de LOEB y ont énormément contribué, que les solutions hypertoniques empêchent la mise en marche de la maturation. Les recherches de DALCQ (76) sur les œufs *d'Asterias glacialis* ont prouvé également qu'avant la rupture de la vésicule germinative, l'oocyte se plasmolyse énergiquement dans l'eau de mer rendue hypertonique par NaCl ou par du sucre et se trouve rapidement cytolysé dans l'eau de mer alcalinisée par des bases fortes. Et il ajoute: «la perméabilité aux sels étant exclue, on peut penser à une *augmentation de la pression interne* de l'œuf lors de l'entrée en maturation.» Plus loin il montre que: «les phénomènes cinétiques qui se déroulent durant la maturation s'accompagnent réellement d'un appel d'eau, et par conséquent d'une certaine hypertension osmotique; la turgescence du système paraît augmenter après la rupture de la vésicule germinative.»

Tout en conservant au mot *maturation* employé par ces différents Savants, le sens plus restreint qu'ils lui attribuent, c'est-à-dire l'ensemble des modifications cytologiques et physico-chimiques de l'œuf seulement pendant la posthibernation au moment de la reproduction, on peut constater que l'étude chimique de la maturation des réserves de l'oocyte que nous avons faite, vient confirmer expérimentalement les hypothèses précédentes de la turgescence de l'œuf au moment de la déhiscence.

En particulier les tableaux XXXVII, XXXVIII, XLI, comme les courbes 1, 3, 7, 8, indiquant les variations de la teneur en eau des ovocytes durant le cycle annuel, montrent nettement avec l'hydratation continue indiscutable de l'animal, celle de l'œuf pendant l'hibernation et surtout une ascension rapide au réveil printanier au moment de la reproduction.

Il y a plus; dès 1907 A. P. MATHEWS (201) émettait une hypothèse basée sur le rôle de l'oxygène dans la mise en marche de la maturation, fait sur lequel J. LOEB a attiré l'attention. Par l'étude cytologique et l'expérimentation MATHEWS considère que «les zônes irradiées sont le siège d'oxydations plus intenses que les autres territoires cytoplasmiques, car elles s'effacent notamment si l'œuf est plongé dans une eau de mer privée de O^2 et également sous l'action du froid, ainsi que sous l'influence de la quinine qui ralentit les oxydations.»

La rupture de la membrane nucléaire libèrerait ainsi une oxydase qui se répandant dans toute la masse ovulaire élève le taux des oxydations; fait confirmé en partie en 1913 par les recherches de Melle. M. VAN HERVERDEN qui, par la réaction de l'indophénol a établi la présence de ferments oxydants dans les œufs d'Oursins vierges et mûrs.

L'étude biométrique, biochimique et expérimentale de la maturation des œufs de la Grenouille rousse confirme toutes les idées précédentes. Pendant toute la mauvaise saison, l'animal comme ses ovaires, vivent dans un état semi-asphyxique déjà signalé dans les observations de LEBRUN (loc. cit.) et que l'analyse du métabolisme, et en particulier du Q. R., effectuée dans les chapitres précédents ont vérifié. A la fin de l'hibernation l'oocyte se trouve donc fortement intoxiqué et par le CO^2 et par les déchets de ses combustions incomplètes. Il arrive un moment où l'intoxication très accusée provoque nécessairement la dissolution des follicules ovariques et de la membrane de la vésicule germinative amenant ainsi la déhiscence.

La durée de l'hibernation, d'autant plus longue que la température extérieure du milieu aquatique est plus près de zéro et retardant d'autant le moment de la déhiscence et de la reproduction, comme cela se produit tous les hivers très rigoureux, s'explique par le fait des réactions chimiques et du métabolisme moins intenses même en milieu asphyxique, à basse température.

L'hydratation des œufs de Grenouille au moment de la déhiscence est prouvée surabondamment par les chiffres des tableaux XXXVII. XXXVIII. et XLI. et par l'allure des courbes 1, 3, 7, 8. L'oxygénation intense nécessaire pour éliminer les déchets et pour épurer l'oocyte est marquée du fait du retour de l'animal à la vie active avec une respiration intensive, un Q.R. très élevé, parfois supérieur à un et par la disparition d'une quantité appréciable des constituants azotés ou lipoïdiques de l'organisme: épuration de l'œuf parallèle à celle que nous avons constatée à la posthibernation de l'animal total.

La turgescence de l'œuf ovarien et la nécessité de l'oxygénation, condition nécessaire et indispensable pour que la maturation proprement dite de l'œuf de Grenouille puisse s'effectuer, sont prouvées encore par mes recherches de 1922 (21). *In vitro,* si elle s'effectue dans l'air humide ou dans les solutions dans l'eau de NaCl à 7 pour mille (isotonique au sang de Grenouille) ou dans le sérum aérés, elle n'a pas lieu en l'absence d'oxygène ou dans les solutions hyper ou hypotoniques même aérées. Les deux facteurs: oxygénation et milieu isotonique, sont donc simultanément indispensables. *In vivo,* on a pu constater par les résultats expérimentaux de la première partie de ce travail que la maturation et par suite la ponte du Crapaud ou de la Grenouille ayant hibernés «à sec» ne pouvaient avoir lieu qu'au retour à l'eau et par suite après une hydratation très appréciable.

De cet ensemble de faits et d'observations il résulte nettement que si d'une manière générale d'après DALCQ (81) «l'entrée en maturation a un déterminisme assez variable» paraissant souvent se produire spontanément dans l'ovaire ou dans les voies génitales, parfois liée visiblement à un changement de milieu, dans le cas particulier de la Grenouille rousse, elle est intimement liée à l'état général de l'organisme, lequel est sous la dépendance des facteurs externes: milieu aquatique, conditions respiratoires et de nutrition, température, etc. .

Il nous reste à examiner la période très courte s'étendant de l'entrée en maturation proprement dite, c'est-à-dire de la déhiscence à la maturité, moment où l'œuf est apte à la fécondation.

D'après les recherches de CARNOY et LEBRUN (65, — 172, — 173) chez la Grenouille rousse «la déhiscence et ensuite le passage des œufs à travers le péritoine et l'oviducte s'accomplissent en un temps relativement court. Après deux heures environ, tous les œufs sont rassemblés dans la portion inférieure de l'oviducte.» Comme on le sait, les oocytes s'entourent de leur gaine de mucine lors de leur passage dans les conduits et normalement après 18 à 24 heures de séjour dans l'utérus ils sont expulsés.

Au point de vue cytologique LEBRUN constate que si la membrane ovulaire de l'œuf ovarien est très mince («c'est une ligne dont il est très difficile parfois de saisir le double contour») par contre aussitôt que l'œuf est tombé dans la cavité générale elle s'épaissit rapidement, atteignant une largeur de un μ et augmentant encore au fur et à mesure que l'oocyte circule dans les conduits. Quelques minutes avant la déhiscence, la vésicule germinative disparaît ou plutôt la membrane nucléaire s'efface, les nucléoles et le matériel chromatique étant mis en liberté dans le plasma de l'œuf. Le premier globule polaire s'expulse pendant le trajet dans l'oviducte; les œufs de l'utérus ayant leur noyau en arrêt à la deuxième métaphase polaire.

Il appartenait à BATAILLON (35) qui voulant corroborer sa conception d'ensemble sur le rôle de l'osmose au début des phénomènes de génération, de fournir quelques précisions sur la marche de ces phénomènes d'émission polaire et de montrer qu'elle «paraît fonction du temps écoulé depuis la déhiscence» et non du cheminement aux différents points des conduits. Je ne m'arrêterai pas sur les détails cytologiques connus de tous.

Ce Savant et DALCQ aussi, (mais chez les Echinodermes) ont constaté expérimentalement que les phénomènes cinétiques qui se déroulent pendant toute la maturation proprement dite s'accompagnent d'un appel d'eau et par conséquent d'une certaine hypertension osmotique. «La turgescence du système paraît augmenter, après la rupture de la vésicule germinative.» (DALCQ 76).

Ce dernier par l'étude de l'action des solutions salines ou sucrées variées sur les ovocytes en maturation de *Asterias glacialis* démontre l'importance des phénomènes d'osmose ou d'imbibition dans la maturation, alors que les solutions hypotoniques empêchent la cytodiérèse, l'amènent à conclure que: «Toute la période de maturation active est donc caractérisée par une imperméabilité relative de l'œuf à l'égard de l'eau.»

Antérieurement à ces travaux, BATAILLON dans ses recherches nombreuses et variées sur les œufs de Batraciens et en particulier de la Grenouille rousse obtenait des résultats analogues. Dès 1901, ce Savant (29) étudiant l'évolution des œufs immatures de *Rana fusca* concluait déjà: «La dilatation considérable des œufs ovariens jetés dans l'eau me portait l'an dernier à leur attribuer une pression osmotique supérieure à celle de l'œuf mûr. L'évolution des œufs immatures révèle le même caractère, et ma deuxième série d'expériences paraît surtout significative.» Par ailleurs, (32) il ajoutait: «j'ai adopté provisoirement l'explication: maturation incomplète, excès de pression osmotique.» et «on peut supposer dans la maturation des oscillations de pression osmotique comparables à celles qui relèvent des solutions salines.»

Dans tous ses travaux ultérieurs, avec de nombreuses expériences variées à l'appui, (fécondations, croisements, immersion dans des solutions diverses, action des réactifs fixateurs, action de la chaleur, du froid, etc.) et même en 1928 (41), BATAILLON revient sans cesse sur cette notion de pression osmotique et de turgescence de l'œuf en maturation dont les variations peuvent être traduites par des courbes descendantes s'abaissant par l'émission des globules polaires et des fluides qui les accompagnent, et que l'addition spermatique ou l'influence d'agents extérieurs non spécifiques fait relever.

Si les chiffres de la teneur en eau des œufs ovariens de Grenouille rousse au moment de la déhiscence indiquent une forte hydratation s'effectuant à cette période, je n'en ai aucun pour montrer les variations de turgescence dans le cheminement des oocytes à travers les conduits. Sans doute, le taux de l'eau des œufs utérins (72,25%) est incomparablement plus élevé que celui des œufs ovariens, même déhiscents (59,3%); mais il faut tenir compte de la mucine sécrétée dans les oviductes et qui enrobe les premiers. D'après ce qu'il a été vu et dit de la gangue mucilagineuse excessivement avide d'eau et qui draîne les liquides organiques, on peut supposer logiquement qu'elle déshydrate également l'œuf utérin. Chez la Grenouille rousse le résultat de cette action déshydratante n'apparaît pas *de visu*, les œufs de l'utérus paraissant bien sphériques; mais chez le Crapaud gris (*Bufo vulgaris*) les œufs utérins régulièrement alignés dans leur gangue sont ridés alors que ceux de la cavité générale sont turgides.

D'après les constatations précédentes: variations de turgescence pendant la maturation, on pourrait alors supposer qu'en faisant intervenir les solutions hypertoniques ou hypotoniques on devrait pouvoir activer les phénomènes de la maturation. Il n'en est rien. Comme je l'ai prouvé (H. BARTHELEMY. 20 — 21) les œufs ovariens, comme ceux de la cavité générale de la Grenouille rousse, ne mûrissent *in vitro* que dans l'air humide ou dans le sérum ou dans les solutions aérées d'eau salée par NaCl par exemple, sensiblement isotoniques au milieu intérieur de l'animal; les solutions hyper ou hypotoniques aérées ne provoquent pas la maturation.

Ces faits prouvent l'imperméabilité relative de l'œuf de Grenouille maturant à l'égard de l'eau; phénomènes comparables à ceux que DALCQ a décrits chez *l'Asterias glacialis*. Ils n'excluent nullement l'action favorisante de certains sels tels que KCl, $CaCl^2$, etc. qui, comme DALCQ l'a constaté pour la *Pholade*, agissant en modifiant la perméabilité de la cellule, facilitent et activent la maturation.

Sans doute à première vue il semble inactif, en état de vie latente, les processus vitaux y paraissent suspendus; néanmoins, comme nous l'avons constaté précédemment, malgré les apparences son métabolisme est relativement actif. Sans insister et sans revenir sur le détail on a pu vérifier que l'oocyte consomme et transforme ses réserves, ses matières grasses en particulier.

Nous avons déjà signalé les recherches de BIALASZEWICZ et BIELOWSKI (51) sur les échanges respiratoires de l'œuf de Grenouille en maturation; travaux prouvant l'élimination d'une grande quantité de CO^2 lors du passage dans les conduits. Si après la décharge d'acide carbonique, la consommation en oxygène des œufs utérins est 10 fois moins intense que celle des différents tissus de l'animal, la respiration même réduite n'en persiste pas moins. Elle est indispensable puisque comme BATAILLON (37) l'a montré, l'œuf vierge et mûr de Grenouille ne tarde pas à mourir dans une atmosphère inerte privée d'O^2.

Sans doute, le quotient respiratoire très bas 0,64 à 0,60 de l'œuf utérin vierge amenait FAURE-FREMIET (120) à émettre l'idée suivante: «l'œuf serait donc au début, le siège d'oxydations incomplètes ou de processus hydrolytiques. . . . l'œuf oxyde, incomplètement, semble-t-il ses réserves graisseuses.»

L'étude de la surmaturation, et en particulier celle *in vitro* comme *in vivo,* des œufs utérins, vient confirmer et préciser cette hypothèse. La comparaison des indices d'iode des acides gras des œufs utérins normaux ou surmaturés, comme la durée de l'aptitude à la fécondation normale aux différentes températures et la persistance de la métaphase de la seconde cinèse de maturation nous ont amenés précédemment à conclure que l'œuf utérin vierge oxyde incomplètement ses graisses et qu'il s'intoxique. C'est pourquoi, tout en reconnaissant à l'encontre de LOEB, la nécessité de l'oxygène pour la survie de l'œuf de Grenouille, nous avons pu ajouter qu'il mourait de ses oxydations parce qu'elles sont incomplètes et l'intoxiquent de plus en plus. Ce qui n'exclut nullement une diminution de perméabilité de l'œuf. Pendant cette agonie, l'O^2 absorbé est ainsi utilisé à des combustions incomplètes qui ne font qu'augmenter l'état de dépression et conduisent fatalement à la mort.

Cette idée d'intoxication de l'œuf mûr immobilisant et figeant son métabolisme n'est pas nouvelle. C'est à BATAILLON (32) que revient le mérite de l'avoir émise. Il y a une trentaine d'années déjà il comparait la maturation de l'œuf d'Amphibiens aux phénomènes s'effectuant dans les disques imaginaux des Insectes en métamorphoses; il était amené à poser les questions suivantes: «Il est permis de se demander si, dans les deux cas, les deux divisions nucléaires ultimes et atypiques ne correspondraient pas à un maximum de concentration protoplasmique. Les conditions de nutrition défavorables (état semi-asphyxique) qui interviennent dans la métabolie n'auraient-elles pas quelque rapport avec le changement physique du milieu intérieur? Ne pourrait-on pas les invoquer également pour la division dite réductrice des éléments sexuels?» La plupart de ses travaux ultérieurs que je ne puis citer ici sont venus étayer cette théorie admise par un grand nombre sinon tous les Biologistes.

L'œuf mûr et vierge est donc dans un état d'hypertension osmotique et de semi-asphyxie avec sa perméabilité diminuée ou même supprimée à l'égard de certaines substances et tout au moins de son milieu. Sans nul doute sa composition chimique retentissant sur l'état physique de son protoplasme encombré par les produits de déchets de son métabolisme produisant une intoxication progressive et s'accentuant sans cesse le paralysent et le conduisent nécessairement à la mort; à moins toutefois que la fécondation ou tout autre facteur mécanique ou physico-chimique parthénogénisant ne vienne le tirer de sa torpeur et de son inertie apparentes pour provoquer son épuration. —

L'étude de la fécondation et de la parthénogénèse expérimentale, en dehors de notre sujet, viendrait prouver que l'irritation et l'excitation produites par le spermatozoïde ou par les divers agents parthénogénétiques utilisés ont pour effet une réaction et une contraction du cytoplasme provoquant le brassage des matériaux ovulaires en même temps que des changements physiques et l'expulsoin épuratrice du liquide périvitellin chargé des déchets et principalement du CO^2 résultant de l'activité de l'œuf pendant l'ovogénèse.

C'est encore à BATAILLON que revient le mérite et l'honneur d'avoir émis cette théorie basée sur de nombreux faits expérimentaux.

CONCLUSIONS.

Les études biochimiques de l'hibernation, de la maturation, de l'inanition comme de la surmaturation, nous ont donc permis de vérifier et de constater expérimentalement par une autre méthode l'hypertension osmotique et l'intoxication progressive de l'œuf maturant, confirmant ainsi les résultats d'autres chercheurs opérant différemment et venant également corroborer et étayer l'œuvre de mon ancien Maître BATAILLON. —

RÉSUMÉ ET CONCLUSIONS GÉNÉRALES.

Au commencement de ce travail je m'étais proposé un but bien défini: 1°) la recherche des variations pondérales de la Grenouille rousse femelle pendant l'hibernation.

2°) l'étude du métabolisme de ses principaux constituants pendant la même période.

3°) l'examen et surtout la comparaison des relations de l'oocyte avec l'organisme producteur l'amenant à la maturité; c'est-à-dire l'étude de la maturation des réserves de l'œuf, telle que nous l'avons définie.

Si, comme le prétend DALCQ (76), l'imprévu est un des charmes de la recherche scientifique, il ne manquait certes pas non-plus dans ce travail. En cours de route un certain nombre de problèmes biologiques se sont posés et l'horizon des recherches s'est élargi. Quelques uns ont obtenu une solution plus ou moins plausible et discutable comme toute question scientifique; d'autres sont restés sans réponse.

Ainsi que je le fais remarquer au début de ce mémoire, je n'ai pas la prétention de résoudre tous les problèmes soulevés par l'hibernation et la maturation. Des portes et des horizons nouveaux dans le domaine expérimental comme dans celui de la cytologie et de la physicochimie bien tentants à explorer s'offrent à la sagacité du chercheur patient. Je n'ai pas voulu m'y égarer, quitte à y revenir par la suite.

Cependant une incursion rapide dans les vastes questions de la surmaturation et de l'inanition nous a permis de mieux saisir le sens et les variations des phénomènes de l'hibernation et de la maturation normales.

Malgré la brièveté de ce travail nécessairement incomplet, un certain nombre de faits expérimentaux et analytiques n'en persistent pas moins et forment la base de tout travail ultérieur expérimental, physicochimique et même histologique.

Des résultats: les uns biométriques obtenus par l'étude de l'influence des variations expérimentales du milieu extérieur (température, lumière, eau, air humide, terre, mouvement, etc. . .) font connaître les circonstances physiques nécessaires pour que l'hibernation et la maturation soient possibles, en même temps que les changements pondéraux subis par la Grenouille; les autres, essentiellement biochimiques indiquant à chaque période de l'année la composition de l'animal normal ou surmature ou inanitié, de ses principaux organes et les rapports de leurs constituants les plus importants permettent de préciser sinon le déterminisme de l'hibernation et de la ponte, tout au moins un ensemble de conditions internes indispensables pour que ces deux phénomènes physiologiques puissent se réaliser.

Ces données complétées par l'étude analytique et comparative du métabolisme et des fonctions physiologiques essentielles de l'organisme d'individus normaux ou inanitiés pendant le cycle annuel amènent nécessairement à préciser les caractéristiques de la femelle hibernant et maturant.

Parmi les premiers résultats, le plus saillant, paradoxal même, c'est que : *durant l'hibernation aquatique, s'effectuant sans nourriture et s'échelonnant sur 4 à 5 mois, parfois plus, la Grenouille normale non seulement ne baisse pas de poids, mais subit une légère augmentation pondérale surtout sensible en fin de période, au moment de la reproduction.*

Dès lors, le cas des Poecilothermes semble s'opposer à celui des Mammifères hibernants qui, comme les Marmottes, pendant la période léthargique perdent jusqu'à un quart de leur masse totale. Il n'en est rien. L'hibernation expérimentale «à sec» des Batraciens, provoquant une diminution de poids relativement considérable et montrant le rôle de l'eau pendant l'hiver et durant la maturation de la Grenouille permet de faire rentrer la *torpeur hibernale des Homéothermes et des Poïkilothermes dans le même cadre général.*

De la première partie de ce travail, il résulte également que *les limites de température compatibles pour que l'hibernation se fasse sont relativement restreintes et s'échelonnent du voisinage de 0° à 10° environ; conditions habituellement réalisées pendant la mauvaise saison dans les milieux aquatiques naturels de nos régions.* Au-dessous de ces limites, la mort ne tarde pas à survenir. Au-dessus, l'engourdissement cesse, la Grenouille reprend son activité, surtout si elle est exposée à la lumière qui paraît être un excitant des mouvements. Se comportant comme un Poïkilotherme à l'inanition et consommant abondamment ses réserves, elle baisse sans cesse et rapidement de poids et généralement elle ne se reproduit pas.

Il est remarquable de constater l'existence de relations très étroites entre l'hibernation et la maturation proprement dite de l'œuf qui lui fait naturellement suite. *Cette solidarité de l'état physiologique général de la femelle et la bonne marche de l'ovogénèse normale aboutissant à la maturité sexuelle semble exiger le ralentissement des fonctions vitales et une basse température.* Mais faits curieux; d'une part, la torpeur hibernale peut s'effectuer en l'absence d'eau, la reproduction et la ponte lui faisant normalement suite au réveil printanier n'ont lieu qu'en milieu aquatique ou tout au moins après hydratation préalable de l'animal. D'autre part, on ne peut prolonger indéfiniment l'état léthargique de la Grenouille et retarder la ponte au-delà de certaines limites restreintes. A sec, ou dans l'eau, même au froid, *la femelle surmature* baisse sans cesse de poids, se comportant comme un Poïkilotherme en inanition à basse température, tandis que ses œufs ne tardent pas à devenir inaptes à la fécondation normale. —

Aussi tous ces résultats expérimentaux et d'observation surtout ceux de la surmaturation concourant à prouver la nécessité d'une température peu élevée et particulièrement *d'un état physiologique spécial de l'animal, état réalisé, naturellement au début de la mauvaise saison* pour que la torpeur hibernale, la maturation des réserves et la maturité puissent s'effectuer; puis la solidarité très étroite entre la fin de l'hibernation et la ponte qui est en quelque sorte le couronnement de cette période léthargique et l'hydratation de l'animal indispensable à l'époque de la reproduction amènent obligatoirement pour résoudre ces énigmes à rechercher les variations des principaux constituants et des rapports biométriques des différents organes de la Grenouille et en particulier des ovaires durant le cycle annuel. —

De ces études biométriques et biochimiques, le résultat primordial, base indispensable pour toutes recherches ultérieures réside dans le fait capital qu'à l'époque de la ponte:

1°) *La constitution des œufs comme de la Grenouille rousse est remarquablement fixe, indépendante de la taille et du poids des femelles productrices.* —

2°) *L'animal débarrassé des ovaires se trouve dans un état voisin de l'épuisement et en particulier ne contient plus que des quantités minimes de matières grasses; mais les ovaires représentant quinze pour cent du poids total de l'animal renferment la plus grande partie (68%) des lipides de l'organisme global.* —

3°) *La comparaison de Rana fusca avec des animaux d'autres groupes zoologiques, tout en montrant parfois la presque identité de composition centésimale des œufs prouve que si les ovaires contiennent sinon la plus grande partie, du moins un pourcentage relativement élevé des graisses de l'organisme global; pour une espèce donnée, la fixité de la constitution chimique de l'oocyte mûr comme la constance des rapports du poids de l'ovaire et de ses substances aux poids correspondants de l'organisme sont caractéristiques, mais néanmoins variables d'une espèce à l'autre.* —

Il résulte donc de ce qui précède la preuve nette de relations biochimiques très étroites tout au moins au moment de la reproduction entre le producteur et ses oocytes mûrs, ceux-ci contenant la fraction la plus importante des lipides de l'organisme.

Ces rapports du soma et du germen suivis pendant le cycle annuel permettant l'observation de l'évolution qualitative et quantitative des ovocytes fournira peut-être une constitution caractéristique de l'œuf prêt à subir la fécondation et des éléments utiles, sinon pour discuter la ou les causes de l'hibernation, de sa durée, et le déterminisme de la ponte, qui, normalement lui fait suite, du moins des données biométriques et biochimiques différentiant cette période.

Incidemment, la comparaison des variations des graisses de l'animal total et de ses différents organes, en particulier les ovaires, jettera quelque lumière sur la question de l'origine des matières grasses déposées dans les ovocytes surtout durant l'hibernation. Les matériaux de l'œuf proviennent-ils d'une néoformation aux dépens des tissus, ou d'un simple déplacement avec ou sans modification des réserves de l'organisme ?

Cette étude comparative amène à séparer le cycle annuel en deux phases bien distinctes :

1°) *la période d'alimentation,* d'existence terrestre, se définissant d'elle-même, comprenant la *période printanière* pendant laquelle l'organisme se restaure, progresse, alors que les ovogonies varient peu et la *période estivale* se distinguant surtout par l'enrichissement considérable des ovaires en poids et en réserves.

2°) *l'hibernation* et la *posthibernation :* la première, époque de torpeur ; la seconde de vie active, l'une et l'autre aquatiques caractérisées malgré l'absence de nourriture, par l'hydratation, les variations pondérales insignifiantes en même temps que par la baisse de la teneur des principaux constituants de l'animal total, sauf l'eau, alors que les œufs continuent leur progression.

Mais le fait que le poids seul des ovaires varie pendant l'hibernation, tandis que la composition globale (eau, matières protéiques, substances grasses et lipoïdiques) et l'indice d'iode des acides gras changent peu, indique que ce n'est pas dans une proportion déterminée des éléments dosés qu'il faut rechercher un test biochimique caractéristique de l'œuf prêt à subir la maturité. La question de l'existence d'un tel test reste entièrement posée et ne sera résolue que par des investigations plus approfondies.

Par contre, l'œuf se comporte comme un parasite s'enrichissant particulièrement en graisses, même pendant l'hiver, aux dépens de l'animal qui s'appauvrit sans cesse.

La constance de la teneur de l'organisme en glycogène, celle de la composition du muscle et la perte minime des matières protéiques de l'animal global, permettent d'affirmer qu'il n'y a pas durant l'hibernation de synthèse des graisses aux dépens des tissus, mais déplacement vers les œufs des substances grasses accumulées dans les organes pendant la période d'alimentation. L'indice d'iode des acides gras des ovaires à peu près constant et toujours plus élevé que celui du corps indique des remaniements des graisses avant ou pendant leur accumulation dans les ovocytes. . .

A l'époque de la reproduction, vu la composition de la Grenouille débarrassée des œufs, et sa teneur minime en acides gras dont le taux 7 gr. 60 par kilogr. est légèrement plus élevé que celui de l'élément constant 4 gr. 7 par kilogr., *il n'est pas possible de préciser le déterminisme de la ponte. Cependant, on constate qu'elle se produit au moment où tout développement ultérieur des oocytes ne serait plus guère possible, tout au moins au point de vue de la teneur en graisses.*

Donc aucun caractère différentiel tant dans la constitution de l'animal que dans la composition globale des ovaires, sauf l'épuisement de l'organisme et une hydratation accentuée du soma et des éléments génitaux ne permet de faire présager la fin de l'hibernation et le déclenchement de la déhiscence. —

Peut-être en prolongeant artificiellement la posthibernation, en empêchant ou en retardant la ponte, de même qu'en provoquant l'inanition à température élevée pendant l'hiver verra-t-on apparaître des modifications ou des altérations de l'organisme, de ses œufs ou de certains organes, telles qu'elles permettront de préciser le sens et l'allure du métabolisme chez les animaux normaux?

Or l'étude de la surmaturation fournit les résultats suivants:

Même à basse température et dans l'eau, par conséquent dans des conditions physiques externes à peu près identiques à celles de l'hibernation, la femelle surmature baisse sans cesse de poids et se déshydrate, diminuant en outre d'une quantité appréciable et ses teneurs en matières protéiques et surtout en graisses dont l'indice d'iode est en progression.

Par ailleurs, les œufs aussi bien ovariens qu'utérins s'hydratent aux dépens de l'organisme, tout en augmentant de poids diminuent peu leur taux d'azote mais par contre abaissent sérieusement leur teneur en acides gras dont l'indice d'iode s'élève. —

Ces constatations permettent de déduire que durant cette phase d'inanition un peu spéciale de l'existence de la Grenouille il y a des oxydations importantes et de l'organisme et des œufs utérins. Ces derniers ne pouvant vivre sans oxygène semblent périr d'intoxication par leur déchets. Pour les œufs, mais surtout pour l'organisme, l'indice d'iode des acides gras s'élevant laisse supposer que les combustions portent d'abord sur les graisses à indices d'iode moins élevés; ce qui n'exclut nullement pour les oocytes, la désaturation d'une partie des acides gras.

Quant à l'inanition dans l'eau, des femelles ovariennes, à température plus élevée, elle permet de constater avec une baisse pondérale continue et très accentuée, l'hydratation de l'animal en même temps qu'une perte considérable d'acides gras et surtout d'albuminoïdes et même d'eau. Ce qui permet de dire avec LIBRACH *que le métabolisme d'inanition des Amphibiens est d'un caractère protéique prédominant.*

Fait curieux, malgré ces pertes progressives de substances et de poids, *les Grenouilles prélevées au début de l'hibernation, par conséquent au moment de l'année où elles possèdent leur maximum de réserves, soumises au jeûne prolongé dans nos laboratoires, continuent à développer leurs ovaires aux dépens de l'organisme comme chez les femelles hibernantes. Mais la maturité ne s'effectue pas.*

Quelle que soit l'époque du jeûne, les dépenses de substances et d'énergie sont d'abord fournies par l'organisme (abstraction faite des œufs), et plus tard seulement, lorsque celui-ci est épuisé, les ovaires contribuent par leur résorption qui n'est jamais complète à l'entretien de la vie de l'individu. Ceci explique pourquoi une Grenouille venant de pondre, privée de la plupart de ses œufs, meurt plus rapidement d'inanition qu'une femelle n'ayant pas pondu et au jeûne depuis plusieurs mois. —

Vers la mort par épuisement, en même temps que l'indice d'iode des acides gras de l'animal sans les œufs progresse régulièrement pour atteindre un chiffre voisin de celui des graisses des œufs, les chiffres de la composition et des indices d'iode des acides gras des ovaires comme le rapport de leur poids à celui de l'animal total sont très voisins de ceux des Grenouilles venant de pondre. —

Accessoirement, il a été possible de constater que pendant l'inanition il semble bien que le rapport du poids du foie à celui de l'animal total ainsi que la teneur en acides gras et en cholestérine de même que l'indice d'iode progressent seulement quand la résorption des œufs commence. Mais les chiffres trop peu nombreux et les résultats contradictoires du taux de la cholestérine de l'animal total aux différentes périodes de l'inanition ne nous permettent pas de les interprèter par une destruction *in extremis* de ce lipoïde. —

En somme, si des données et des chiffres très intéressants ont été fournis tant pour la constitution chimique que pour les relations de l'organisme et des ovaires durant le cycle annuel et surtout au moment de la déhiscence, l'étude biométrique comme les résultats biochimiques de l'hibernation, de la maturation des réserves, de la surmaturation et de l'inanition n'ont pu nous donner des indications suffisantes pour préciser d'abord le déterminisme de l'hibernation puis celui de la maturité et de la ponte. Sans doute nous avons constaté que l'hibernation naturelle débute au moment où la Grenouille contient le maximum de réserves et a lieu à basse température, mais l'inanition expérimentale d'animaux témoins peut s'effectuer aussi en hiver pendant la période d'hivernation normale, et cependant la reproduction ne se fait pas chez les inanitiés !

Il semble donc y avoir chez les Grenouilles hibernantes, un métabolisme spécial et différent de celui des femelles en inanition. L'analyse plus détaillée et comparative de ces métabolismes, de même que celle de la surmaturation, du mode de vie et de ces différents états physiologiques permet de préciser les notions antérieures et d'en déduire *les caractéristiques de l'hibernation :*

Une température inférieure à 10°, une accumulation abondante de réserves accompagnée d'une déshydratation progressive de l'organisme provoquent l'engourdissement hibernal et le ralentissement des phénomènes vitaux (respiration, circulatoin, excrétion, etc. . .) en même temps qu'une déglobulisation du sang, un Q. R. très bas et une résistance plus grande à l'asphyxie.

Bien que l'intensité des échanges soit faible, il y a néanmoins disparition d'une quantité appréciable des constituants et en particulier des acides gras, faisant dire que le métabolisme de cette période est surtout celui des graisses, bien qu'elles ne se transforment nullement en glycogène.

Par comparaison aux femelles sorties de torpeur reportées en inanition au laboratoire et perdant rapidement du poids et de l'eau, on constate que malgré les pertes de substances, le poids total de l'animal en léthargie varie peu, alors qu'il s'hydrate ; les liquides d'hydratation *se trouvant en combinaisons instables avec les constituants plasmatiques, le CO^2 et les déchets résultant des combustions internes.* —

D'autre part, la baisse légère des indices d'iode des acides gras de l'animal total en torpeur indiquant l'oxydation incomplète d'une partie des acides gras de l'organisme global, la désaturation d'une autre portion des graisses mobilisées vers les œufs, (conditions qui provoquent avec le CO^2 retenu dans les liquides organiques la diminution du Q.R.), et enfin l'habitat confiné permettent d'affirmer que l'hibernation s'effectue dans des conditions semi asphyxiques.

Néanmoins, durant cette période dépourvue d'alimentation, les œufs se comportent en parasites, continuent leur développement aux dépens de l'organisme auquel ils empruntent les constituants essentiels, en particulier les substances grasses.

Ces dernières sont incorporées aux ovocytes après remaniement par désaturation effectuée vraisemblablement dans le foie et nécessitent une absorption d'oxygène qui ne réapparaissant pas dans le Q. R., contribue encore à l'abaisser.

Mais si expérimentalement l'hibernation cesse par une température supérieure à 10° et normalement dans la nature aux premiers beaux jours avant l'épuisement complet des réserves de l'organisme sans les œufs, on ne peut cependant pas la prolonger indéfiniment, même en maintenant les Grenouilles dans la glacière. Ce qui semble prouver que le réveil printanier normal est provoqué par l'insuffisance du taux des constituants de l'animal et que par conséquent l'accumulation de réserves dans l'organisme est une condition indispensable pour la torpeur hibernale. —

Des considérations précédentes, on peut donc conclure que l'entrée en hibernation est provoquée par trois facteurs indispensables agissant simultanément: basse température, accumulation de réserves, et déshydratation de l'organisme. L'une ou l'autre de ces conditions, ou tout au moins l'une ou l'autre des deux premières, (l'expérimentation ne porte pas sur la troisième) n'étant pas réalisée, la torpeur hibernale cesse immédiatement, aboutissant à l'inanition avec son métabolisme spécial.

Durant tout cet exposé, on a pu constater les relations étroites entre le soma et le germen; la maturation des éléments génitaux exigeant l'hibernation préalable de l'animal et le passage des matériaux de l'organisme dans les œufs. —

Mais la maturité, terme ultime du développement des oocytes, nécessite outre cette accumulation de réserves empruntées à l'hôte, des rapports constants des constituants de l'œuf et de l'animal, une hydratation adéquate et un état d'intoxication provenant des conditions semi-asphyxiques du milieu intérieur.

Dans l'un et l'autre cas, celui de l'hibernation comme celui de la maturation, la reprise de la vie active et de l'évolution normale exige une désintoxication par élimination des déchets accumulés pendant les périodes précédentes. Pour l'organisme, cette épuration apparaissant au début de la posthibernation, au retour à l'activité physiologique, se manifeste par une respiration intense et un Q. R. parfois plus élevé que l'unité. Pour l'œuf, elle est déclenchée par la fécondation ou la parthénogénèse qui ont pour effet immédiat l'expulsion du liquide périvitellin reconnu toxique et l'établissement d'une oxygénation active. —

Ce rapprochement de l'hibernation et de la maturation, légitime et naturel puisqu'il se rapporte à la comparaison de phénomènes intimes, se déroulant dans l'animal et ses ovaires, peut-être poussé plus loin encore. L'entrée en hibernation, comme l'entrée en maturité, exige auparavant une accumulation de réserves. Effectuée durant la belle saison pour la Grenouille totale, elle se poursuit pendant l'hiver pour les oocytes qui continuent à s'enrichir aux dépens de l'hôte. Somme toute, dans l'ensemble, les métabolismes sont parallèles dans les deux cas, mais avec un décalage dans le temps; la maturation proprement dite survenant à la fin de l'hibernation. Outre une basse température ralentissant les phénomènes vitaux, des conditions semi-asphyxiques et d'intoxication paraissent indispensables pour la réalisation de ces deux états physiologiques.

Index Bibliographique. [1]

1 ABELOUS (J.- E.) — La fonction cholestérogénique de la rate. (Arch. Intern. de Physiol. T. 18—1921, p. 42—52.)

2 ADOLPH (E.- F.) — The skin and the kidneys as regulators of the body volume of Frogs (Journ. exp. Zool. XLVII. 1—30, 1927).

3 I. Changes of body volume in several species of larval amphibia in relation to the osmotic pressure of the environment. (Journ. exp. Zool. XLVII. 163—179, 1927).

4 II. Changes in the physiological regulation of body volume in Rana pipiens during ontogeny and metamorphosis. (Ibid. 179-197, 1927).

5 The excretion of water by the kidneys of frogs. (Amer. J. Physiol. LXXXI. 315—324, 1927).

6 AMERLING (Karl) — Ueber die Widerstandsfähigkeit gegen Sauerstoffmangel und gegen Wärmelämung während der Ontogenie des Frosches. (Archiv für die gesammte Physiol. v. Pflüger. Bd. CXXI. 1908, S. 363—369).

7 ANDRE (Emile) et CANAL (Henri) — Contribution à l'étude des huiles d'animaux marins. Recherches sur l'huile de Calmar. (Todarus sagittatus) (C. R. A. S. CLXXXIII. 152, 1926).

8 ANDRE (Emile) — Relations entre le développement du foie et celui des glandes sexuelles chez quelques Poissons cartilagineux. (C. R. A. S. — T. 184, p. 901 — 4 avril 1927.)

9 ARTOM (Camillo) — Contribution à l'étude du métabolisme de la cholestérine. I. Sur les échanges de cholestérine dans le foie survivant de chiens normaux. (Arch. Intern. de Physiol. T. 20, 1922—23, p. 162—191).

10 III. Sur les variations de la cholestérine pendant l'autolyse du foie de Chiens normaux. (Ibid., T. 22, 1923—24, p. 17—31.)

(I) C. R. A. S. = Comptes rendus de l'Académie des Sciences.
C. R. S. B. = Comptes rendus de la Société de Biologie.

11 ARTOM (Camillo). — IV. Sur les variations de la cholestérine pendant l'autolyse du foie de Chiens après extirpation du pancréas.
(Ibid., T. 22, 1923—24, p. 32—42.)

12 V. Sur les variations comparées de la cholestérine et des acides gras pendant la circulation artificielle ou l'autolyse du foie de Chiens normaux. (Ibid., T. 22, 1923—24, p. 173—186.)

13 VI. Sur le rôle de la rate et de l'appareil réticulo-endothélial dans les phénomènes de cholestérogénèse et de cholestérolyse du foie en autolyse. (Ibid., T. 23, 1923—24, p. 394—408.)

14 VII. Sur l'action cholestérogénétique et cholestérolytique des extraits de tissus animaux.
(Ibid., T. 23, 1923—24, p. 409—422.)

15 ATHANASIU (J.). — Sur les échanges respiratoires des Grenouilles pendant les différentes époques de l'année. (Journ. de Physiol. et de Pathol. génér. T. 2. 1900, p. 243—258).

16 ATHANASIU et DRAGOIU (I.) — La distribution de la graisse dans le corps de la Grenouille pendant l'hiver. Infiltration graisseuse normale. (C. R. S. B. — T. 64, 1908, p. 191.)

17 ATHANASIU (J.) — Ueber den Gehalt des Froschkörpers an Glycogen in den verschiedenen Jahreszeiten. (Archiv. für die gesamte Physiol. Bd. 74, 1899, S. 561—569).

18 BALDWIN (W. M.). — Histologic effects of a cholesterol-free diet on adult white Rats. (Proc. Soc. exp. Biol. a. Med. XXV. 646, 1928).

19 BANU, NEGRESCO et HERESCO. — La cholestérine chez les nourrissons normaux. (C. R. S. B. — T. 91, 1924, vol. 2, p. 730).

20 BARTHELEMY (H.) — Maturation *in vitro* et activation des œufs de la cavité générale et des conduits chez *Rana fusca*. (C. R. A. S. — T. 175, p. 1102, 1922.)

21 Sur la maturation *in vitro* et l'activation par piqûre des œufs ovariens de *Rana fusca* à l'époque de la ponte. (C. R. A. S. T. 175, p. 1248, 1922).

22 . . . . Action de l'eau, du NaCl, du NaBr et du $CaCl^2$ sur les spermatozoïdes de *Rana fusca* et de *Bufo vulgaris* (C. R. A. S. — T. 177, p. 654, 1923.)

23 BARTHELEMY (H.) et BONNET (R.) — Influence de la température sur l'utilisation de l'énergie au cours du développement

de l'œuf de Grenouille rousse (*Rana fusca*) (C. R. A. S. — T. 178, p. 2005, 1924) et (Bull. Sté. Chim. Biol. T. VIII. N° 9, 1926, p. 1071—1080).

24 BARTHELEMY (H.) — Recherches biométriques et expérimentales sur l'hibernation, la maturation et la surmaturation de la Grenouille rousse ♀ (*Rana fusca*) (C. R. A. S. — T. 182, p. 1653, 1926.)

25 BATAILLON (E.) — Recherches anatomiques et expérimentales sur la métamorphose des Amphibiens anoures. (Annal. de l'Université de Lyon 1891, 123 p. 6. pl.)

26 . . . . Sur le déterminisme physiol. de la métamorphose chez le Ver à soie. (C. R. A. S. — T. 115, p. 61, 1892.)

27 BATAILLON (E.) et COUVREUR (E.) — La fonction glycogénique chez le Ver à soie pendant la métamorphose (C. R. S. B. T. 44, p. 669, 1892).

28 BATAILLON (E.) — La théorie des métamorphoses de M. Ch. Pérez: (Bull. de la Sté. Entomol. de France p. 58—62, 1900)

29 . . . . Sur l'évolution des œufs immatures de *Rana fusca* (C. R. A. S. — T. CXXXII, p. 1134, 1901.)

30 . . . . La pression osmotique et l'anhydrobiose. (C. R. S. B. — T. 53, p. 437, 1901.)

31 . . . . La pression osmotique et les grands problèmes de la Biologie (Arch. f. Entw. Mech. Bd. XI. Heft I. S. 149—184, 1901, 1 pl. double).

32 . . . . Etudes expérimentales sur l'évolution des Amphibiens. Les degrés de Maturation de l'œuf et la Morphogénèse. (Arch. f. Entw. Mech. Bd. XII. Heft IV. S. 610—655, 31. Fig. 1901).

33 . . . . La segmentation parthénogénésique des œufs immatures de Bufo dans l'eau ordinaire. (C.R.S.B. — T. LVI. p. 749, 1904).

34 . . . . Nouvelles études sur l'équilibre physique des œufs d'Amphibiens au cours de la maturation. (Arch. de Zool. exp. et Génér. Notes et Revue N° 9. p. 222—225, 1905).

35 . . . . Sur l'émission des globules polaires chez *Rana fusca* (C. R. S. B. — T. LXII, p. 901, 1907.)

36 . . . . Contributions à l'analyse expérimentale des phénomènes karyocinétiques chez *Ascaris megalocephala* (Arch. für Entw. Mech. der Organ. XXX. (Fest.- Bd. für Prof. Roux, S. 24—44, 1 pl. 1910).

37 BATAILLON (E.). — La Parthénogénèse des Amphibiens et la «Fécondation chimique de LOEB. (Ann. des Sc. Nat. Zool. 9e série, p. 249—307, 1912.)

38 . . . . Démonstration définitive de l'inoculation superposée à la piqûre en parthénogénèse traumatique. (C. R. A. S. — T. CLVI, p. 812, 1913.)

39 . . . . Analyse de l'activation par la technique des œufs nus et la polyspermie expérimentale chez les Batraciens. (Ann. des Sc. Nat. Zool. 10° série, 39 p. 1919).

40 . . . . La destinée des noyaux mâles dans la fécondation croisée des œufs immatures de *Triton*. (C. R. A. S. — T. 185, p. 998; 1927).

41 . . . . Etudes analytiques sur la maturation des œufs de Batraciens (C. R. A. S. — T. 187, p. 520, 1928.)

42 BELIN (P.) — Contribution à la connaissance des deux constituants des Lipides: Elément constant et élément variable. (Thèse — Strasbourg 1926).

43 . . . . Généralité de la distinction entre deux catégories de matières grasses: Elément constant et élément variable. (Bull. Soc. Chim. Biol. VIII. 1081, 1102, 1926).

44 . . . . Influence de l'alimentation sur la constitution des graisses de réserve (Elément variable). (Bull. Soc. Chim. Biol. VIII. 1120, 1151, 1926).

45 BELLION (Marguerite) — Contribution à l'étude de l'hibernation chez les Invertébrés. Recherches expérimentales sur l'hibernation de l'Escargot. (*Helix pomatia L.*) (Thèse Fac. des Sc. Lyon, 1909, 139 p.)

46 BENEDEN (Van Edouard) — Recherches sur la maturation de l'œuf et la fécondation. Ascaris Megalocephala. (Arch. de Biol. T. IV. p. 265—640, 9 pl. 1883).

47 BENEDEN (V. E.) et JULIN (Charles) — Observations sur la maturation, la fécondation et la segmentation de l'œuf chez les Cheiroptères. (Arch. de Biol. T. I, p. 551—571, 2 pl., 1880.)

48 BERG (W.) — Ueber funktionnelle Leberzellstrukturen. Periodische Veränderungen im Fettgehalt der Leberzelle des im Winter hungernden Salamanders und ihre Ursachen. (Zeitschr. für mikr. anat. Forschung, I. 245—297, 1924).

49 BERG (W.) und FALK (V.) — Mikroskopische Untersuchungen über den Zusammenhang von Eiweissabbau und Fettgehalt in

den quergestreiften Muskelfasern des Frosches im Winter. (Zeitschr. für mikr. anat. Forschung. I. 297—310, 1924).

50 BERT (Paul) — Leçons sur la physiologie comparée de la respiration professées au Muséum d'Histoire Naturelle (Paris, 1870.)

51 BIALASZEWICZ and BIELOWSKI. — The influence of fertilization on the respiration of eggs. (Trav. Soc. Varsovie N° 32, 1915).

52 BIDDER und SCHMIDT. — Die Verdauungssaefte und der Stoffwechsel (Mitau, 1852.)

53 BLEIBTREU (Max) — Weitere Untersuchungen über das Verhalten des Glykogens im Eierstock der *Rana fusca* (Pflüger's Archiv. f. die gesamte Physiol. Bd. 141, S. 328—342, 1911).

54 BONNE (C. de Lyon). — Sur les gouttelettes de graisse à existence temporaire des ganglions spinaux de la Grenouille. (C. R. S. B. — T. 53, p. 474, 1901.)

55 BONNET (R.) — Grandeur de l'action dynamique spécifique en fonction de la température extérieure chez les poïkilothermes. (Ann. Physiol. et de Physicochimie Biol. II. 192—214, 1926)

56 BOUILLENNE-WABRAUD (M. et R.) — Contribution à l'étude de la respiration en fonction de l'hydratation. Echanges respiratoires dans les racines tubérisées de Brassica Napus. (Ann. de Physiol. et de Physicochimie Biol. II. 426—468, 1926).

57 BOUIN (M.) — Histogénèse de la glande génitale femelle chez *Rana temporaria* (L.) (Thèse Fac. des Sc. Nancy 1900).

58 BRACHET (A.) — L'œuf et les facteurs de l'ontogénèse. (Encyclopédie scientifique) (Douin Paris, 1917, 349 pages).

59 . . . . Traité d'Embryologie des Vertébrés. (Masson Paris, 1921, 602 pages.)

60 . . . . Recherches sur la fécondation prématurée de l'œuf d'Oursin (*Paracentrotus lividus*) (Arch. de Biol., T. XXXII. p. 205—248, 3 pl. 1922).

61 . . . . Sur la fécondation prématurée de l'œuf d'Oursin. (C. R. S. B. — T. I, vol. 86, p. 511, 1922.)

62 CAHN (Théophile) — Dégénérescence musculaire, assimilation fonctionnelle et action nerveuse. Contribution à l'étude des équilibres cellulaires. — (Editions Universitaires de Strasbourg un vol. 145 p. 1926).

63 CALVO-CRIADO (V.) — Nachweis der Entstehung von Kohlehydraten aus Fett und Abhängigkeit derselben von der Leber. (Biochem. Zeitschr. CLXIV. 76—96, 1925).

64 CHAMPY (C.) — Etude expérimentale sur les différences sexuelles chez les Tritons (Triton alpestris LAUR.) (Arch. de Morphol. Génér. et Expérimentale, 172 p. 1922).

65 CARNOY (J.- B.) et LEBRUN (H.) — La vésicule germinative et les globules polaires chez les Batraciens. (La Cellule, Vol, XVII. 1900.)

66 CHARRIER (H.) — Sur quelques modifications du tissu musculaire au moment de la maturtié sexuelle chez la *Nereis Fucata* (Sav.) (C. R. A. S. — T. 156, p. 1131, 1913.)

67 CASHIN (Martin F.) and MORAVEK (Vladimir) — The physiological actions of cholesterol (Amer. J. Physiol. LXXXII. 294—298, 1927).

68 CAULLERY (Maurice) — Les problèmes de la sexualité. (Bibl. de Philos. scient. E. Flammarion, Paris 1919, 332 pages.)

69 CHEVEY, ROULE (L.) et Melle. VERRIER. — Sur l'interruption de la montée des Saumons par la diminution de la teneur du cours d'eau en oxygène dissous. (C. R. A. S. — T. 185, p. 1527, 1927).

70 CHILD (C. M.) — A study of Senescence and Rejuvenescence based on experiments with Planaria dorotocephala. (Arch. Entw. Mech., XXXI, 537—616, 1911.) (Analyse Ann. Biolog. Vol. 16 p. 151 — 1911.)

71 COUVREUR (E.) — Sur la transformation de la graisse en glycogène chez le Ver à soie pendant la métamorphose. (C. R. S. B. T. 47, p. 796, 1895).

72 . . . . a) Contribution à l'étude de la respiration aérienne (pulmonaire et cutanée) chez les Batraciens anoures à l'âge adulte. (Journ. de Physiol. et de Pathol. génér. XI. p. 561—575, 1909).

73 . . . . b) Recherches sur le chimisme respiratoire chez les Batraciens (Ibid., p. 590—596.)

74 CROFTS (Elisabeth E.) et LAURENS (Henry) — Studies on the relative physiological value of spestral lights V. The alleged influence of light upon respiration in the Frog. (Amer. J. Physiol. LXX. 300—310, 1924).

75 CUENOT (L.) — L'adaption (L'Encyclopédie scientifique. Doin, Paris, 1925.)

76 DALCQ (Albert) — Recherches sur la physiologie de l'œuf en maturation (Arch. de Biol. T. 33, p. 79—196, 1923).

77 . . . . Le rôle des principaux métaux de l'eau de mer dans l'activation de l'œuf en maturation (Bull. Histol. appliquée I. 465—485, 1924).

78 . . . . Recherches expérimentales et cytologiques sur la maturation et l'activation de l'œuf *d'Asterias glacialis*. (Arch. de Biol. XXXIV. 507—674, 41 fig. 3 pl. 1924).

79 . . . . Le rôle du calcium et du potassium dans l'entrée en maturation de l'œuf de *Pholade* (*Barnea candida*) (Ann. et Bull. Soc. Sc. méd. et nat. Bruxelles 150—151, 1927).

80 . . . . Le rôle du potassium et du calcium dans l'entrée en maturation de l'œuf de *Pholade* (*Barnea candida*) (Protoplasma IV. — 18-44, 8 fig. 1928.)

81 . . . . Les bases physiologiques de la fécondation et de la parthénogénèse. (Les Presses Universitaires de France, Paris, 1928, 274 p.)

82 D'ANCONA (Umberto) — Studi sull' inanizione I. L'Azione del lungo digliuno sulle cellule e mi tessuti. (Amer. Journ. Anatomy XXXIX. 135—185, 33 fig. 1927).

83 DANYSZ-MICHEL (Mme.) et LASKOWNICKI (St.) — Variations du taux de cholestérine dans le sang sous l'action de certains antiseptiques et de certains vaccins. (C. R. S. B. T. 91, Vol. 2. p. 632, 1924).

84 DASTRE (A.) — Sur la répartition des matières grasses chez les Crustacés. (C. R. S. B. — T. 53, p. 412, 1901.)

85 DEFLANDRE (Melle. C.) — La fonction adipogénique du foie dans la série animale (Thèse Fac. Sciences Paris 1903, 128 pages).

86 DELAGES (Yves) — Etudes sur la Mérogonie. (Arch. de Zool. expériment. et génér. 3° série, T. VII. 383—417, 1899).

87 . . . . Sur l'interprêtation de la fécondation mérogonique et sur une théorie nouvelle de la fécondation normale. (Ibid. . . . . 3° série, T. VII. p. 511—527, 1899),

88 . . . . Etudes expérimentales sur la maturation cytoplasmique et sur la parthénogénèse artificielle chez les Echinodermes (Ibid., 3e série, T. IX, p. 285—326, 1901.)

89 DELAGES (Yves) et GOLDSCHMITH (Melle. M.) — La parthénogénèse naturelle et expérimentale (Bibliothèque de Philosophie scientifique. Flammarion, Paris, 1918, 346 p.).

90 DELAROCHE. — Mémoire sur l'influence que la température de l'air exerce dans les phénomènes chimiques de la respiration (Thèse Paris, 1806.)

91 DEWEVRE. — Note sur la fonction glycogénique chez la Grenouille d'hiver. (C. R. S. B. — T. 44, p. 19, 1892.)

92 DISSARD (A.) — a) Influence de la déshydratation d'un animal sur ses échanges respiratoires. (C. R. S. B. — T. 46, p. 483, 1894.)

b) Influence de la déshydratation sur la résistance à l'asphyxie (Ibid., T. 46, p. 872, 1894.)

93 DU BOIS (A. M.) — Action des glandes génitales sur les corps adipolymphoïdes des Batraciens. (C. R. S. B., T. XCVII, 543, 1927).

94 DU BOIS (A. M.) et PONSE (K.) — Hypogénitalisme chez Rana esculenta. (C. R. S. B., T. XCVII, 545, 1927.)

95 DU BOIS (A. M.) et de BEAUMONT (J) — Intersexualité phénotypique dans la gonade mâle du Triton (C. R. S. B., T. XCVII, p. 1323, 1927.)

96 DU BOIS (A. M.) — Action des glandes génitales sur les corps adipolymphoïdes des Batraciens. (C. R. S. B. — T. XCVII, p. 543, 1927.)

97 . . . . . Les corrélations physiologiques entre la glande génitale et les corps jaunes chez les Batraciens. (Thèse Sc. Genève, 12 p. 1927.)

98 DUBOIS (Raphaël) — Autonarcose carbonicacétonémique ou sommeil hibernal de la Marmotte. (C. R. S. B. — T. 47, p. 149, 1895).

99 . . . . A propos d'une objection de M. Léo de Errera, de Bruxelles, à ma théorie du sommeil par autonarcose carbonique (C. R. S. B. — T. 47, p. 814, 1895.)

100 . . . . Sur le mécanisme de l'autonarcose carbonique. (C. R. S. B. — T. 47, p. 831, 1895.)

101 . . . . . Etude sur le mécanisme de la thermogénèse et du sommeil chez les Mammifères. Physiologie comparée de la Marmotte. (Ann. de l'Université de Lyon, Masson et Cie. Editeurs, Paris, 1896, 268 p.)

102 . . . . . Sommeil naturel par autonarcose carbonique provoqué expérimentalement. (C. R. S. B. — T. 53, p. 231, 1901.)

103 DUBOIS (Raphaël). — Autonarcose carbonique chez les végétaux. (C.R.S.B. — T. 53, p. 957, 1901.)

104 . . . . La torpeur nymphale et l'autonarcose carbonique. A propos d'une note de P. Portier et de Melle. de Rorthays sur «La composition chimique de l'atmosphère interne des cocons de *Bombyx mori*». (C. R. S. B. — T. 96, p. 263, 1927.)

105 DUBUISSON (H.) — Contribution à l'étude du vitellus. (Arch. de Zool. expériment. et génér. 4° série, T. V. n° 2. p. 153—402, 1906).

106 DRZEWINA (Anna) et BOHN (Georges). — Anoxybiose et polarité chimique (C. R. A. S. — T. 156, p. 810, 1913.)

107 DWORKIN (S.) and FINNEY (W. H.) — Artificial hibernation in the woodchuck (Arctomys monax) (Amer. Journ. Physiol. LXXX, 75—81 1927).

108 EDWARDS (W. F.) — De l'influence des Agens Physiques sur la vie (Paris 1824).

109 ELLERMANN (V. von) — Ueber die Schleimsekretion im Eileiter der Amphibien (Anatomischer Anzeiger Bd. 18, S. 182—189, 1900).

110 FAURE-FREMIET (E.) — Le cycle germinatif chez l'Ascaris megalocephala (Arch. d'Anatom. microscop. T. XV. p. 435—757, 3 pl. 1913).

111 . . . . . *et Melle. du* VIVIER DE STREEL. — Les constituants chimiques de l'œuf et leur rôle dans le développement embryonnaire chez la Grenouille rousse (Rana temporaria) (Bull. Sté. Chim. Biol. T. III. p. 476—482, 1921).

112 . . . . et . . . . Composition chimique de l'œuf et du têtard de Rana temporaria (C. R. A. S. — T. CLXXIII, p. 613, 1921).

113 FAURE-FREMIET (E.) — Constitution de l'œuf de *Sabellaria alveolata* (C. R. A. S. — T. CLXXIII, p. 1023, 1921.)

114 . . . . . *et Melle. Henriette* GARRAULT. — Etude des substances grasses et lipoïdiques de l'œuf de Truite (Trutta fario) (Bull. Sté. Chim. Biol. T. IV., p. 379—387, 1922).

115 . . . . . et . . . . les substances grasses et lipoïdiques de l'œuf ovarien de Carpe (Cyprinus Carpio) (Bull. Sté. Chim. Biol. T. IV. p. 429—434, 1922).

116 . . . . . et . . . . Constitution de l'œuf de Truite (C. R. A. S. — T. CLXXIV, p. 1375, 1922.)

117 FAURÉ-FRÉMIET (E.) et Mlle GARRAULT (H.). — Constitution de l'œuf ovarien de Carpe. (C. R. A. S. — T. CLXXIV, p. 1595, 1922.)

118 . . . . et . . . . Constitution de l'œuf ovarien de *Patella vulgata* (C. R. S. B. — T. LXXXVIII, p. 1183, 1923.)

119 FAURE-FREMIET (E.) et DRAGOIU. — Le premier cycle de croissance du têtard de *Rana temporaria*. (Arch. Intern. de Physiol. T. XXI. p. 403, 1923).

120 FAURE-FREMIET (E.) — La cinétique du développement. Multiplication cellulaire et croissance. (Les Presses Universitaires de France. Paris 1925.)

121 FINK (David E.) — Physiological studies on hibernation in the Potato Beetle, Leptinotarsa decemlineata Say (Biolog. Bull. XLIX. 381—406, 13 fig. 1925).

122 FISCHER (P. H.) — Influence de la lumière et du renouvellement de l'air sur le réveil des Escargots. (C. R. A. S. — T. CLXXXI, p. 1186, 1925.)

123 FRECHIN (Joseph) — Sur la cholestérine. (Thèse Pharm. Nancy 206 p. 4 fig. 1927).

124 FREDERICQ (H.) et FLORKIN (M.) — Les variations saisonnières et expérimentales de la Chronaxie des muscles lisses. (Bull. Acad. R. de Méd. de Belgique, T. VI. p. 714—723, 1926 et Arch. Intern. Physiol. T. XXVIII, p. 21—28, 1927).

125 GAUTHIER (Cl.) — Action de l'adrénaline sur le glycogène hépatique et sur le poids et le volume du foie chez la Grenouille. (C. R. S. B. — T. II, vol. 87, p. 157, 1922.)

126 GAUTHIER (Cl.) et THIERS (H. P.) — Répartition de l'azote total dans les lobes du foie de la Grenouille (C. R. S. B. T. II. Vol. 97; p. 485, 1927).

127 . . . . et . . . . Augmentation du volume du poids et de l'azote total du foie sous l'influence d'une alimentation riche en azote. (Bull. Sté. Chim. Biol. T. X. p. 537—552, 1928).

128 GIARD (Alfred) — L'anhydrobiose ou ralentissement des phénomènes vitaux sous l'influence de la déshydratation progressive. (C. R. S. B. — T. 46, p. 497, 1894.)

129 . . . . Retard dans l'évolution déterminé par anhydrobiose chez un Hyménoptère chalcidien (Lygellus epilachnoe nov. gen. et nov. spec.) (C. R. S. B. — T. 48, p. 837, 1896.)

130 GIARD (Alfred). — Sur le déterminisme de la métamorphose. (C. R. S. B. — T. 52, p. 131, 1900.)

131 GLEY (E.) — Traité élémentaire de physiologie (J. B. Baillière et Fils, Paris 1925).

132 GOLDFEDEROWA (A.) — Le glycogène au cours de l'ontogénèse de la Grenouille et sous l'influence des saisons. (C. R. S. B. — T. II, vol. 95, p. 801, 1926.)

133 GRANATA (L.) — Sulla struttura dei «corpi grassi» degli Anfibi. (Monitore Zool. ital. XXXII. p. 35—41, 1925).

134 GRASSE (Pierre P.) — Etude biologique sur le Criquet Egyptien, (Orthacanthacris Aegypta - L -) (Bull. Biol. de la France et de la Belgique T. LVI. p. 545—578, 1922).

135 GREENE (Charles W.) — Chemical development of the ovaries fo the king salmon during the spawing migration. (Journ. of Biol. Chemistry, Vol. XLVIII. p. 59—71, 1921).

136 . . . . Carbohydrate content of the king salmon tissues during the spawning migration. (Ibid., p. 429—436.)

137 GREENE (Charles W.) and NELSON (Erwin E.) — The chemical composition of the skeletal muscle of the fresch water gar, Lepidosteus. (Ibid., p. 57—62.)

138 GRIGAUT (A.) et LAROCHE (Guy) — Sur l'origine de la cholestérine et la valeur de la théorie de Flint. (C. R. S. B. T. 73, p. 413, 1912).

139 GRIGAUT (A.) — Le cycle de la cholestérinémie. (Thèse Fac. Méd. Paris, 1913, 183 p.)

140 GRIGAUT (A.) et DEJACE (J.) — Le cycle des matières grasses dans l'organisme. (C. R. S. B. — T. XCIII, p. 585, 1925.)

141 HAAN (J. de) et BARKER (A.) — Renal function in summer Frogs and winter Frogs (Journ. of Physiol. LIX. p. 129—137, 3 tabl. 1924).

142 HARI (P.) — Ueber die Bedeutung der abnormen respiratorischen Quotienten im Winterschlaf und beim Erwachen aus demselben. (Biochemische Zeitschr. CXIII. S. 89—99, 1921).

143 HEE (A.) et BONNET (R.) — Influence de la teneur en oxygène du milieu sur l'intensité respiratoire des animaux poïkilothermes et des végétaux; (Arch. Int. Physiol. T. XXV, pages 279—290, 1925).

144 HEESEN (Wilhelm) — Ueber die Zahlenverhältnisse der roten und weissen Blutkörper der heimischen Amphibien im Wech-

sel der Jahreszeiten (Zeitschr. für Vergleichende Physiol. I. S. 500—516, 2 fig. 1924).

145 HELLER (J.) — Chemische Untersuchungen über die Metamorphose der Insekten. III. Mitteilung. Ueber die «subitane» und «latente» Entwicklung. (Biochem. Zeitschr. Bd. CLXIX. S. 208—234, 1926).

146 . . . . Chemische Untersuchungen über die Metamorphose der Insekten. V. Ueber den Hungerstoffwechsel der Schmetterlinge (Biochem. Zeitschr. Bd. CLXXII. S. 74—81, 1926).

147 HERTWIG (O.) — Ueber den Einfluss der Temperatur auf die Entwicklung von Rana fusca und Rana esculenta. (Archiv für Mikrosk. Anat. und Entwicklungsgeschichte Bd. 51. S. 319—381, 1 Pl. 2 Taf. 1898.)

148 HESS (A. F.), WEINSTOCK (M.), SHERMANN (E.) — The antirachitic value of irradicated cholesterol and phytosterol. V. Chemical and biological changes. (J. of Biol. Chem. LXVII. p. 413—423, 1926).

149 HETT (Johannes) — Die Einwirkung erhöhter Aussentemperatur auf die Leber der Hausmaus. (Virchows Archiv. f. path. Anat. und Physiol. Bd. CXLVIII. S. 101—124, 1924).

150 HIBBARD (Hope Miss) et PARAT (M.) — L'ovogénèse de certains Téléostéens. Caractères spéciaux du chondriome, du vacuome et formation du vitellus. (C. R. Assoc. Anat. 22° Réunion, Londres 117—118, 1927).

151 HIBBARD (Hope Miss) — Rôle des constituants cytoplasmiques dans la vitellogénèse d'un Amphibien, Discoglossus Pictus Otth. (C. R. S. B. — T. XCVII, p. 45, 1927.)

152 . . . . Contribution à l'étude de l'ovogénèse, de la fécondation et de l'histogénèse chez Discoglossus Pictus Otth. (Arch. de Biol. XXXVIII. p. 249—325, 12 fig. 2 pl. 1928— et Thèse Fac. Sc. Paris 1928).

153 HOVASSE (R.) — Les phénomènes de maturation de l'œuf chez Rana fusca (C. R. S. B. 19 juillet 1919).

154 . . . . Contribution à l'étude des chromosomes. Variation du nombre et régulation en parthénogénèse. (Bull. Biol. de la France et de la Belgique T. LVI. p. 141—229, 1922).

155 ILZUKA (Naohiko) — Recherches sur la déshydratation de la Grenouille et son retentissement sur les échanges respiratoires. (Ann. de Physiol. et de Physico-Chimie Biol. II. 310—328, 1926).

156 JACQUOT (Raymond) et MAYER (André). — Hydratation et respiration des graines. (Ann. de Physiol. et de Physico-Chimie Biol. II. 408—425, 1926).

157 JOHNSON (G. E.) — Hibernation of the thirteen — lined Groundsquinel, Citellus tridecemlineatus (Mitchell) I. A. comparison of the normal and hibernating states. (Journ. exp. Zool. L. 1531, 1928).

158 KAYSER (Charles) et GINGLINGER (Albert) — Variations systématiques et signification du quotient respiratoire en fonction de la température chez les animaux. (C. R. A. S. — T. 185, p. 1613, 1927.)

159 KELLNER. — Chemische Untersuchungen über die Entwicklung und Ernährung des Seidenspinners. (Laudw. Versuchstat. XXX. S. 59, 1884).

160 KENNEL (von Pierre) — Les corps adipolymphoïdes des Batraciens (Ann. des Sc. Nat. Zool. T. XVII. p. 219—254, 1913).

161 KOLLMANN (F.), VAN GAVER et J .TIMON-DAVID. — Contribution biologique à l'étude des huiles des Sélaciens. Huile de foie de Centrina vulpecula Rond., (C. R. S. B. — T. XCVII, p. 173, 1927.)

162 KONOPACKA (B.) — Sur les graisses et les lipoïdes dans le développement des embryons de la Grenouille. (C. R. S. B. T. XCI. p. 971, 1924).

163 KONOPACKI (M.) — Analyse microchimique de la substance périvitelline dans les œufs de la Grenouille. (C. R. S. B. T. 90, Vol. I. p. 593, 1924).

164 . . . . Sur le glycogène dans le développement des embryons de la Grenouille (C. R.S. B. — T. 91, vol. II, p. 973, 1924).

165 . . . . Quelques données histochimiques sur le noyau vitellin et sur la formation du vitellus dans les oocytes de la Grenouille. (C. R. S. B. — T. XCII, p. 372, 1925.)

166 . . . . et KONOPACKA (B.) — La micromorphologie du métabolisme dans les périodes initiales du développement de la Grenouille. (Rana fusca.) (Bull. intern. Acad. Polon. Cracovie, série B. 229—293, 3 pl. 1926).

167 KONOPACKI (M.) — Sur le comportement de mitochondries au cours du développement de la Grenouille. (Bull. d'Histol. appl. IV. p. 40—51, 1927).

168 KUMAGAWA (Muneo) et SUTO (Kenzo) — Ein neues Verfahren zur quantitativen Bestimmung des Fettes und der unverseifbaren Substanzen in tierischen Material, nebst der Kritik einiger gebräuchlichen Methoden. (Biochem. Zeitschr. Bd. VIII. S. 212—347, 1908).

169 LAFON (G.) — Sur la consommation des graisses dans l'organisme animal. (C. R. A. S. — T. 156, p. 1248, 1913.)

170 LAMBLING (E.) — Précis de Biochimie. (Masson et Cie. Paris 1925, 3ᵉ édit.)

171 LE BRETON (Eliane) — Recherches sur la notion de «Masse protoplasmique active». (Ann. de Phys. et de physicochim. Biol. II. 606—645, 1926).

172 LEBRUN (H.) — Les cinèses sexuelles des Anoures (La Cellule Vol. XIX. 1902).

. . . . Les cinèses sexuelles chez Diemyctilus torosus. (La Cellule Vol. XX, 99 p., 4 pl. 1902).

174 LEHMANN. — Abhandlung bei Begründung der K. Sächs. Ges. d. Wissensch. (Leipzig 1846,) und Lehrbuch der physiol. Chemie. zweite Auflage 1853.)

175 LEMELAND (P.) — Recherches chimiques et physiologiques sur les matières grasses et les lipoïdes du sang. (Bull. Soc. Chim. Biol. T. III. p. 134—169, 1921).

176 . . . . Recherches chimiques et physiologiques sur le dosage des lipoïdes (Bull. Sté. Chim. Biol. T. IV. p. 300—321, 1922).

177 . . . . Méthode de dosage des acides gras et de l'insaponifiable dans les tissus et humeurs de l'organisme. (C.R.S.B. LXXXVII, p. 500, 1922.)

178 . . . . Recherches sur le dosage des lipoïdes dans le sang et les tissus. A. Nouvelle méthode de dosage de l'insaponifiable et des acides gras totaux.
B. Observations sur le dosage du phosphore lipoïdique total dans les tissus. (Bull. Sté. Chim. Biol. T. V. p. 110—124, 1923).

179 LESSER (E.-J.). — Das Verhalten des Glykogens der Frösche bei Anoxybiose und Restitution (Zeitschr. f. Biol. LX. S. 388-398, 1913).

180 . . . . Ueber die Beeinflussung des Glykogenschwundes in autonomen Organen des Frosches durch Anoxybiose. (Biochem. Zeitschr. LIV. S. 236-252, 1913).

181 LIANG (B.) und WACKER (L.). — Studien Puber den Fett-Cholesterin- und Steroïd- Stoffwechsel im Organismus wachsender Ratten bei An- und Abwesenheit von Vitamin A. (Biochem. Zeitschr. CLXIV. S .371-393, 1925.)

182 LIBRACH (Stéphanie). — Sur le métabolisme chimique chez les Amphibiens à l'état de jeûne. (Thèse Fac. Sc. Genève 1926).

183 LIEBERMANN. — Embryochemische Untersuchungen. (Pflüger's Arch. f. d. Ges. Phys. Bd. XLIII. S. 71, 1888).

184 LOEPER (M.), LEMAIRE (A.), et TONNET (J.). — La résorption, dans les tissus de la cholestérine. (C.R.S.B. XCVIII, p. 100, 1928.

185 LOMBROSO (Ugo). — Action de l'Acide chlorhydrique sur l'échange des graisses dans le foie survivant. (Arch. Intern. de Physiol. T. 18, p. 484-494, 1921).

186 . . . . Sur le métabolisme des graisses. Série II. Les acides gras supérieurs dans les organes en autolyse. Note 1. Comment se comportent les acides gras dans le foie et le poumon des chiens soumis au jeûne ou alimentés, au cours de l'autolyse aseptique. (Arch. Intern. de Physiol. T. 22, p. 1-8, 1923-24).

187 . . . . Sur le métabolisme des graisses. Série II. Les acides gras supérieurs dans les organes en autolyse. Note II. Le sort des acides gras dans le foie durant une autolyse prolongée. Action de l'acétone sur la néoformation des graisses supérieures. (Arch. Intern. de Physiol. T. 22, p. 9-16, 1923-24.)

188 . . . . Sur le métabolisme des graisses sére II. Les acides gras supérieurs dans les organes en autolyse. Note III. Sur le comportement des acides gras dans le foie et dans le poumon des chiens dépancréatés. Action du pancréas sur le métabolisme des graisses. (Arch. Intern. de Physiol. T. 22, p. 137-155, 123-24.)

189 . . . . Note IV. Action de l'insuline et des perfusats de pancréas in vivo et in vitro sur la lipodiérèse du foie en autolyse aseptique de chiens dépancréatés. (Arch. Intern. de Physiol. T. 23, p. 321-336, 1923/24.)

190 . . . . Sur le métabolisme des graisses. Série II. Note X. Action des extraits des îlots de Langerhans sur la lipodièrèse du chien normal ou dépancréaté en analyse aseptique. (Arch. Intern. de Physiol. Vol. XXVIII. p. 261-271, 1927.)

191 LOMBROSO (Ugo). — Sur le métabolisme des graisses. Résumé et conclusions des recherches sur la lipodièrèse. (Arch. Intern. de Physiol. Vol. XXVIII, p. 300-308, 1927.)

192 LOYEZ (Mlle Marie). — Recherches sur le développement ovarien des œuf méroblastiques à vitellus nutritif abondant. (Arch. d'Anat. microsc. T. 8, p. 69-397, 1905/06.)

193 MAIGNON (F.). — Influence des saisons et des glandes génitales sur les combustions respiratoires chez le Cobaye. (C.R.A.S. T. 156, p. 347, 1913.)

194 . . . . . Recherches sur le rôle des graisses dans l'utilisation des albuminoïdes. (Arch. Intern. de Physiol. T. 18, p. 103-115, 1921.)

195 . . . . . Sur la transformation des graisses en glucides chez les êtres vivants. Application au traitement du diabète. (Bull. Sté. Chim. Biol. T. XI. N° 8, p. 943-955, 1929.)

196 MALES (B.). — Action de la lumière sur la consommation d'oxygène par la Grenouille. (C.R.S.B. — T. XCIII, p. 1335, 1925.)

197 MANGOLD (Ernst) — Ueber den Glykogengehalt der Frösche. (Arch. f. Physiol. V. Pflüger, Bd. CXXI. — S. 309-326, 1908.)

198 MARCHAL (Paul). — La métamorphose des femelles et l'hypermétamorphose des mâles chez les Coccidies du groupe des Margarodes. (C.R.A.S. — T. 174, p. 1091, 1922.)

199 MARCHAND. — Ueber die Respiration des Frosches. (Journ. f. prakt. Chem. Bd. XXXIII. 1844.)

200 MARES (F.). — Expériences sur l'hibernatoin des Mammifères. (C.R.S.B. Mémoires T. 44, p. 313-320, 1892.)

201 MATHEWS (A.-P.). — Am. J. of Phys. XVIII, 1907. (Cité par DALCQ dans Physiologie de l'œuf en maturation 1923.)

202 MATISSE (Georges). — Action de la chaleur et du froid sur l'activité motrice des êtres vivants. (Thèse, Paris 1919.)

203 MAUPAS (E.). — La mue et l'enkystement chez les Nématodes. (Arch. de Zool. expériment. et génér. IIIe série, T. VII, p. 563-628, 1899.)

204 MAUREL (E.). — De l'influence d'un régime fortement azoté chez les Herbivores sur l'augmentation du volume du foie. (C.R.S.B. — T. 36, p. 646, 1884.)

205 MAUREL (E.) et LAGRIFFE. — Détermination et action des plus hautes températures compatibles avec la vie de la Grenouille. (C.R.S.B. — T. 52, p. 217, 1900.)

206 . . . . et . . . . Détermination et action des plus basses températures compatibles avec la vie de la Grenouille. Comparaison de l'action de la chaleur et du froid sur cet animal. (C.R.S.B. — T. 52, p. 432, 1900.)

207 MAUREL (E.). — Influence de la température ambiante sur les dépenses de l'organisme chez les animaux à température variable pendant le sommeil hibernal. (C.R.S.B. — T. 52, p. 822, 1900.)

208 . . . . et de REY-PAILHADE. — Influence des surfaces sur les dépenses de l'organisme chez les animaux à température variable pendant l'hibernation. (C.R.S.B. — T. 52, p. 1061, 1900.)

209 MAUREL (E.). — Rapport du poid du foie au poids total de l'animal. (C.R.S.B. — T. 55, p. 43, 1903.)

210 MAYER (André) et SCHAEFFER (Georges). — Dosage de la cholestérine par les méthodes de Kumagawa-Suto et de Windaus combinées. (C.R.S.B. — T. 72, p. 362, 1912.)

211 . . . . et . . . . La composition des tissus en acides gras non-volatils et en cholestérine et l'existence possible d'une «constante lipocytique». (C.R.A.S. — T. CLVI, p. 487, 1913.)

212 . . . . et . . . . L'eau d'imbibition des tissus. Constance par un même organe; inégalité de répartition dans un même organisme. (C.R.S.B. — T. 74, p. 750, 1913.)

213 . . . . et . . . . Coefficients lipocytiques et imbibition des cellules vivantes par l'eau. (C.R.A.S. — T. CLVI, p. 1253, 1913.)

214 . . . . et . . . . Une hypothèse de travail sur le rôle physiologique des mitochondries. (C.R.S.B. — T. 74, p. 1384, 1913.)

215 . . . . et . . . . Recherches sur la constance lipocytique. Teneur des tissus en lipoïdes phosphorés. (C.R.A.S. — T. CLVII, p. 156, 1913.)

216 . . . . et . . . . Recherches sur la teneur des tissus en lipoïdes. Existence possible d'une constance lipocytique. (Journ. de Physiol. et Pathol. génér. XV, p. 510-524, 1913.)

217 MAYER (André) et SCHAEFFER (Georges). — IIe Mémoire, Résultats expérimentaux. (Ibid., p. 534-548, 1913.)

218 . . . . et . . . . Recherches sur les constantes cellulaires. Teneur des cellules en eau. I. Discussion théorique: L'eau constante cellulaire. (Journ. de Physiol. et de Pathol. gén. Vol. 16, p. 1-16, 1914.)

219 . . . . et . . . . Recherches sur les constantes cellulaires. II. Rapport entre la teneur des cellules en lipoïdes et leur teneur en eau. (Journ. de Physiol. et Pathol. génér. Vol. 16, p. 23-38, 1914.)

220 . . . . et . . . . Recherches sur les variations des équilibres cellulaires. Variations de la teneur des tissus en lipoïdes et en eau au cours de l'inanition absolue. (Journ. de Physiol. et de Pathol. génér. Vol. 16, p. 203-211, 1914.)

221 . . . . et . . . . I. — Variations de la teneur en lipoïdes et activité physiologique des tissus. Cas de la régulation thermique. Première partie. I. Hibernants, poïkilothermes. II. Réactoin de l'homéotherme (lapin) au refroidissement. (Journ. de Physiol. et de Pathol. génér. Vol. 16, p. 323-336, 1914.)

222 . . . . et . . . . I. Variations de la teneur en lipoïdes et activité physiologique des tissus. Cas de la régulation thermique. Deuxième partie: Réaction des homéothermes au refroidissement et à l'échauffement. (Journ. de Physiol. et de Pathol. génér. Vol. 16, p. 344-359, 1914.)

223 MERCIER (L.). — Les processus phagocytaires pendant la métamorphose des Batraciens Anoures et des Insectes. (Arch. de Zool. expér. et génér. IVe série, T. V, p. 1-151, 4 pl. 1906.)

224 MERKER (E.). — Die Empfindlichkeit feuchthäutiger Tiere im Lichte. (Zool. Jahrb. Physiol.; Bd. XLII. S. 1-174, 2 Fig., 1926.)

225 MILLOT (J.). — Données nouvelles sur la physiologie du foie des Poissons. Le rapport du poids du foie au poids du corps. (C.R.S.B., T. XCVIII, p. 125, 1928.)

226 MILNE EDWARDS (H.). — Leçons sur la Physiologie et l'Anatomie comparée de l'homme et des animaux. (T. II. Paris, 1857.)

227 MILROY. — Changes in the Chemical composition of the herring during the reproductive period. (Biochem. Journ. III, p. 366-390, 1908.)

228 MINOVICI (Stephan). — Contribution à l'étude du cholestérol au point de vue chimique et physiologique. (Bull. Sté. Chim. Biol. T. IX, n° 10, 1927.)

229 MITSUHASHI. — Zur Frage der Pigmentierung und Verfettung der Epithelzellen der Froschhaut in vitro Kulturen. (Archiv. f. exp. Zellf. bes. Gewebzücht, II. S. 273-279, 1 pl. 1 Fig., 1926.)

230 MOLESCHOTT. — Ueber den Einfluss des Lichts auf die Menge der vom Thierkörper ausgeschiedenen Kohlensaure (Wiener medizinische Wochenschrift. Nr. 43, und Ann. des Sc. Nat. Zool. 4e série. T. IV, 1855.)

231 MORAT (J.-P.). — Réserve adipeuse de nature hivernale dans les ganglions spinaux de la Grenouille. (C.R.S.B. — T. 53, p. 473, 1901.)

232 MORGULIS (Sergius). — Studies of inanition in its bearing upon the problem of Growth I. (Arch. Entw. Mech. Bd. XXXII. S. 169-268, 3 pl. 5 Fig. 21 Tf.) (Analyse Ann. Biol. 1911, p. 269.)

233 NATH (Vishwa). — The Golgi origine of fatty yolk in the light of Parat's Work. (Nature, 767, 1926.)

234 NELSON (Erwin E.) and GREENE (Charles-W.). — The chemical composition of the ovaries of fresh water-gar, Lepidosteus. (Journ. of. Biol. Chemistry. Vol. XLIX, p. 47-56, 1921.)

235 NESSERLE (N.). — Der Cholesteringehalt von blausäurevergifteten, von beriberikranken und gesunden Tauben. (Zeitschr. f. Physiol. Chem. Bd. CXLIX. S. 103-110, 1925.)

236 OKUNEFF (N.). — Studien über Zellveränderungen im Hungerzustande. Das Chondriom. (Archiv. f. mikr. Anat. Bd. XCVII. S. 187-203, 1923.)

237 OTT (M.-D.). — Changes in the weights of the various organs and parts of the Leopard Frog (Rana pipiens) at different stages of inanition. (The american Journ. of Anatomy, V. 33, p. 17-56, 1924.)

238 PARAT (Maurice). — Evolution du vacuome au cours de l'ovogénèse et de l'ontogénèse. Son importance physiologique chez l'adulte. (C.R. Assoc. Anat. 22e réunion, Londres, 197-201, 1927.)

239 PARNAS (J.-K.). — Neue Untersuchungen über den Wasserhaushalt der Frösche. (Biochem. Zeitschr. Bd. 114, S. 1-11, 1 Fig. 1921.)

240 PARNAS (J.-K.) und KRASINSKA (Z.). — Ueber den Stoffwechsel der Amphibienlarven. (Biochem. Zeitschr. Bd. CXVI, S. 108, 1921.)

241 PEARSE (A.-S.). — The chemical composition of certain fresh water Fishes. (Ecology, VI, p. 7-16, 2 fig. 1925.)

242 PEREZ (Ch.). — Sur la résorption phagocytaire des ovules chez les Tritons. (Ann. de l'Insttiut Pasteur, Vol. 17, p. 617-630, 1903.)

243 . . . . . Sur la résorption phagocytaire des ovules par les cellules folliculaires, sous l'influence du jeûne chez les Tritons. (C.R.S.B., T. 55, p. 716, 1903.)

244 . . . . . Contribution à l'étude des métamorphoses. (Bull. Scient. de la France et de la Belgique, T. XXXVII, p. 195-427, 1903.)

245 . . . . . Recherches histologiques sur la Métamorphose des Muscides, Calliphora erythrocephala. Mg. (Arch. de Zool. exp. et génér. 5e série, T. IV, p. 1-274, 16 pl., 1910.)

246 PERRIER (Remy). — Cours élémentaire de Zoologie. (871 pages. Masson et Cie. Paris, 1918.)

247 PICARD (F.). — Sur la parthénogénèse et le déterminisme de la ponte chez la Teigne des Pommes de terre. (Phthorimaea operculella Zell.) (C.R.A.S., T. 156, p. 1097, 1913.)

248 . . . . . L'hibernation des Chenilles de Pieris Brassicae. L. (Bull. Biol. de la France et de la Belgique, T. LVII, p. 98-106, 1923.)

249 PORTIER (P.) et RORTHAYS (R. de). — Sur la composition chimique de l'atmosphère interne des cocons de Bombyx mori. (C.R.S.B., T. XCV, p. 1394, 1925.)

250 PRZYLECKI (St.-J.) — L'absorption cutanée chez les Amphibiens. (Arch. Intern. de Physiol., T. 20, p. 144-161, 1922/23.)

251 PRZYLECKI (St.-J.), OPIENSKA (J.) et GIEDROYE (H.). — L'excrétion des substances azotées chez les Grenouilles, à différentes températures. (Arch. Intern. de Physiol., T. 20, p. 207-212, 1922/23.)

252 PRZYLECKI (St-J.) et KARCZEWSKI (W.). — Le métabolisme protéique chez les Grenouilles à jeun et après une nourriture

hydrocarbonée. (Arch. Intern. de Physiol. T. 22, p. 208-218, 1923/24.)

253 PRZYLECKI (S.-J.). — Propriété digestive de la peau des Grenouilles. (Arch. Intern. de Physiol., T. 22, p. 219-224, 1923/24.

254 . . . . Le rôle des muscles dans la formation des réserves hydrocarbonées. (Arch. Intern. de Physiol. T. 23, p. 54-56, 1923/24.)

255 . . . . L'absorption cutanée chez les Grenouilles. (Arch. Intern. de Physiol. T. 23, p. 97-120, 1923/24.)

256 PRZYLECKI (S.-J.) et OPIENSKA (J.). — Le métabolisme chez les Grenouilles inanitiées et après une nourriture composée de graisses. (Bull. intern. Académie Polon. Cracovie, série B, p. 293-314, 6 tabl. 1926.)

257 REGNARD (P.). — Actions des très basses températures sur les animaux aquatiques. (C.R.S.B., T. 47, p. 652, 1895.)

258 REGNAULT (V.) et REISET (J.). — Recherches chimiques sur la respiration des animaux des diverses classes. (Ann. de Chimie et de Physique, 3e série, T. 26, p. 299-519, 1849.)

259 REMOND (A.), COLOMBIES (H.) et BERNARDBEIG (J.). — Recherches sur le métabolisme de la cholestérine. (C.R.S.B., T. 90, Vol. 1, p. 1029, 1924.)

260 REMOND (A.), COLOMBIES (H.) et TREGANT (L.). — Recherches sur la cholestérine. (C.R.S.B., T. 90, Vol. 1, p. 1385 et 1455, 1924.)

261 REMOND (A.), COLOMBIES (H.) et BERNARDBEIG (J.). — Cholestérinémie thyro et parathyroïdienne. Le rôle de la parathyroïde dans le parallélisme de l'azotémie résiduelle et de la cholestérinémie. (C.R.S.B., T. 91, Vol. 2, p. 445, 1924.)

262 REMOND et LASSALLE (H.). — Production de cholestérine par un Champignon. (C.R.S.B., T. XCIII, p. 426, 1925.)

263 ROBINSON (R.). — Recherches expérimentales sur les corps adipeux des Amphibiens. (C.R.A.S., T. CXLVII, p. 277, 1908.)

264 ROFFO (A.-H.) et AZARETTI (I.). — La colesterina y su relacion con el crecimiento de kis tejidos. Determinaciones en embriones de pollo. (Bol. Inst. Méd. Exp. II, p. 629-633, 1926.)

265 ROGER (H.), BINET (L.) et FABRE (R.). — De l'action des divers tissus sur les graisses in vitro. (C.R.S.B., T. XCVI, p. 377, 1927.)

266 ROUBAUD (E.). — Etudes sur le sommeil d'hiver pré-imaginal des Muscides. Les Cycles d'Asthénie et l'Athermobiose réactivante spécifique. (Bull. Biol. de la France et de la Belgique, T. LVI, p. 455-544, 1922.)

267 . . . . Sur l'équivalence physiologique de l'anhydrobiose et de l'athermobiose dans la réactivation des organismes hérérodynames. (C.R.A.S., T. 178, p. 1095, 1924.)

268 ROUBAUD (E.) et COLAS-BELCOUR (J.). — La torpeur hivernale obligatoire et ses manifestations diverses chez nos Moustiques indigènes (C.R.A.S., T. CLXXXII, p. 871, 1926.)

269 ROUBAUD (E.). — Sur l'hibernation de quelques Mouches communes. (Bull. Soc. Entom. France, p. 24-25, 1927.)

270 . . . . Les formes diverses de l'Hétérodynamie chez les Insectes à plusieurs générations. (Bull. Sté. Entom. France, p. 61-64, 1927.)

271 ROUBAUD (E.) et COLAS-BELCOUR (J.). — Action des diastases dans le déterminisme de l'éclosion de l'œuf chez le Moustique de la fièvre jaune. (Stegomyia fasciata.) (C.R.A.S., T. CLXXXIV, p. 248, 1927.)

272 ROUBAUD (E.). — L'anhydrobiose réactivante dans le cycle évolutif de la Pyrale du maïs. (C.R.A.S., T. 186, p. 792, 1928.)

273 . . . . L'influence maternelle dans le déterminisme de l'asthénobiose acyclique; Métagonie et réactivants métagoniques. (C.R.A.S., T. 186, p. 1236, 1928.)

274 ROULE (Louis). — Sur l'influence exercée par la fonction reproductrice sur les migrations des Saumons de printemps et d'été. (C.R.A.S., T. 157, p. 1545, 1913.)

275 . . . . Sur l'influence exercée sur la migration de montée du Saumon (Salmo salar L.) par la proportion d'oxygène dissous dans l'eau des fleuves. (C.R.A.S., T. 158, p. 1364, 1914.)

276 RULOT (Hector). — Note sur l'hivernation des Chauves-Souris. (Arch. de Biol., T. XVIII, p. 365-375, 1902.)

277 SCHAEFER (Arthur A.). — The number of bload corpuscles in fisches in relation to starvation and seasonal cycles. (Journ. of. gen. Physiol. VII, p. 341-343, 1925.)

278 SCHAEFFER (G.). — Le métabolisme des graisses et les travaux de Leathes. (Arch. de Médecine exp. et d'Anat. path., T. 25, p. 503-522, 1913.)

279 SCHULTZE (O.). — Untersuchungen über die Reifung und Befruchtung des Amphibieneies. (Zeitschr. f. wissentsch. Zool. Bd. XLV. S. 177-226, 3 pl. 1887.)

280 SCHWARTZ (Alfred) et BRICKA (M.). — L'action de l'insuline sur la glycémie, l'état général et le glycogène hépatique des Grenouilles. (C.R.S.B., T. 91, Vol. 2, p. 1428, 1924.)

281 SENEBIER (Jean). — Rapports de l'air avec les êtres organisés. (Vol. I et II. Genève 1807.)

282 SPALLANZANI (Lazare). — Mémoires sur la respiration. (Traduction Jean Sénebier, Genève, 1803.)

283 SUNZERI (Giuseppe). — Sur le métabolisme des graisses. Série II. Note XI. Sur la lipodiérèse des lipoïdes du foie solubles dans l'alcool en présence d'extraits filtrés du pancréas. (Arch. Intern. de Physiol. Vol. XXVIII, p. 272-284, 1927.)

284 TANGL und FARKAS. — Ueber den Stoff- und Energieumsatz im bebrüteten Forellenei. (Arch. f. die ges. Physiol. Bd. CIV. S. 624, 1904.)

285 TANGL und MITUCH. — Weitere Untersuchungen über die Entwicklungsarbeit und den Stoffumsatz im bebrüteten Hühnerei. (Arch. f. d. ges. Physiol. Bd. CXXI. S. 437, 1908.)

286 TERRE (L.). — Métamorphose et phagocytose. (C.R.S.B., T. 52, p. 158, 1900.)

. . . . . Sur l'histolyse du corps adipeux chez l'Abeille (C.R.S.B., T. 52, p. 160, 1900.)

287 TERROINE (Emile-F.) et WEILL (Jeanne). — Indices lipocytiques des tissus au cours d'états physiologiques variés. I. Inanition. Alimentation. (Journ. de Physiol. et de Pathol. génér. Vol 15, p. 549-563, 1913.)

288 TERROINE (Emile F.) VIII. De l'existence d'une constante lipémique. (Journ. de Physiol. et de Pathol. génér. Vol. 16, p. 212-222, 1914.)

289 . . . . VI. Le transport des graisses. I. Variations lipocholestérinémiques au cours de l'inanition et de l'alimentation. (J. de Physol. et de Path. génér. Vol. 16, p. 386-397, 1914.)

290 . . . . VIII. Nouvelles recherches sur l'influence de l'inanition et de la suralimentation sur la teneur des tissus en substances grasses et en cholestérine. (Journ. de Physiol. et de Pathol. génér. Vol. 16, p. 408-418, 1914.)

291 . . . . Sur la teneur en eau du sang. (C.R.S.B., T. 76, p. 523, 1914.)

292 TERROINE (Emile-F.). — Constance de la concentration des organismes totaux en acides gras et en cholestérine. Evaluation des réserves de graisses. (C.R.A.S., T. 159, p. 105, 1914.)

293 . . . . . Contribution à la connaissance de la Physiologie des substances grasses et lipoïdiques. (Extrait des Ann. de Sc. Nat. Zool. 10e série, T. IV. Masson et Cie, Paris, 1919. 397 p.)

294 . . . . . Etat actuel de nos connaissances sur la formation des graisses au cours de la maturation des graines et fruits oléagineux et sur l'utilisation des graisses au cours de la germination. (Extrait Ann. des Sc. Nat. Botan. Xe série, T. II, 53 p., 1920.)

295 TERROINE (E.-F.) et BARTHELEMY (H.). — Recherches biochimiques et biométriques sur la Grenouille rousse. (Rana fusca) et ses œufs à l'époque de la ponte. (Arch. Intern. de Physiol. Vol. XVIII, p. 419-433, 1921.)

296 . . . . . et . . . . . De l'existence de rapports biométriques entre la Grenouille rousse (Rana fusca) et ses œufs à l'époque de la ponte. (C.R.A.S., T. 173, p. 740, 1921.)

297 . . . . . et . . . . . La composition des œufs et des organismes producteurs au cours de l'ovogénèse chez la Grenouille rousse (Rana fusca.) (Arch. Intern. de Physiol. Vol. XXI, fac. 3, p. 250-264, 1923.)

298 TERROINE (E.-F.), BRENCKMANN (E.) et FEUERBACH. — La composition des organismes et les problèmes généraux de la nutrition chez les Homéothermes. (Arch. Intern. Physiol., T. 20, p. 466-485, 1923.)

299 TERROINE (E.-F.), FEUERBACH (A.) et BRENCKMANN (E.). — La composition globale des organismes dans les carences et surcharges diverses; Inanition absolue. Inanition hydrique. Inanition protéique, Inanition minérale, Avitaminose, Surcharge protéique. (Arch. Intern. Physiol., T. 22, p. 233-258, 1924.)

300 TERROINE (E.-F.) et ZUNZ (Edgard). — Le métabolisme de base. (Les Presses Universitaires de France, Paris 1925.)

301 TERROINE (E.-F.) et BELIN (P.). — Formation des graisses aux dépens des protéiques et autolyse aseptique du sang. (Arch. Intern. Physiol., T. XXVI, p. 295-300, 1926.)

302 TERROINE (E.-F.), TRAUTMANN (S.) et SCHNEIDER (J.). — Grandeur des échanges au cours de l'inanition chez les Ho-

méothermes et notion de masse active. (Ann. Phys. et Physicochim. Biol., T. II, p. 468-486, 1926.)

303 TERROINE (E.-F) et BONNET (R.). — Le mécanisme de l'action dynamique spécifique. (Ann. Phys. et Physicochim. Biol., T. II, p. 488-508, 1926.)

304 TERROINE (E.-F.) et BELIN (P.). — L'élément constant des lipides; ses caractères. (Bull. Soc. Chim. Biol., T. IX, n° 1, p. 12-48, 1927.)

305 TERROINE (E.-F.), BONNET (R.), KOPP (G.) et VECHOT (J.). — Sur la signification physiologique des liaisons éthyléniques des acides gras.
(Bull. Soc. Chim. Biol., T. IX, n° 5, p. 604, 1927.)

306 . . . . La formation des stérols est-elle liée au métabolisme des matières grasses? (Bull. Soc. Chim. Biol. T. IX, n° 6, p. 678, 1927.)

307 TICHOMIROFF. — Chemische Studien über die Entwicklung der Insekteneier. (Zeitschr. f. Physiol. Chem. Bd. IX. S. 518-553, 1885.)

308 TIMON-DAVID (J.). — Sur quelques huiles d'Insectes. (C.R. S.B., T. XCVI, p. 1225, 1927.)

309 TOTSCHACK (E.). — Untersuchungen über das Wachstum den Nahrungsverbrauch und die Eierzeugung. II. Tineola biselliella Hum. Glecihzeltig ein Beitrag zur Klärung der Insektenhäutung. (Zeitschr. f. wiss. Zool. Bd. CXXVIII. S. 509-569, 2 Fig. 1926.)

310 UEKI (Ryuki). — Ueber den Wassergehalt der Organe trocken gehaltener Frösche. (Pflüger's Archiv. Bd. CCV. S. 246-254, 1924.)

311 VOSS (H.). — Entwicklungsmechanische Untersuchungen am Froschei. (Rana fusca, 1923 und 1925.) (Arch. für Entw. Mech. Bd. CVII, S. 241-279, 4 Fig., 1926.)

312 WEINER (P.). — Sur la résorption des graisses dans l'intestin. (Arch. russes d'Anat. d'Histol. et d'Embryol. Vol. V, p. 11-29, 2 pl. 1926.) (Résumé français.)

313 WEILL (Jeanne). — Sur la teneur en acides gras et en cholestérine des tissus d'animaux à sang froid. (C.R.A.S., T. 158, p. 642, 1914.)

314 . . . . Teneur en acides gras et en cholestérine de la peau et de ses annexes. (Journ. de Physiol. et de Pathol. génér. Vol. 16, p. 188-191, 1914.)

315 WEISS (G.). — Sur les échanges gazeux de la Grenouille. Action de la lumière. (C.R.S.B., 1908, Vol. 1, p. 391.)

316 WEISS (G.). — Influence de la température sur les échanges gazeux de la Grenouille (Ibid., p. 491.)

317 . . . . . Recherches concernant l'influence de l'alimentation sur les échanges gazeux de la Grenouille. (Journ. de Physiol. et de Pathol. génér., T. XII, 1910.)

318 WERTHEIMER (Ernst). — Stoffwechselregulationen. X. Ueber Glykogen im Fettgewebe und über die Möglichkeit der Umwandlung von Fett in Kohlenhydrat. (Pflüger's Archiv. Bd. CCXIX, S. 190-201, 1928.)

319 WINDAUS. — Ueber die quantitative Bestimmung des Cholesterins. (Zeitschr. f. Physiol. Ch. Bd. LXVIII. S. 110-117, 1910.)

320 WINIWARTER (H. de). — Modification de la muqueuse laryngée et trachéale, pendant l'hibernation, chez les Chiroptères. (C.R.S.B., T. XCIV, p. 405, 1926.)

321 WITSCH (Kaethe). — Untersuchungen über die Organveränderungen und das Stoffwechselgeschehen im Hungerzustand. (Pflüger's Archiv. Bd. CCXI. S. 185-212, 1926.)

322 WORINGER (Pierre). — La dégradation des acides gras dans l'organisme animal. (Bull. Soc. Chim. Biol., T. III, p. 311-450, 1921.)

323 ZEPP (P.). — Beiträge zur vergleichenden Untersuchung der heimischen Froscharten. (Zeitschr. f. d. ges. Anat. Abt. I. : Zeitschr. f. Anat. u. Entwicklungsgesch. S. 69, 1923.)

324 MAQUENNE (L.). — Précis de Physiologie végétale (Payot et Cie, Paris, 1922.)

TABLE DES MATIÈRES.

ERRATA.

Page 52, Tableau XXII, 2e colonne, au lieu de *Nombre de jours*, lire *Nombre d'heures.*

Page 57, Tableau XXVII, 3e colonne au bas à la date du 18/4, au lieu de 15♂, lire 15♀
15♀ 15♂

Page 161, 31e ligne, au lieu de *supplés*, lire *suppléés.*

Page 178, 15e ligne, au lieu de CO, lire CO^2.

Page 218, n° 66, au lieu de *p.* 1131, lire *p.* 1331.

Page 227, n° 188, au lieu de 123/24, lire 1923/24.

Strasbourg 1930 — Impr. des Editions Universitaires de Strasbourg

www.ingramcontent.com/pod-product-compliance
Ingram Content Group UK Ltd.
Pitfield, Milton Keynes, MK11 3LW, UK
UKHW022009170726
13837UKWH00001B/88

9 782329 194684